普通高等教育“十三五”规划教材
应用型本科院校规划教材

线性代数（含练习册）

主编 高 洁
副主编 唐春艳 郭夕敬

科学出版社
北 京

内 容 简 介

本书依据"工科类、经济管理类本科数学基础课程教学基本要求"以及"全国硕士研究生入学统一考试数学考试大纲"中有关线性代数部分的内容要求编写而成.

全书共六章, 内容包括行列式、矩阵、向量空间、线性方程组、方阵的特征值与特征向量、实对称矩阵与二次型. 各章节配有典型例题和习题. 本书内容系统、体系完整、结构清晰、浅入深出、可读性强, 便于学生自学. 各章内容均符合教学基本要求, 可供学时数较少的专业选用, 而各章的"定理补充证明与典型例题解析"则可供对数学要求较高的专业或考研的学生选用.每一章编写了数学模型与数学实验内容, 以期达到理论知识与实践应用相统一的目的, 特别适用于应用型本科高校.

本书适合普通高等学校本科非数学类专业学生使用, 也可供考研学生及科技工作者参考.

图书在版编目(CIP)数据

线性代数: 含练习册/高洁主编. —北京: 科学出版社, 2018.1
普通高等教育"十三五"规划教材 · 应用型本科院校规划教材
ISBN 978-7-03-056321-7
I. ①线… II. ①高… III. ①线性代数-高等学校-教材 IV.①O151.2

中国版本图书馆 CIP 数据核字(2018)第 009536 号

责任编辑:昌 盛 梁 清 / 责任校对: 彭珍珍
责任印制: 师艳茹 / 封面设计: 迷底书装

科 学 出 版 社 出版
北京东黄城根北街 16 号
邮政编码: 100717
http: //www.sciencep.com

保定市中画美凯印刷有限公司 印刷
科学出版社发行 各地新华书店经销
*
2018 年 1 月第 一 版 开本: 720 × 1000 1/16
2019 年12月第三次印刷 印张: 15 1/4
字数: 302 000

定价: 35.00 元 (含练习册)
(如有印装质量问题, 我社负责调换)

前　言

当你开始阅读这本书时，你就成了这本书的创作者之一. 你将和我们一起来审视它的意义与价值，而你的意见和体会显得尤为重要. 合作已经开始，这是我们早就期待的，因为我们相信这将是一个愉快的历程，你的热情参与会给我们留下美好的记忆.

随着综合国力的提高，我国的教育布局也逐步地从“宝塔式”走向“大众化”. 教育部规划司提出了将大部分包括独立学院在内的地方本科院校转型为应用型本科院校.《国家中长期教育改革和发展规划纲要(2010—2020 年)》明确提出了需优化人才培养结构，不断扩大应用型人才培养规模. 应用型本科院校的主要任务和目标是培养应用型人才，而实践性教学是培养应用型人才的重要组成环节. 因此我们为每一章编写了相应的数学模型与数学实验内容，以期达到理论知识与实践应用相统一的目的. 信息时代的新方法影响着教育的每一环节；经典的与全新的教材、教学模式、教学方法等各种教学组件都在寻找自己合适的位置. 请相信，对于这些新形势与新思维，我们都给予了足够的关注. 本书就是在这种寻觅和探索的思想指导下完成的.

我们在取材时充分地考虑了你学习后续课程的需要. 本书涵盖了线性代数的经典内容，这也是教学大纲的要求. 内容是经典的，但这绝不意味着处理方法也必须是经典的. 我们知道，你尚未完成初等数学到高等数学的过渡. 与传统教材相比，无论是概念的引入，还是定理的证明与应用，我们都不惜花费相当多的篇幅用于与你所习惯的思维方式相衔接，始终在力争做到“浅入”而“深出”. 因此，我们特别注意了你对报考硕士研究生的渴求. 本书的深度与广度都达到了非数学专业考研大纲的要求，加之精选的章后习题本来就有相当比例的历届考研试题，因而把本书作为考研资料之用也是适宜的.

学习过程中，我们建议你对以下五点给予关注:

(1)行列式是本书的有力工具，在第 1 章后各章常会看到它的应用;

(2)矩阵理论是本书的核心内容;

(3)秩数与向量的线性关系是难点;

(4)最简梯矩阵是一条无形的主线，它连接着许多重要的概念与结论，同时也提供了解决相关问题的途径;

(5)线性方程组问题和二次型理论是矩阵应用的成功范例.

线性代数是高等数学的一个重要分支. 高等数学之“高等”，绝不仅“高等”在内容上，就其思想方法而言也与初等数学有着很大的区别. 顺利完成由初等数学到高等数学的过渡, 同时实现由“形象思维”到“抽象思维”的转变是我们对你的期盼, 这也是本书的任务之一. 除了把知识介绍给你之外, 我们还希望在后续学习的能力与严谨思维方式的培养等方面对你有所帮助. 学完本书之后, 即使你获得了很优异的成绩, 也不要认为已完成了学业. 掌握好基本理论与基本技能固然重要, 触及问题的本质与精髓才是更加艰深的任务. 我们希望你的知识有一天能升华到那种理想的境界.

毋庸置疑, 考入大学意味着你已踏上了一条希望之路. 但应清醒地认识到这仅仅是一个新的开始, 理想的真正实现还需要你继续付出辛勤的劳动. 改革、竞争、快节奏犹如大浪淘沙, 谁笑到最后, 谁笑得最好. 望你轻拂高考的征尘, 依旧紧束戎装, 去笑迎新的挑战. 记住, 机遇总是偏袒勤奋的人.

愿本书助你成功. 祝你成功, 这是我们共同的心愿.

仅以此书献给我们永远的良师益友——原永久教授!

编　者

2017 年 11 月 21 日

于珠海观音山下

目　　录

第1章　行　列　式

行列式这一概念最初产生于17世纪后半叶对线性方程组的研究，其确切定义及符号是由 Cauchy 于 1841 年给出的；其理论完善于 19 世纪．行列式作为重要的工具在数学各分支乃至自然科学及众多的工程技术领域都有着广泛的应用．本章主要介绍 n 阶行列式的定义、性质及计算方法．

1.1　n 阶行列式的定义

首先考虑二元一次方程组

$$\begin{cases} a_{11}x_1 + a_{12}x_2 = b_1, \\ a_{21}x_1 + a_{22}x_2 = b_2, \end{cases}$$

这里每个系数都缀上了下标，是为了表达清楚、讨论方便．将前一个方程乘以 a_{22}，后一个方程乘以 a_{12}，然后相减得

$$(a_{11}a_{22} - a_{12}a_{21})x_1 = b_1a_{22} - b_2a_{12};$$

同理可得

$$(a_{11}a_{22} - a_{12}a_{21})x_2 = b_2a_{11} - b_1a_{21}.$$

显然，如果 $a_{11}a_{22} - a_{12}a_{21} \neq 0$，则可得方程组的解为

$$x_1 = \frac{b_1a_{22} - b_2a_{12}}{a_{11}a_{22} - a_{12}a_{21}}, \quad x_2 = \frac{b_2a_{11} - b_1a_{21}}{a_{11}a_{22} - a_{12}a_{21}}.$$

现在，引入记号

$$\begin{vmatrix} a_{11} & a_{12} \\ a_{21} & a_{22} \end{vmatrix} = a_{11}a_{22} - a_{12}a_{21},$$

并且称其为**二阶行列式**，由二阶行列式的定义，方程组的解可表示为

$$x_1 = \frac{\begin{vmatrix} b_1 & a_{12} \\ b_2 & a_{22} \end{vmatrix}}{\begin{vmatrix} a_{11} & a_{12} \\ a_{21} & a_{22} \end{vmatrix}}, \quad x_2 = \frac{\begin{vmatrix} a_{11} & b_1 \\ a_{21} & b_2 \end{vmatrix}}{\begin{vmatrix} a_{11} & a_{12} \\ a_{21} & a_{22} \end{vmatrix}}.$$

类似地，通过考虑三元一次方程组，而引入**三阶行列式**的定义如下：

$$\begin{vmatrix} a_{11} & a_{12} & a_{13} \\ a_{21} & a_{22} & a_{23} \\ a_{31} & a_{32} & a_{33} \end{vmatrix}$$

$$= a_{11}a_{22}a_{33} + a_{12}a_{23}a_{31} + a_{13}a_{21}a_{32} - a_{13}a_{22}a_{31} - a_{12}a_{21}a_{33} - a_{11}a_{23}a_{32}.$$

在二、三阶行列式中，由左上角元素至右下角元素的连线称为行列式的**主对角线**；由右上角元素至左下角元素的连线称为行列式的**次对角线**. 由定义不难看出：二阶行列式恰为其主对角线两个元素之积减去次对角线两个元素之积. 而对于三阶行列式中的任意一项，若以其三个因子为顶点的三角形有一条边平行于主对角线，则该项符号为正(包括主对角线三个元素之积组成的项)；若以其三个因子为顶点的三角形有一条边平行于次对角线，则该项符号为负(包括次对角线三个元素之积组成的项). 这种方法可称为**对角线法**. 如图 1.1.1 所示.

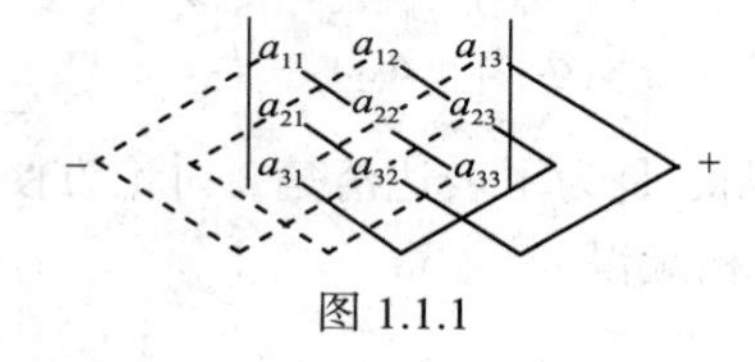

图 1.1.1

例 1.1　解二元一次方程组

$$\begin{cases} x_1 - 2x_2 = -3, \\ 3x_1 + 2x_2 = 7. \end{cases}$$

解　由于

$$\begin{vmatrix} 1 & -2 \\ 3 & 2 \end{vmatrix} = 1\times 2 - (-2)\times 3 = 8 \neq 0,$$

则方程组有解. 又由于

$$\begin{vmatrix} -3 & -2 \\ 7 & 2 \end{vmatrix} = (-3)\times 2 - (-2)\times 7 = 8,$$

$$\begin{vmatrix} 1 & -3 \\ 3 & 7 \end{vmatrix} = 1\times 7 - (-3)\times 3 = 16,$$

因此方程组的解为

$$x_1 = \frac{8}{8} = 1, \quad x_2 = \frac{16}{8} = 2.$$

例 1.2 计算三阶行列式

$$D=\begin{vmatrix}1 & 2 & 3\\ -1 & 0 & 1\\ 1 & 3 & 2\end{vmatrix}.$$

解 $D=1\times0\times2+2\times1\times1+3\times(-1)\times3-3\times0\times1-2\times(-1)\times2-1\times1\times3$

$=-6$.

下面要给出 n 阶行列式的定义, 为此, 再考察一下二、三阶行列式. 为方便, 横排称为**行**, 竖排称为**列**. 在二阶行列式中, 每一项都是既不同行又不同列的两个元素之积, 且恰好包含全部2!个这样的项. 类似地, 在三阶行列式中, 每一项也都是既不同行又不同列的三个元素之积, 也恰好包含全部3!个这样的项.

一般地, n 阶行列式记为

$$\begin{vmatrix}a_{11} & a_{12} & \cdots & a_{1n}\\ a_{21} & a_{22} & \cdots & a_{2n}\\ \vdots & \vdots & & \vdots\\ a_{n1} & a_{n2} & \cdots & a_{nn}\end{vmatrix},$$

它是由 n^2 个数 $a_{ij}\,(i,j=1,2,\cdots,n)$ 排成的并在两侧框以竖线的正方形数表, 记为 D. 类似于二、三阶行列式, 其横排自上而下依次称为**第 1 行, 第 2 行**, $\cdots$, **第 n 行**; 其竖排由左至右依次称为**第 1 列, 第 2 列**, $\cdots$, **第 n 列**. $a_{ij}\,(i,j=1,2,\cdots,n)$ 称为行列式 D 的第 i 行第 j 列**元素**. i,j 依次称为元素 a_{ij} 的**行标**与**列标**. 由二、三阶行列式的定义可以想象到, D 的展开式中的一般项也应是 n 个既不同行又不同列的 n 个元素的乘积, 并且恰好包含全部 $n!$ 个这样的项. 问题是如何确定每一项的符号. 当 $n\geqslant4$ 时, 前面的对角线法显然已不再适用, 为此先引入 n 阶排列这一概念.

由 $1,2,\cdots,n$ 这 n 个数码排成的有序数组称为一个 **n 阶排列**. 例如 2, 1, 3; 1, 5, 2, 4, 3 分别是 3 阶排列和 5 阶排列.

在一个 n 阶排列中, 如果较大的数码 j 排在较小的数码 i 的前面, 则称 i,j 二数码构成此 n 阶排列的一个**逆序**, 记为 (j,i). 逆序的总数称为此 n 阶排列的**逆序数**. 例如 5 阶排列 1, 5, 2, 4, 3 就有 $(5,2)$, $(5,4)$, $(5,3)$, $(4,3)$ 4 个逆序; 故 5 阶排列 1, 5, 2, 4, 3 的逆序数为 4, 记为 $\tau(1,5,2,4,3)=4$. 一般地, n 阶排列 $p_1,p_2,\cdots,p_n$ 的逆序数记为 $\tau(p_1,p_2,\cdots,p_n)$. 计算一个 n 阶排列的逆序数时, 为避免重复计算或遗漏某个逆序, 最好按某种次序去进行计算. 此外, 我们把逆序数为偶数的 n 阶排列称为**偶排列**; 逆序数为奇数的 n 阶排列称为**奇排列**. 按此定义, 上面的 2, 1, 3 与 1, 5, 2, 4, 3 便分别是奇排列和偶排列.

下面给出 n 阶行列式的定义.

定义 1.1

$$D=\begin{vmatrix} a_{11} & a_{12} & \cdots & a_{1n} \\ a_{21} & a_{22} & \cdots & a_{2n} \\ \vdots & \vdots & & \vdots \\ a_{n1} & a_{n2} & \cdots & a_{nn} \end{vmatrix}=\sum(-1)^t a_{1p_1}a_{2p_2}\cdots a_{np_n},$$

其中 $t=\tau(p_1,p_2,\cdots,p_n)$，求和指对所有的 n 阶排列 $p_1,p_2,\cdots,p_n$ 求和，其值称为行列式 D 的**值**.

按此定义易知

(1) D 是一个代数和;

(2) 和中的每一项都是取自 D 的 n 个不同的行及 n 个不同的列的 n 个元素的乘积，这样的项共 $n!$ 个，D 恰好是这 $n!$ 个项的代数和;

(3) 项 $a_{1p_1}a_{2p_2}\cdots a_{np_n}$ 的符号为 $(-1)^{\tau(p_1,p_2,\cdots,p_n)}$，即在行标排列成自然顺序时，若列标排列 $p_1,p_2,\cdots,p_n$ 为偶排列，则此项取正号，而当 $p_1,p_2,\cdots,p_n$ 为奇排列时此项取负号.

定义中的 n 阶行列式通常简记为 $\det(a_{ij})$.

容易验证，当 n=2, 3 时，定义 1.1 也适用于前面的二、三阶行列式.

至于一阶行列式 $|a|$，按定义显然有 $|a|=a$.

在 n 阶行列式中，与二、三阶行列式一样，由左上角元素至右下角元素的连线称为行列式的**主对角线**，由右上角元素至左下角元素的连线称为行列式的**次对角线**.

例 1.3 证明

$$D_n=\begin{vmatrix} a_{11} & 0 & \cdots & 0 \\ a_{21} & a_{22} & \cdots & 0 \\ \vdots & \vdots & & \vdots \\ a_{n1} & a_{n2} & \cdots & a_{nn} \end{vmatrix}=a_{11}a_{22}\cdots a_{nn}.$$

证明 因行列式是一个代数和，故在求其值时不必考虑那些值为零的项. 设 $a_{1p_1}a_{2p_2}\cdots a_{np_n}$ 是行列式中不为零的项，这些因子从左至右依次取自 n 个不同的行. 因 $a_{12},\cdots,a_{1n}$ 全为零，故此项取自第一行的因子只能是 a_{11}，否则此项必为零. 即 $a_{1p_1}=a_{11}$. 再看取自第二行的因子 a_{2p_2}，显然 a_{2p_2} 不能是 a_{21}，因为 a_{21} 与 a_{11} 在同一列；可是又因为 $a_{23},\cdots,a_{2n}$ 全为零，故 a_{2p_2} 只能是 a_{22}，否则此项必为零. 如此下去即知，除 $a_{11}a_{22}\cdots a_{nn}$ 外，所有的项全为零. 而此项的符号显然为正，因此 $D_n=a_{11}a_{22}\cdots a_{nn}$. 证毕.

上面这种类型的行列式称为**下三角形行列式**. 类似地, 称下面这种类型的行列式

$$\begin{vmatrix} a_{11} & a_{12} & \cdots & a_{1n} \\ 0 & a_{22} & \cdots & a_{2n} \\ \vdots & \vdots & & \vdots \\ 0 & 0 & \cdots & a_{nn} \end{vmatrix}$$

为**上三角形行列式**. 同理可证其值也为 $a_{11}a_{22}\cdots a_{nn}$. 下三角形行列式与上三角形行列式可统称为**三角形行列式**. 它们的值都等于主对角线上的 n 个元素之积. 三角形行列式的特例是所谓**对角形行列式**

$$\begin{vmatrix} a_{11} & 0 & \cdots & 0 \\ 0 & a_{22} & \cdots & 0 \\ \vdots & \vdots & & \vdots \\ 0 & 0 & \cdots & a_{nn} \end{vmatrix},$$

其值自然也等于主对角线上的 n 个元素之积.

习题 1.1

习题 1.1 解答

1. 已知 $abcdef$ 为标准次序, 求 $bcadfe$ 的逆序数.

2. 写出四阶行列式

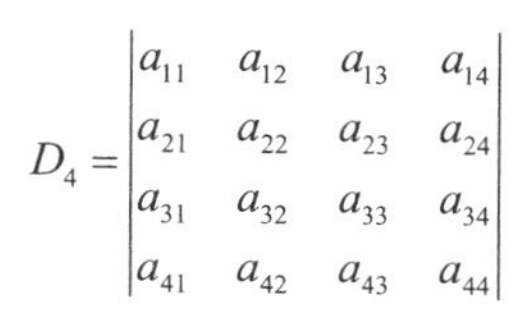

$$D_4 = \begin{vmatrix} a_{11} & a_{12} & a_{13} & a_{14} \\ a_{21} & a_{22} & a_{23} & a_{24} \\ a_{31} & a_{32} & a_{33} & a_{34} \\ a_{41} & a_{42} & a_{43} & a_{44} \end{vmatrix}$$

中同时包含 a_{12} 和 a_{31} 的项.

3. 计算下列二、三阶行列式.

(1) $\begin{vmatrix} 2 & 3 \\ 5 & 7 \end{vmatrix}$;　　(2) $\begin{vmatrix} a & b \\ a^2b & ab^2 \end{vmatrix}$;　　(3) $\begin{vmatrix} 1 & 2 & 1 \\ 1 & 0 & 2 \\ 1 & -1 & 2 \end{vmatrix}$;

(4) $\begin{vmatrix} 1 & 2 & 3 \\ 1 & 2 & 3 \\ 2 & 4 & 6 \end{vmatrix}$;　　(5) $\begin{vmatrix} 1 & 0 & -1 \\ 3 & 5 & 0 \\ 0 & 4 & 1 \end{vmatrix}$;　　(6) $\begin{vmatrix} a & b & c \\ b & c & a \\ c & a & b \end{vmatrix}$.

4. 解方程 $\begin{vmatrix} 2 & 1 & x \\ 3 & x & 0 \\ -1 & 0 & x \end{vmatrix} = 0$.

1.2 行列式的性质

为了有效地计算一给定行列式的值，本节讨论行列式的性质.

引理 2.1 互换 n 阶排列任意二数码的位置，则排列的奇偶性变更.

注 引理 2.1 的证明见 1.5 节.

设

$$D=\begin{vmatrix} a_{11} & a_{12} & \cdots & a_{1n} \\ a_{21} & a_{22} & \cdots & a_{2n} \\ \vdots & \vdots & & \vdots \\ a_{n1} & a_{n2} & \cdots & a_{nn} \end{vmatrix},\quad D'=\begin{vmatrix} a_{11} & a_{21} & \cdots & a_{n1} \\ a_{12} & a_{22} & \cdots & a_{n2} \\ \vdots & \vdots & & \vdots \\ a_{1n} & a_{2n} & \cdots & a_{nn} \end{vmatrix},$$

称 D' 为 D 的**转置行列式.**

性质 2.1 $D'=D$.

注 性质 2.1 的证明见 1.5 节.

由性质 2.1 可知，若某命题对于行列式的行成立，则对于列也同样成立，反之亦然.

性质 2.2 互换行列式的某两行(或列)，行列式仅变符号.

注 性质 2.2 的证明见 1.5 节.

推论 2.1 行列式若有两行(或列)相同，则其值为零.

证明 设性质 2.2 证明中 D 的 i, j 两行相同，则由 $D=D_1=-D$，$2D=0$ 即知.

性质 2.3 行列式的某行(或列)的各元素乘以数 k 等于用数 k 乘以行列式.

证明 设

$$D=\begin{vmatrix} a_{11} & \cdots & a_{1n} \\ \vdots & & \vdots \\ a_{i1} & \cdots & a_{in} \\ \vdots & & \vdots \\ a_{n1} & \cdots & a_{nn} \end{vmatrix},\quad D_1=\begin{vmatrix} a_{11} & \cdots & a_{1n} \\ \vdots & & \vdots \\ ka_{i1} & \cdots & ka_{in} \\ \vdots & & \vdots \\ a_{n1} & \cdots & a_{nn} \end{vmatrix},$$

往证 $D_1=kD$. 而这由行列式的定义直接便可得到

$$\begin{aligned} D_1 &= \sum (-1)^{\tau(p_1\cdots p_i\cdots p_n)} a_{1p_1}\cdots ka_{ip_i}\cdots a_{np_n} \\ &= k\sum (-1)^{\tau(p_1\cdots p_i\cdots p_n)} a_{1p_1}\cdots a_{ip_i}\cdots a_{np_n} \\ &= kD. \end{aligned}$$

推论 2.2 行列式的某行(或列)各元素的公因子可以提到行列式符号外面相乘.

推论 2.3 若行列式的某两行(或列)的对应元素成比例, 则行列式的值等于零. 此由推论 2.1 与推论 2.2 即知.

性质 2.4 设

$$D_1=\begin{vmatrix} a_{11} & a_{12} & \cdots & a_{1n} \\ \vdots & \vdots & & \vdots \\ \alpha_{i1} & \alpha_{i2} & \cdots & \alpha_{in} \\ \vdots & \vdots & & \vdots \\ a_{n1} & a_{n2} & \cdots & a_{nn} \end{vmatrix},\quad D_2=\begin{vmatrix} a_{11} & a_{12} & \cdots & a_{1n} \\ \vdots & \vdots & & \vdots \\ \beta_{i1} & \beta_{i2} & \cdots & \beta_{in} \\ \vdots & \vdots & & \vdots \\ a_{n1} & a_{n2} & \cdots & a_{nn} \end{vmatrix},$$

$$D=\begin{vmatrix} a_{11} & a_{12} & \cdots & a_{1n} \\ \vdots & \vdots & & \vdots \\ \alpha_{i1}+\beta_{i1} & \alpha_{i2}+\beta_{i2} & \cdots & \alpha_{in}+\beta_{in} \\ \vdots & \vdots & & \vdots \\ a_{n1} & a_{n2} & \cdots & a_{nn} \end{vmatrix}.$$

则 $D=D_1+D_2$. 这里, 三个行列式除第 i 行外的元素完全相同. 对于列也有相应的结论.

证明

$$\begin{aligned} D &= \sum(-1)^{\tau(p_1\cdots p_i\cdots p_n)} a_{1p_1}\cdots(\alpha_{ip_i}+\beta_{ip_i})\cdots a_{np_n} \\ &= \sum(-1)^{\tau(p_1\cdots p_i\cdots p_n)} a_{1p_1}\cdots\alpha_{ip_i}\cdots a_{np_n} + \sum(-1)^{\tau(p_1\cdots p_i\cdots p_n)} a_{1p_1}\cdots\beta_{ip_i}\cdots a_{np_n} \\ &= D_1+D_2. \end{aligned}$$

性质 2.5 行列式的某行(或列)的各元素乘以数 k 加到另一行(或列)的对应元素上, 行列式的值不变.

此由性质 2.5 与推论 2.3 即知.

一般情况下, 行列式的定义不适用于计算行列式. 因为它的展开式太复杂, 即使是四阶行列式也含有 $4!=24$ 项, 并且每一项都有个确定符号的问题. 利用行列式的性质把给定的行列式化成三角形行列式, 再利用三角形行列式之值等于主对角线元素之积是计算行列式的常用方法.

为行文简便, 引入以下记号:

$r_i\leftrightarrow r_j(c_i\leftrightarrow c_j)$ 表示互换行列式的 i, j 两行(两列);

$r_i+kr_j\left(c_i+kc_j\right)$ 表示把行列式的第 j 行(列)各元素的 k 倍加到第 i 行(列)的对应元素上;

$r_i\to k(c_i\to k)$ 表示把行列式第 i 行(列)各元素的公因子 k 提到行列式符号外面相乘.

例 2.1　计算下列行列式.

(1) $D=\begin{vmatrix}101 & 100 & 204\\199 & 200 & 395\\303 & 300 & 600\end{vmatrix}$;　　(2) $D=\begin{vmatrix}2 & 1 & 1 & 1\\1 & 2 & 1 & 1\\1 & 1 & 2 & 1\\1 & 1 & 1 & 2\end{vmatrix}$;

(3) $D_n=\begin{vmatrix}x & a & \cdots & a\\a & x & \cdots & a\\\vdots & \vdots & & \vdots\\a & a & \cdots & x\end{vmatrix}$;

(4) $D=\begin{vmatrix}a^2 & (a+1)^2 & (a+2)^2 & (a+3)^2\\b^2 & (b+1)^2 & (b+2)^2 & (b+3)^2\\c^2 & (c+1)^2 & (c+2)^2 & (c+3)^2\\d^2 & (d+1)^2 & (d+2)^2 & (d+3)^2\end{vmatrix}$;

(5) $D_n=\begin{vmatrix}a_1 & a_2 & a_3 & \cdots & a_n\\1 & 2 & 0 & \cdots & 0\\1 & 0 & 3 & \cdots & 0\\\vdots & \vdots & \vdots & & \vdots\\1 & 0 & 0 & \cdots & n\end{vmatrix}$.

解　(1) $D=\begin{vmatrix}101 & 100 & 204\\199 & 200 & 395\\303 & 300 & 600\end{vmatrix}\overset{c_1-c_2,c_3-2c_2}{=\!=\!=}\begin{vmatrix}1 & 100 & 4\\-1 & 200 & -5\\3 & 300 & 0\end{vmatrix}$

$$\overset{c_2\to 100}{=\!=\!=}100\begin{vmatrix}1 & 1 & 4\\-1 & 2 & -5\\3 & 3 & 0\end{vmatrix}\overset{r_2+r_1,r_3-3r_1}{=\!=\!=}100\begin{vmatrix}1 & 1 & 4\\0 & 3 & -1\\0 & 0 & -12\end{vmatrix}$$

$$=100\cdot 1\cdot 3\cdot(-12)=-3600.$$

(2) $D=\begin{vmatrix}2 & 1 & 1 & 1\\1 & 2 & 1 & 1\\1 & 1 & 2 & 1\\1 & 1 & 1 & 2\end{vmatrix}\overset{c_1+c_2+c_3+c_4}{=\!=\!=}\begin{vmatrix}5 & 1 & 1 & 1\\5 & 2 & 1 & 1\\5 & 1 & 2 & 1\\5 & 1 & 1 & 2\end{vmatrix}$

$$\overset{c_1\to 5}{=\!=\!=}5\begin{vmatrix}1 & 1 & 1 & 1\\1 & 2 & 1 & 1\\1 & 1 & 2 & 1\\1 & 1 & 1 & 2\end{vmatrix}\overset{r_2-r_1,\ r_3-r_1,\ r_4-r_1}{=\!=\!=}5\begin{vmatrix}1 & 1 & 1 & 1\\0 & 1 & 0 & 0\\0 & 0 & 1 & 0\\0 & 0 & 0 & 1\end{vmatrix}=5.$$

(3) $D_n=\begin{vmatrix} x & a & \cdots & a \\ a & x & \cdots & a \\ \vdots & \vdots & & \vdots \\ a & a & \cdots & x \end{vmatrix} \xlongequal{c_1+c_2+\cdots+c_n} \begin{vmatrix} x+(n-1)a & a & \cdots & a \\ x+(n-1)a & x & \cdots & a \\ \vdots & \vdots & & \vdots \\ x+(n-1)a & a & \cdots & x \end{vmatrix}$

$=[x+(n-1)a]\begin{vmatrix} 1 & a & \cdots & a \\ 1 & x & \cdots & a \\ \vdots & \vdots & & \vdots \\ 1 & a & \cdots & x \end{vmatrix}=[x+(n-1)a]\begin{vmatrix} 1 & a & \cdots & a \\ 0 & x-a & \cdots & 0 \\ \vdots & \vdots & & \vdots \\ 0 & 0 & \cdots & x-a \end{vmatrix}$

$=[x+(n-1)a](x-a)^{n-1}$.

(4) $D=\begin{vmatrix} a^2 & (a+1)^2 & (a+2)^2 & (a+3)^2 \\ b^2 & (b+1)^2 & (b+2)^2 & (b+3)^2 \\ c^2 & (c+1)^2 & (c+2)^2 & (c+3)^2 \\ d^2 & (d+1)^2 & (d+2)^2 & (d+3)^2 \end{vmatrix}$

$\xlongequal{c_2-c_1,c_3-c_1,c_4-c_1} \begin{vmatrix} a^2 & 2a+1 & 4a+4 & 6a+9 \\ b^2 & 2b+1 & 4b+4 & 6b+9 \\ c^2 & 2c+1 & 4c+4 & 6c+9 \\ d^2 & 2d+1 & 4d+4 & 6d+9 \end{vmatrix}$

$\xlongequal{c_3-2c_2,c_4-3c_2} \begin{vmatrix} a^2 & 2a+1 & 2 & 6 \\ b^2 & 2b+1 & 2 & 6 \\ c^2 & 2c+1 & 2 & 6 \\ d^2 & 2d+1 & 2 & 6 \end{vmatrix}=0$.

(5) $D_n=\begin{vmatrix} a_1 & a_2 & a_3 & \cdots & a_n \\ 1 & 2 & 0 & \cdots & 0 \\ 1 & 0 & 3 & \cdots & 0 \\ \vdots & \vdots & \vdots & & \vdots \\ 1 & 0 & 0 & \cdots & n \end{vmatrix}$

$\xlongequal{c_1-\frac{1}{2}c_2-\frac{1}{3}c_3-\cdots-\frac{1}{n}c_n} \begin{vmatrix} a_1-\dfrac{a_2}{2}-\dfrac{a_3}{3}-\cdots-\dfrac{a_n}{n} & a_2 & a_3 & \cdots & a_n \\ 0 & 2 & 0 & \cdots & 0 \\ 0 & 0 & 3 & \cdots & 0 \\ \vdots & \vdots & \vdots & & \vdots \\ 0 & 0 & 0 & \cdots & n \end{vmatrix}$

$=\left(a_1-\dfrac{a_2}{2}-\dfrac{a_3}{3}-\cdots-\dfrac{a_n}{n}\right)n!$

(5) 中的行列式可称为**“箭形”** 行列式.

对于行列式

$$D=\begin{vmatrix} a_{11} & a_{12} & \cdots & a_{1n} \\ a_{21} & a_{22} & \cdots & a_{2n} \\ \vdots & \vdots & & \vdots \\ a_{n1} & a_{n2} & \cdots & a_{nn} \end{vmatrix},$$

若对 $\forall i,j(1\leqslant i,j\leqslant n)$ 都有 $a_{ji}=-a_{ij}$，则称 D 为**反对称行列式**. 易知, 反对称行列式关于主对角线对称位置的两个元素互为相反数, 并且主对角线上的元素全为零.

例 2.2　证明奇数阶反对称行列式的值为零.

证明　设 D 为 n 阶反对称行列式, 则由反对称行列式的定义及推论 2.2 可知

$$D=\begin{vmatrix} 0 & a_{12} & \cdots & a_{1n} \\ a_{21} & 0 & \cdots & a_{2n} \\ \vdots & \vdots & & \vdots \\ a_{n1} & a_{n2} & \cdots & 0 \end{vmatrix}=\begin{vmatrix} 0 & -a_{21} & \cdots & -a_{n1} \\ -a_{12} & 0 & \cdots & -a_{n2} \\ \vdots & \vdots & & \vdots \\ -a_{1n} & -a_{2n} & \cdots & 0 \end{vmatrix}=(-1)^n\begin{vmatrix} 0 & a_{21} & \cdots & a_{n1} \\ a_{12} & 0 & \cdots & a_{n2} \\ \vdots & \vdots & & \vdots \\ a_{1n} & a_{2n} & \cdots & 0 \end{vmatrix},$$

再由性质 2.1 可知

$$\begin{vmatrix} 0 & a_{21} & \cdots & a_{n1} \\ a_{12} & 0 & \cdots & a_{n2} \\ \vdots & \vdots & & \vdots \\ a_{1n} & a_{2n} & \cdots & 0 \end{vmatrix}=\begin{vmatrix} 0 & a_{12} & \cdots & a_{1n} \\ a_{21} & 0 & \cdots & a_{2n} \\ \vdots & \vdots & & \vdots \\ a_{n1} & a_{n2} & \cdots & 0 \end{vmatrix}=D,$$

因此上式可写作 $D=(-1)^n D$.

故当 n 是奇数时，$D=-D$，即知 $D=0$.

习题 1.2

计算下列行列式.

习题 1.2 解答

(1) $\begin{vmatrix} 1 & 1 & 1 & 1 \\ 0 & 1 & 1 & 0 \\ 0 & 0 & 1 & 1 \\ 1 & 0 & 0 & 1 \end{vmatrix}$;　　(2) $\begin{vmatrix} 2 & 3 & 3 & 3 \\ 3 & 2 & 3 & 3 \\ 3 & 3 & 2 & 3 \\ 3 & 3 & 3 & 2 \end{vmatrix}$;

(3) $\begin{vmatrix} 246 & 427 & 327 \\ 914 & 643 & 443 \\ -342 & 721 & 621 \end{vmatrix}$;　　(4) 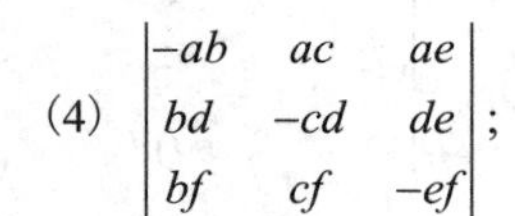 $\begin{vmatrix} -ab & ac & ae \\ bd & -cd & de \\ bf & cf & -ef \end{vmatrix}$;

(5) $\begin{vmatrix} 1 & 2 & 3 & 4 \\ 2 & 3 & 4 & 1 \\ 3 & 4 & 1 & 2 \\ 4 & 1 & 2 & 3 \end{vmatrix}$;　　(6) $\begin{vmatrix} 1 & 3 & 3 & 3 \\ 3 & 2 & 3 & 3 \\ 3 & 3 & 3 & 3 \\ 3 & 3 & 3 & 4 \end{vmatrix}$;

(7) $\begin{vmatrix} -2 & 2 & -4 & 0 \\ 4 & -1 & 3 & 5 \\ 3 & 1 & -2 & -3 \\ 2 & 0 & 5 & 1 \end{vmatrix}$;　　(8) $\begin{vmatrix} 1 & 0 & \cdots & 0 & a_1 \\ 0 & 1 & \cdots & 0 & a_2 \\ \vdots & \vdots & & \vdots & \vdots \\ 0 & 0 & \cdots & 1 & a_n \\ a_1 & a_2 & \cdots & a_n & b \end{vmatrix}$.

1.3　行列式的展开定理

利用行列式的性质计算行列式的值较之用行列式的定义去计算行列式的值, 显得简单而快捷. 本节介绍的展开定理同样是计算行列式的有力工具.

在 n 阶行列式 D 中任选 k 个行 $i_1,i_2,\cdots,i_k$ $(1\leqslant i_1<i_2<\cdots<i_k\leqslant n)$ 与 k 个列 $j_1,j_2,\cdots,j_k$ $(1\leqslant j_1<j_2<\cdots<j_k\leqslant n)$, 则这 k 个行与 k 个列相交处的元素按原来的相对位置排成一个 k 阶行列式 M, 称 M 为 D 的 k **阶子行列式**, 简称为 D 的 k **阶子式**. 称剩余的 $n-k$ 个行与 $n-k$ 个列确定的子式 $\overline{M}$ 为 M 的**余子式**(n 阶子式的余子式为零阶子式, 规定零阶子式的值为 1); 称 $(-1)^t\overline{M}$ 为 M 的**代数余子式**, 这里 $t=i_1+i_2+\cdots+i_k+j_1+j_2+\cdots+j_k$. 例如, 若

$$D=\begin{vmatrix} a_{11} & a_{12} & a_{13} & a_{14} & a_{15} \\ a_{21} & a_{22} & a_{23} & a_{24} & a_{25} \\ a_{31} & a_{32} & a_{33} & a_{34} & a_{35} \\ a_{41} & a_{42} & a_{43} & a_{44} & a_{45} \\ a_{51} & a_{52} & a_{53} & a_{54} & a_{55} \end{vmatrix},\quad M=\begin{vmatrix} a_{21} & a_{22} & a_{25} \\ a_{41} & a_{42} & a_{45} \\ a_{51} & a_{52} & a_{55} \end{vmatrix},$$

则 M 便是 D 的由 D 的 2, 4, 5 行与 1, 2, 5 列确定的 3 阶子式. 而 M 的余子式与代数余子式依次为

$$\overline{M}=\begin{vmatrix} a_{13} & a_{14} \\ a_{33} & a_{34} \end{vmatrix},\quad (-1)^{2+4+5+1+2+5}\overline{M}.$$

按定义, 余子式与代数余子式最多差个符号, 之所以这样分别定义, 是为了展开定理叙述的整洁.

定理 3.1(Laplace 定理)　在 n 阶行列式 D 中任选 k 个行(列), 则 D 的值恰为含于此 k 个行(列)中的所有 k 阶子式与其代数余子式的乘积之和.

例如, 对于上面的 5 阶行列式 D , 若选定 2, 4, 5 行, 则含于此 3 个行中的 3 阶子式共有 $C_5^3=10$ 个, 故 D 的展开式有 10 项. 而 $(-1)^{2+4+5+1+2+5}\overline{M}$ 便是其中的一项.

定理 3.1 的证明我们把它略去, 应用较为广泛的是与之有关的两个结论, 即定理 3.2 与定理 3.3.

按前面的定义, 取 $k=1$ 而有

定义 3.1　对于 n 阶行列式 $D=\det(a_{ij})$, 划掉元素 a_{ij} 所在的第 i 行与第 j 列, 余下的元素按原来的相对位置排成一个 $n-1$ 阶行列式, 称为元素 a_{ij} 的**余子式**, 记为 M_{ij} ; 称 $(-1)^{i+j}M_{ij}$ 为元素 a_{ij} 的**代数余子式**, 记为 A_{ij} .

例如, 在 4 阶行列式

$$\begin{vmatrix} 3 & 1 & -1 & 2 \\ -5 & 1 & 3 & -4 \\ 0 & 2 & 1 & -1 \\ 1 & -5 & 3 & -3 \end{vmatrix}$$

中, 元素 $a_{32}=2$ 的余子式和代数余子式分别为

$$M_{32}=\begin{vmatrix} 3 & -1 & 2 \\ -5 & 3 & -4 \\ 1 & 3 & -3 \end{vmatrix},\quad A_{32}=(-1)^{3+2}M_{32}=-\begin{vmatrix} 3 & -1 & 2 \\ -5 & 3 & -4 \\ 1 & 3 & -3 \end{vmatrix}.$$

由定理 3.1 易得

定理 3.2(展开定理)　行列式 $D=\det(a_{ij})$ 的某行(或列)的各元素与其代数余子式的乘积之和恰等于 D 之值, 即

$$\begin{aligned} D&=\det(a_{ij}) \\ &=a_{i1}A_{i1}+a_{i2}A_{i2}+\cdots+a_{in}A_{in} \\ &=a_{1i}A_{1i}+a_{2i}A_{2i}+\cdots+a_{ni}A_{ni}\quad (i=1,2,\cdots,n). \end{aligned}$$

定理 3.3　设

$$D=\begin{vmatrix} a_{11} & \cdots & a_{1n} & 0 & \cdots & 0 \\ \vdots & & \vdots & \vdots & & \vdots \\ a_{n1} & \cdots & a_{nn} & 0 & \cdots & 0 \\ c_{11} & \cdots & c_{1n} & b_{11} & \cdots & b_{1m} \\ \vdots & & \vdots & \vdots & & \vdots \\ c_{m1} & \cdots & c_{mn} & b_{m1} & \cdots & b_{mm} \end{vmatrix},\quad D_1=\begin{vmatrix} a_{11} & \cdots & a_{1n} \\ \vdots & & \vdots \\ a_{n1} & \cdots & a_{nn} \end{vmatrix},\quad D_2=\begin{vmatrix} b_{11} & \cdots & b_{1m} \\ \vdots & & \vdots \\ b_{m1} & \cdots & b_{mm} \end{vmatrix}$$

依次是 $m+n,n,m$ 阶行列式. 则有 $D=D_1D_2$.

证明　由于 D 的前 n 行中除 D_1 外其他子式全为零. 而 D_1 的在 D 中的代数余子式为

$$(-1)^{(1+2+\cdots+n)+(1+2+\cdots+n)}D_2=D_2,$$

于是对 D 的前 n 行应用 Laplace 定理便得 $D=D_1D_2$.

利用行列式的性质, 加上本节的展开定理, 便可更加简捷地计算行列式的值.

例 3.1　计算行列式

$$D=\begin{vmatrix}1&2&3&4\\1&0&1&2\\3&-1&-1&0\\1&2&0&-5\end{vmatrix}.$$

解　$$D=\begin{vmatrix}1&2&3&4\\1&0&1&2\\3&-1&-1&0\\1&2&0&-5\end{vmatrix}\xlongequal{r_4-r_1,r_1+2r_3}\begin{vmatrix}7&0&1&4\\1&0&1&2\\3&-1&-1&0\\0&0&-3&-9\end{vmatrix}$$

$$=(-1)\cdot(-1)^{3+2}\begin{vmatrix}7&1&4\\1&1&2\\0&-3&-9\end{vmatrix}\quad(\text{将行列式按第 2 列展开所得})$$

$$=\begin{vmatrix}7&1&4\\1&1&2\\0&-3&-9\end{vmatrix}\xlongequal{r_1-7r_2}\begin{vmatrix}0&-6&-10\\1&1&2\\0&-3&-9\end{vmatrix}$$

$$=1\cdot(-1)^{2+1}\begin{vmatrix}-6&-10\\-3&-9\end{vmatrix}\quad(\text{将行列式按第 1 列展开所得})$$

$$=-24.$$

例 3.2　计算 4 阶 Vandermonde 行列式

$$D_4=\begin{vmatrix}1&1&1&1\\x_1&x_2&x_3&x_4\\x_1^2&x_2^2&x_3^2&x_4^2\\x_1^3&x_2^3&x_3^3&x_4^3\end{vmatrix}.$$

解

$$D_4=\begin{vmatrix}1&1&1&1\\x_1&x_2&x_3&x_4\\x_1^2&x_2^2&x_3^2&x_4^2\\x_1^3&x_2^3&x_3^3&x_4^3\end{vmatrix}$$

$$\underline{\underline{r_4-x_1r_3,r_3-x_1r_2,r_2-x_1r_1}}\begin{vmatrix}1&1&1&1\\0&x_2-x_1&x_3-x_1&x_4-x_1\\0&x_2(x_2-x_1)&x_3(x_3-x_1)&x_4(x_4-x_1)\\0&x_2^2(x_2-x_1)&x_3^2(x_3-x_1)&x_4^2(x_4-x_1)\end{vmatrix}$$

$$=(x_2-x_1)(x_3-x_1)(x_4-x_1)\begin{vmatrix}1&1&1\\x_2&x_3&x_4\\x_2^2&x_3^2&x_4^2\end{vmatrix}$$

$$\underline{\underline{r_3-x_2r_2,r_2-x_2r_1}}(x_2-x_1)(x_3-x_1)(x_4-x_1)\begin{vmatrix}1&1&1\\0&x_3-x_2&x_4-x_2\\0&x_3(x_3-x_2)&x_4(x_4-x_2)\end{vmatrix}$$

$$=(x_2-x_1)(x_3-x_1)(x_4-x_1)(x_3-x_2)(x_4-x_2)\begin{vmatrix}1&1\\x_3&x_4\end{vmatrix}$$

$$=(x_2-x_1)(x_3-x_1)(x_4-x_1)(x_3-x_2)(x_4-x_2)(x_4-x_3)$$

$$=\prod_{1\leqslant i<j\leqslant 4}(x_j-x_i).$$

一般地，对于n阶 Vandermonde 行列式有

$$D_n=\begin{vmatrix}1&1&\cdots&1\\x_1&x_2&\cdots&x_n\\x_1^2&x_2^2&\cdots&x_n^2\\\vdots&\vdots&&\vdots\\x_1^{n-1}&x_2^{n-1}&\cdots&x_n^{n-1}\end{vmatrix}=\prod_{1\leqslant i<j\leqslant n}(x_j-x_i).$$

由定义 3.1 易知，改变n阶行列式某行，虽然行列式改变了，但该行各元素的代数余子式却不会发生变化.

例 3.3 行列式的某行(或列)的各元素与另一行(或列)的对应元素的代数余子式的乘积之和等于零.

证明 设

$$D=\begin{vmatrix} a_{11} & a_{12} & \cdots & a_{1n} \\ \vdots & \vdots & & \vdots \\ a_{i1} & a_{i2} & \cdots & a_{in} \\ \vdots & \vdots & & \vdots \\ a_{j1} & a_{j2} & \cdots & a_{jn} \\ \vdots & \vdots & & \vdots \\ a_{n1} & a_{n2} & \cdots & a_{nn} \end{vmatrix},$$

要证明的是$a_{i1}A_{j1}+a_{i2}A_{j2}+\cdots+a_{in}A_{jn}=0\ (i\neq j)$.

首先注意，由定理 3.2 知

$$\begin{vmatrix} a_{11} & a_{12} & \cdots & a_{1n} \\ \vdots & \vdots & & \vdots \\ a_{i1} & a_{i2} & \cdots & a_{in} \\ \vdots & \vdots & & \vdots \\ a_{j1} & a_{j2} & \cdots & a_{jn} \\ \vdots & \vdots & & \vdots \\ a_{n1} & a_{n2} & \cdots & a_{nn} \end{vmatrix}=a_{j1}A_{j1}+a_{j2}A_{j2}+\cdots+a_{jn}A_{jn}.$$

再根据本例前面的说明，用$a_{i1},a_{i2},\cdots,a_{in}$分别替换上式中的$a_{j1},a_{j2},\cdots,a_{jn}$等式依然成立，故有

$$\begin{vmatrix} a_{11} & a_{12} & \cdots & a_{1n} \\ \vdots & \vdots & & \vdots \\ a_{i1} & a_{i2} & \cdots & a_{in} \\ \vdots & \vdots & & \vdots \\ a_{i1} & a_{i2} & \cdots & a_{in} \\ \vdots & \vdots & & \vdots \\ a_{n1} & a_{n2} & \cdots & a_{nn} \end{vmatrix}=a_{i1}A_{j1}+a_{i2}A_{j2}+\cdots+a_{in}A_{jn}.$$

可是由于上式左边的行列式有两行相同，其值为零，因此

$$a_{i1}A_{j1}+a_{i2}A_{j2}+\cdots+a_{in}A_{jn}=0.$$

上述结论与定理 3.2 可合在一起写成

$$a_{i1}A_{j1}+a_{i2}A_{j2}+\cdots+a_{in}A_{jn}=\begin{cases}D, & i=j,\\ 0, & i\neq j.\end{cases}$$

显然, 对于列也有相应的结论.

例 3.4 设

$$D_n=\begin{vmatrix} a_1 & a_2 & a_3 & \cdots & a_n \\ 1 & 2 & 0 & \cdots & 0 \\ 1 & 0 & 3 & \cdots & 0 \\ \vdots & \vdots & \vdots & & \vdots \\ 1 & 0 & 0 & \cdots & n \end{vmatrix}$$

求 $A_{11}+A_{12}+\cdots+A_{1n}$ 之值.

解 按展开定理

$$\begin{vmatrix} a_1 & a_2 & a_3 & \cdots & a_n \\ 1 & 2 & 0 & \cdots & 0 \\ 1 & 0 & 3 & \cdots & 0 \\ \vdots & \vdots & \vdots & & \vdots \\ 1 & 0 & 0 & \cdots & n \end{vmatrix}=a_1A_{11}+a_2A_{12}+\cdots+a_nA_{1n},$$

用$1,1,\cdots,1$依次替换上式中的$a_1,a_2,\cdots,a_n$得

$$A_{11}+A_{12}+\cdots+A_{1n}=\begin{vmatrix} 1 & 1 & 1 & \cdots & 1 \\ 1 & 2 & 0 & \cdots & 0 \\ 1 & 0 & 3 & \cdots & 0 \\ \vdots & \vdots & \vdots & & \vdots \\ 1 & 0 & 0 & \cdots & n \end{vmatrix}.$$

上式右边为“箭形”行列式, 易得

$$A_{11}+A_{12}+\cdots+A_{1n}=\left(1-\sum_{k=2}^{n}\frac{1}{k}\right)n!.$$

一般地, 对于n阶行列式$D=\det(a_{ij})$及其元素a_{ij}的代数余子式A_{ij}和任意n个数$k_1,k_2,\cdots,k_n$, 和式

$$k_1A_{i1}+k_2A_{i2}+\cdots+k_nA_{in}\quad (或\ k_1A_{1j}+k_2A_{2j}+\cdots+k_nA_{nj})$$

就等于将D的第i行(或j列)元素换成$k_1,k_2,\cdots,k_n$后所得行列式的值.

习题 1.3

习题 1.3 解答

1. 计算下列行列式.

(1) $D=\begin{vmatrix}5&0&4&2\\1&-1&2&1\\4&1&2&0\\1&1&1&1\end{vmatrix}$;　　(2) $D=\begin{vmatrix}a&0&0&b\\0&a&b&0\\0&b&a&0\\b&0&0&a\end{vmatrix}$;

(3) $D=\begin{vmatrix}\lambda&-1&-1&1\\-1&\lambda&1&-1\\-1&1&\lambda&-1\\1&-1&-1&\lambda\end{vmatrix}$;　　(4) $D=\begin{vmatrix}1&2&3&4&5\\2&4&6&4&2\\3&5&7&5&3\\0&1&0&1&0\\2&4&8&18&30\end{vmatrix}$;

(5) $D_4=\begin{vmatrix}1&1&1&1\\a_1+1&a_2+1&a_3+1&a_4+1\\a_1^2+a_1&a_2^2+a_2&a_3^2+a_3&a_4^2+a_4\\a_1^3+a_1^2&a_2^3+a_2^2&a_3^3+a_3^2&a_4^3+a_4^2\end{vmatrix}$;

(6) $D=\begin{vmatrix}1&2&3&4\\1&2^2&3^2&4^2\\1&2^3&3^3&4^3\\1&2^4&3^4&4^4\end{vmatrix}$.

2. 已知 $D_4=\begin{vmatrix}a_1&b_1&c_1&p\\a_2&b_2&c_2&p\\a_3&b_3&c_3&p\\a_4&b_4&c_4&p\end{vmatrix}$，求 $A_{11}+A_{21}+A_{31}+A_{41}$ 之值.

3. 计算行列式 $D_4=\begin{vmatrix}1+a&1&1&1\\1&1-a&1&1\\1&1&1+b&1\\1&1&1&1-b\end{vmatrix}$.

1.4　Cramer 法则

由若干个一次方程构成的方程组称为**线性方程组**. 本节要利用所学过的行列式理论讨论解一类特殊的线性方程组的 **Cramer 法则**.

在 1.1 节中，二元一次方程组

$$\begin{cases}a_{11}x_1+a_{12}x_2=b_1,\\a_{21}x_1+a_{22}x_2=b_2\end{cases}$$

的解可表示为

$$x_1=\frac{\begin{vmatrix} b_1 & a_{12} \\ b_2 & a_{22} \end{vmatrix}}{\begin{vmatrix} a_{11} & a_{12} \\ a_{21} & a_{22} \end{vmatrix}},\quad x_2=\frac{\begin{vmatrix} a_{11} & b_1 \\ a_{21} & b_2 \end{vmatrix}}{\begin{vmatrix} a_{11} & a_{12} \\ a_{21} & a_{22} \end{vmatrix}}.$$

对于由 n 个未知数 $x_1,x_2,\cdots,x_n$，n 个方程构成的方程组

$$\begin{cases} a_{11}x_1+a_{12}x_2+\cdots+a_{1n}x_n=b_1, \\ a_{21}x_1+a_{22}x_2+\cdots+a_{2n}x_n=b_2, \\ \cdots\cdots \\ a_{n1}x_1+a_{n2}x_2+\cdots+a_{nn}x_n=b_n, \end{cases} \tag{1}$$

称

$$D=\begin{vmatrix} a_{11} & a_{12} & \cdots & a_{1n} \\ a_{21} & a_{22} & \cdots & a_{2n} \\ \vdots & \vdots & & \vdots \\ a_{n1} & a_{n2} & \cdots & a_{nn} \end{vmatrix}$$

为其**系数行列式**. 并记

$$D_1=\begin{vmatrix} b_1 & a_{12} & \cdots & a_{1n} \\ b_2 & a_{22} & \cdots & a_{2n} \\ \vdots & \vdots & & \vdots \\ b_n & a_{n2} & \cdots & a_{nn} \end{vmatrix},$$

$$D_2=\begin{vmatrix} a_{11} & b_1 & \cdots & a_{1n} \\ a_{21} & b_2 & \cdots & a_{2n} \\ \vdots & \vdots & & \vdots \\ a_{n1} & b_n & \cdots & a_{nn} \end{vmatrix},$$

$$\cdots\cdots$$

$$D_n=\begin{vmatrix} a_{11} & a_{12} & \cdots & b_1 \\ a_{21} & a_{22} & \cdots & b_2 \\ \vdots & \vdots & & \vdots \\ a_{n1} & a_{n2} & \cdots & b_n \end{vmatrix}.$$

我们有

定理 4.1 (Cramer 法则) 对于线性方程组(1)，当 $D\neq 0$ 时有唯一解

$$x_1=\frac{D_1}{D},\quad x_2=\frac{D_2}{D},\quad \cdots,\quad x_n=\frac{D_n}{D}.$$

注 定理 4.1 的证明过程见 1.5 节.

由 Cramer 法则可直接得到

推论 4.1 当 $D\neq 0$ 时，方程组

$$\begin{cases} a_{11}x_1+a_{12}x_2+\cdots+a_{1n}x_n=0, \\ a_{21}x_1+a_{22}x_2+\cdots+a_{2n}x_n=0, \\ \cdots\cdots \\ a_{n1}x_1+a_{n2}x_2+\cdots+a_{nn}x_n=0 \end{cases} \tag{2}$$

只有零解.

推论 4.2 若线性方程组(2)有非零解，则 $D=0$.

这里的“零解”指的是 $x_1=0,x_2=0,\cdots,x_n=0$ 这组解；其余的解都称为“非零解”. 显然推论 4.2 只不过是推论 4.1 的另一种陈述.

例 4.1 解线性方程组

$$\begin{cases} 2x_1+x_2-5x_3+x_4=8, \\ x_1-3x_2-6x_4=9, \\ 2x_2-x_3+2x_4=-5, \\ x_1+4x_2-7x_3+6x_4=0. \end{cases}$$

解 首先因为

$$D=\begin{vmatrix} 2 & 1 & -5 & 1 \\ 1 & -3 & 0 & -6 \\ 0 & 2 & -1 & 2 \\ 1 & 4 & -7 & 6 \end{vmatrix}=27\neq 0,$$

故可用 Cramer 法则求解. 由于

$$D_1=\begin{vmatrix} 8 & 1 & -5 & 1 \\ 9 & -3 & 0 & -6 \\ -5 & 2 & -1 & 2 \\ 0 & 4 & -7 & 6 \end{vmatrix}=81,$$

$$D_2=\begin{vmatrix}2 & 8 & -5 & 1\\ 1 & 9 & 0 & -6\\ 0 & -5 & -1 & 2\\ 1 & 0 & -7 & 6\end{vmatrix}=-108,$$

$$D_3=\begin{vmatrix}2 & 1 & 8 & 1\\ 1 & -3 & 9 & -6\\ 0 & 2 & -5 & 2\\ 1 & 4 & 0 & 6\end{vmatrix}=-27,$$

$$D_4=\begin{vmatrix}2 & 1 & -5 & 8\\ 1 & -3 & 0 & 9\\ 0 & 2 & -1 & -5\\ 1 & 4 & -7 & 0\end{vmatrix}=27,$$

因此得方程组的唯一解为

$$x_1=\frac{81}{27}=3,\quad x_2=\frac{-108}{27}=-4,\quad x_3=\frac{-27}{27}=-1,\quad x_4=\frac{27}{27}=1.$$

例 4.2　设 $f(x)=a_0+a_1x+a_2x^2+\cdots+a_nx^n$，证明若 $f(x)$ 有 $n+1$ 个互异的零点，则 $f(x)=0$.

证明　设 $c_1,c_2,\cdots,c_{n+1}$ 是 $f(x)$ 的 $n+1$ 个互异的零点，则有

$$a_0+a_1c_1+a_2c_1^2+\cdots+a_nc_1^n=0,$$

$$a_0+a_1c_2+a_2c_2^2+\cdots+a_nc_2^n=0,$$

$$\cdots\cdots$$

$$a_0+a_1c_{n+1}+a_2c_{n+1}^2+\cdots+a_nc_{n+1}^n=0,$$

这表明 $x_0=a_0,x_1=a_1,\cdots,x_n=a_n$ 是方程组

$$\begin{cases}x_0+c_1x_1+c_1^2x_2+\cdots+c_1^nx_n=0,\\ x_0+c_2x_1+c_2^2x_2+\cdots+c_2^nx_n=0,\\ \cdots\cdots\\ x_0+c_{n+1}x_1+c_{n+1}^2x_2+\cdots+c_{n+1}^nx_n=0\end{cases}$$

的解，但因 $c_1,c_2,\cdots,c_{n+1}$ 两两不同，知其系数行列式

$$\begin{vmatrix} 1 & c_1 & c_1^2 & \cdots & c_1^n \\ 1 & c_2 & c_2^2 & \cdots & c_2^n \\ \vdots & \vdots & \vdots & & \vdots \\ 1 & c_{n+1} & c_{n+1}^2 & \cdots & c_{n+1}^n \end{vmatrix} \neq 0,$$

故由推论 4.1 知其只有零解，因此 $a_0 = 0, a_1 = 0, \cdots, a_n = 0$，即 $f(x) = 0$.

习题 1.4

习题 1.4 解答

1. 用 Cramer 法则求解下列线性方程组.

（1）$\begin{cases} 2x_1 - x_2 - x_3 = 4, \\ 3x_1 + 4x_2 - 2x_3 = 11, \\ 3x_1 - 2x_2 + 4x_3 = 11; \end{cases}$　　（2）$\begin{cases} x_1 + 3x_2 - 5x_3 + x_4 = -3, \\ 5x_1 - 2x_2 + 7x_3 - 2x_4 = 4, \\ 2x_1 + x_2 - 4x_3 - x_4 = -1, \\ -3x_1 - 4x_2 + 6x_3 - 3x_4 = 10. \end{cases}$

2. 当 λ 为何值时，齐次线性方程组

$$\begin{cases} x_1 + \lambda x_2 + x_3 = 0, \\ x_1 - x_2 + x_3 = 0, \\ \lambda x_1 + x_2 + 2x_3 = 0 \end{cases}$$

有非零解?

1.5　定理补充证明与典型例题解析

一、定理补充证明

引理 2.1　互换 n 阶排列任意二数码的位置，则排列的奇偶性变更.

证明　设所考虑的排列为 $p_1, \cdots, p_i, \cdots, p_j, \cdots, p_n$，其中 $i < j$. 先看 p_i 与 p_j 相邻，即 $j = i+1$ 的情形. 此时原排列为 $p_1, \cdots, p_i, p_j, \cdots, p_n$，新排列为 $p_1, \cdots, p_j, p_i, \cdots, p_n$. 因 p_i 与 p_j 在两个排列中与其他数码的相对位置完全相同，故当 $p_i < p_j$ 时排列 $p_1, \cdots, p_j, p_i, \cdots, p_n$ 比排列 $p_1, \cdots, p_i, p_j, \cdots, p_n$ 的逆序数多 1；而当 $p_i > p_j$ 时排列 $p_1, \cdots, p_j, p_i, \cdots, p_n$ 比排列 $p_1, \cdots, p_i, p_j, \cdots, p_n$ 的逆序数少 1. 总之二者的奇偶性不同.

再看一般情形. 互换 p_i 与 p_j 二数码的位置可通过一系列互换相邻二数来实现. 先将 p_i 依次与后面的 $p_{i+1}, \cdots, p_j$ 互换，然后再将 p_j 与前面的 $p_{j-1}, \cdots, p_{i+1}$ 互换便可完成 p_i 与 p_j 二数码的互换. 显然期间共进行了 $(j-i)+(j-i-1) = 2(j-i)-1$

次相邻二数码的互换．由前面所证排列 $p_1,\cdots,p_i,\cdots,p_j,\cdots,p_n$ 变成 $p_1,\cdots,p_j,\cdots,p_i,\cdots,p_n$，其奇偶性发生了奇数次变更，因此二者的奇偶性必不相同.

性质 2.1 $D'=D$.

证明 显然元素 a_{ij} 在 D' 中的行标是其第二个足标 j，而列标是其第一个足标 i. 因此由行列式的定义知 D' 的一般项为

$$(-1)^{\tau(p_1,p_2,\cdots,p_n)}a_{p_1 1}a_{p_2 2}\cdots a_{p_n n}.$$

现在设做 t 次因子的互换，可使其行标排列 $p_1,p_2,\cdots,p_n$ 成自然顺序 $1,2,\cdots,n$，同时其列标排列 $1,2,\cdots,n$ 变成一新排列 $q_1,q_2,\cdots,q_n$. 这表明 $p_1,p_2,\cdots,p_n$ 经 $2t$ 次二数码的互换可变成排列 $q_1,q_2,\cdots,q_n$，由引理两个排列的奇偶性相同，即知

$$(-1)^{\tau(q_1,q_2,\cdots,q_n)}=(-1)^{\tau(p_1,p_2,\cdots,p_n)},$$

又由于乘积 $a_{p_1 1}a_{p_2 2}\cdots a_{p_n n}$ 调整因子顺序后成为 $a_{1q_1}a_{2q_2}\cdots a_{nq_n}$. 因此

$$(-1)^{\tau(p_1,p_2,\cdots,p_n)}a_{p_1 1}a_{p_2 2}\cdots a_{p_n n}=(-1)^{\tau(q_1,q_2,\cdots,q_n)}a_{1q_1}a_{2q_2}\cdots a_{nq_n},$$

其右边显然是 D 的一般项，故必有 $D'=D$.

性质 2.2 互换行列式的某两行(或列)，行列式仅变符号.

证明 设

$$D=\begin{vmatrix} a_{11} & \cdots & a_{1n} \\ \vdots & & \vdots \\ a_{i1} & \cdots & a_{in} \\ \vdots & & \vdots \\ a_{j1} & \cdots & a_{jn} \\ \vdots & & \vdots \\ a_{n1} & \cdots & a_{nn} \end{vmatrix},\quad D_1=\begin{vmatrix} a_{11} & \cdots & a_{1n} \\ \vdots & & \vdots \\ a_{j1} & \cdots & a_{jn} \\ \vdots & & \vdots \\ a_{i1} & \cdots & a_{in} \\ \vdots & & \vdots \\ a_{n1} & \cdots & a_{nn} \end{vmatrix},$$

则 D_1 是 D 经 i,j 两行互换而得的行列式. 于 D 中任取一项

$$a_{1p_1}\cdots a_{ip_i}\cdots a_{jp_j}\cdots a_{np_n},$$

其符号由排列 $p_1,\cdots,p_i,\cdots,p_j,\cdots,p_n$ 的奇偶性确定. 互换因子 a_{ip_i} 与 a_{jp_j} 的位置得 $a_{1p_1}\cdots\ a_{jp_j}\cdots a_{ip_i}\cdots a_{np_n}$，则其显然是 D_1 中的项，并且行标排列仍为自然顺序，因此其符号由排列 $p_1,\cdots,p_j,\cdots,p_i,\cdots,p_n$ 的奇偶性确定. 但由引理 2.1，排列

$p_1,\cdots,p_j,\cdots,p_i,\cdots,p_n$ 与排列 $p_1,\cdots,p_i,\cdots,p_j,\cdots,p_n$ 的奇偶性正好相反，这表明将 D 的 $n!$ 个项都变号就成了 D_1 的 $n!$ 个项，因此 $D_1=-D$.

定理 4.1（Cramer 法则） 对于线性方程组(1)，当 $D\neq 0$ 时有唯一解

$$x_1=\frac{D_1}{D},\quad x_2=\frac{D_2}{D},\quad \cdots,\quad x_n=\frac{D_n}{D}.$$

证明 首先由展开定理有

$$D_1=b_1A_{11}+b_2A_{21}+\cdots+b_nA_{n1}=\sum_{i=1}^{n}b_iA_{i1},$$

$$D_2=b_1A_{12}+b_2A_{22}+\cdots+b_nA_{n2}=\sum_{i=1}^{n}b_iA_{i2},$$

$$\cdots\cdots$$

$$D_n=b_1A_{1n}+b_2A_{2n}+\cdots+b_nA_{nn}=\sum_{i=1}^{n}b_iA_{in}.$$

将 $x_1=\dfrac{D_1}{D},x_2=\dfrac{D_2}{D},\cdots,x_n=\dfrac{D_n}{D}$ 代入线性方程组(1)的第一个方程得

$$\begin{aligned}
\text{左边}&=a_{11}\frac{D_1}{D}+a_{12}\frac{D_2}{D}+\cdots+a_{1n}\frac{D_n}{D}\\
&=\frac{1}{D}(a_{11}D_1+a_{12}D_2+\cdots+a_{1n}D_n)\\
&=\frac{1}{D}\left(a_{11}\sum_{i=1}^{n}b_iA_{i1}+a_{12}\sum_{i=1}^{n}b_iA_{i2}+\cdots+a_{1n}\sum_{i=1}^{n}b_iA_{in}\right)\\
&=\frac{1}{D}\left(b_1\sum_{i=1}^{n}a_{1i}A_{1i}+b_2\sum_{i=1}^{n}a_{1i}A_{2i}+\cdots+b_n\sum_{i=1}^{n}a_{1i}A_{ni}\right)\\
&=\frac{1}{D}(b_1D+b_20+\cdots+b_n0)\\
&=b_1=\text{右边}.
\end{aligned}$$

故 $x_1=\dfrac{D_1}{D},x_2=\dfrac{D_2}{D},\cdots,x_n=\dfrac{D_n}{D}$ 是线性方程组(1)的第一个方程的解. 同理可证也是其余方程的解，即是方程组的解.

再证唯一性. 设 $x_1=c_1,x_2=c_2,\cdots,x_n=c_n$ 是方程组的解，则有

$$\begin{cases} a_{11}c_1 + a_{12}c_2 + \cdots + a_{1n}c_n = b_1, \\ a_{21}c_1 + a_{22}c_2 + \cdots + a_{2n}c_n = b_2, \\ \cdots\cdots \\ a_{n1}c_1 + a_{n2}c_2 + \cdots + a_{nn}c_n = b_n. \end{cases}$$

从而有

$$D_1 = \begin{vmatrix} b_1 & a_{12} & \cdots & a_{1n} \\ b_2 & a_{22} & \cdots & a_{2n} \\ \vdots & \vdots & & \vdots \\ b_n & a_{n2} & \cdots & a_{nn} \end{vmatrix} = \begin{vmatrix} a_{11}c_1 + a_{12}c_2 + \cdots + a_{1n}c_n & a_{12} & \cdots & a_{1n} \\ a_{21}c_1 + a_{22}c_2 + \cdots + a_{2n}c_n & a_{22} & \cdots & a_{2n} \\ \vdots & \vdots & & \vdots \\ a_{n1}c_1 + a_{n2}c_2 + \cdots + a_{nn}c_n & a_{n2} & \cdots & a_{nn} \end{vmatrix}$$

$$= \begin{vmatrix} a_{11}c_1 & a_{12} & \cdots & a_{1n} \\ a_{21}c_1 & a_{22} & \cdots & a_{2n} \\ \vdots & \vdots & & \vdots \\ a_{n1}c_1 & a_{n2} & \cdots & a_{nn} \end{vmatrix}$$

$$= c_1 D .$$

因此$c_1 = \dfrac{D_1}{D}$. 同理可证$c_2 = \dfrac{D_2}{D}, \cdots, c_n = \dfrac{D_n}{D}$.

二、典型例题解析

例 5.1　计算n阶行列式

$$D_n = \begin{vmatrix} 2 & 1 & & & \\ 1 & 2 & \ddots & & \\ & \ddots & \ddots & \ddots & \\ & & \ddots & 2 & 1 \\ & & & 1 & 2 \end{vmatrix},$$

其中空白处的元素全为零.

解　容易算得

$$D_1 = |2| = 2 = 1 + 1;$$

$$D_2 = \begin{vmatrix} 2 & 1 \\ 1 & 2 \end{vmatrix} = 3 = 2 + 1.$$

故有理由推断$D_n = n + 1$. 下面用数学归纳法证明这一结论的正确性.

上面二式表明归纳基础成立.

设$D_{n-2} = n - 2 + 1 = n - 1, D_{n-1} = n - 1 + 1 = n$，则将$D_n$按第 1 行展开得

$$D_n = 2(-1)^{1+1}D_{n-1} + 1(-1)^{1+2}\begin{vmatrix} 1 & 1 & 0 & & & \\ 0 & 2 & 1 & & & \\ 0 & 1 & 2 & \ddots & & \\ & & \ddots & \ddots & \ddots & \\ & & & \ddots & 2 & 1 \\ & & & & 1 & 2 \end{vmatrix}$$

$$= 2D_{n-1} - D_{n-2} = 2n - (n-1)$$

$$= n+1.$$

归纳法完成, 故有 $D_n = n+1$.

例 5.2 证明

$$D_n = \begin{vmatrix} a+b & ab & 0 & \cdots & 0 & 0 \\ 1 & a+b & ab & \cdots & 0 & 0 \\ 0 & 1 & a+b & \cdots & 0 & 0 \\ \vdots & \vdots & \vdots & & \vdots & \vdots \\ 0 & 0 & 0 & \cdots & a+b & ab \\ 0 & 0 & 0 & \cdots & 1 & a+b \end{vmatrix} = \sum_{i=0}^{n} a^{n-i}b^i = \frac{a^{n+1}-b^{n+1}}{a-b},$$

其中 $a \neq b$.

证明 对阶数 n 用数学归纳法. 容易算得

$$D_1 = |a+b| = a+b = \frac{a^2-b^2}{a-b};$$

$$D_2 = \begin{vmatrix} a+b & ab \\ 1 & a+b \end{vmatrix} = (a+b)^2 - ab = a^2+ab+b^2 = \frac{a^3-b^3}{a-b}.$$

设

$$D_{n-2} = \sum_{i=0}^{n-2} a^{n-2-i}b^i = \frac{a^{n-1}-b^{n-1}}{a-b},$$

$$D_{n-1} = \sum_{i=0}^{n-1} a^{n-1-i}b^i = \frac{a^n-b^n}{a-b},$$

则将 D_n 按第 1 列展开得

$$D_n=(a+b)(-1)^{1+1}D_{n-1}+1\times(-1)^{2+1}\begin{vmatrix} ab & 0 & 0 & \cdots & 0 & 0 \\ 1 & a+b & ab & \cdots & 0 & 0 \\ 0 & 1 & a+b & \cdots & 0 & 0 \\ \vdots & \vdots & \vdots & & \vdots & \vdots \\ 0 & 0 & 0 & \cdots & a+b & ab \\ 0 & 0 & 0 & \cdots & 1 & a+b \end{vmatrix}$$

$$=(a+b)D_{n-1}-abD_{n-2}=(a+b)D_{n-1}-abD_n$$

$$=\frac{(a+b)(a^n-b^n)}{a-b}-\frac{ab(a^{n-1}-b^{n-1})}{a-b}$$

$$=\frac{a^{n+1}-b^{n+1}}{a-b},$$

归纳法完成, 证毕.

例 5.3 计算 n 阶行列式

$$D_n=\begin{vmatrix} x & y & \cdots & y \\ z & x & \cdots & y \\ \vdots & \vdots & & \vdots \\ z & z & \cdots & x \end{vmatrix}, \quad y\neq z.$$

解 首先利用行列式的性质 2.4 可得

$$D_n=\begin{vmatrix} y+x-y & y & \cdots & y \\ z & x & \cdots & y \\ \vdots & \vdots & & \vdots \\ z & z & \cdots & x \end{vmatrix}=\begin{vmatrix} y & y & y & \cdots & y \\ z & x & y & \cdots & y \\ z & z & x & \cdots & y \\ \vdots & \vdots & \vdots & & \vdots \\ z & z & z & \cdots & x \end{vmatrix}+\begin{vmatrix} x-y & y & y & \cdots & y \\ 0 & x & y & \cdots & y \\ 0 & z & x & \cdots & y \\ \vdots & \vdots & \vdots & & \vdots \\ 0 & z & z & \cdots & x \end{vmatrix},$$

把前一个行列式的第 1 列的 (-1) 倍加到其余各列, 后一个行列式按第 1 列展开得

$$D_n=\begin{vmatrix} y & 0 & 0 & \cdots & 0 \\ z & x-z & y-z & \cdots & y-z \\ z & 0 & x-z & \cdots & y-z \\ \vdots & \vdots & \vdots & & \vdots \\ z & 0 & 0 & \cdots & x-z \end{vmatrix}+(x-y)D_{n-1}.$$

再将上式中的行列式按第 1 行展开得

$$D_n = y\begin{vmatrix} x-z & y-z & \cdots & y-z \\ 0 & x-z & \cdots & y-z \\ \vdots & \vdots & & \vdots \\ 0 & 0 & \cdots & x-z \end{vmatrix} + (x-y)D_{n-1} = y(x-z)^{n-1} + (x-y)D_{n-1},$$

即

$$D_n = y(x-z)^{n-1} + (x-y)D_{n-1}.$$

由于行列式取转置后其值不变及 y,z 地位的等同性，又可得到

$$D_n = z(x-y)^{n-1} + (x-z)D_{n-1}.$$

最后从联立等式

$$\begin{cases} D_n = y(x-z)^{n-1} + (x-y)D_{n-1}, \\ D_n = z(x-y)^{n-1} + (x-z)D_{n-1}, \end{cases}$$

解得

$$D_n = \frac{z(x-y)^n - y(x-z)^n}{z-y}.$$

例 5.4 计算 n 阶行列

$$D_n = \begin{vmatrix} a+b & a & 0 & \cdots & 0 & 0 & 0 \\ b & a+b & a & \cdots & 0 & 0 & 0 \\ 0 & b & a+b & \cdots & 0 & 0 & 0 \\ \vdots & \vdots & \vdots & & \vdots & \vdots & \vdots \\ 0 & 0 & 0 & \cdots & b & a+b & a \\ 0 & 0 & 0 & \cdots & 0 & b & a+b \end{vmatrix},$$

其中 $a \neq b$，且二者均非零.

解 对 D_n 按第 1 行展开得

$$D_n = (a+b)D_{n-1} - a\begin{vmatrix} b & a & 0 & \cdots & 0 & 0 & 0 \\ 0 & a+b & a & \cdots & 0 & 0 & 0 \\ 0 & b & a+b & \cdots & 0 & 0 & 0 \\ \vdots & \vdots & \vdots & & \vdots & \vdots & \vdots \\ 0 & 0 & 0 & \cdots & b & a+b & a \\ 0 & 0 & 0 & \cdots & 0 & b & a+b \end{vmatrix},$$

再将上式右边的$n-1$阶行列式按第 1 列展开得

$$D_n=(a+b)D_{n-1}-abD_{n-2}.$$

上式可改写为

$$D_n-aD_{n-1}=b(D_{n-1}-aD_{n-2}),$$

用此式递推便可得到

$$\begin{aligned}D_n-aD_{n-1}&=b(D_{n-1}-aD_{n-2})=b^2(D_{n-2}-aD_{n-3})\\&=\cdots=b^{n-2}(D_2-aD_1).\end{aligned}$$

而由于

$$D_1=|a+b|=a+b,$$

$$D_2=\begin{vmatrix}a+b & a\\ b & a+b\end{vmatrix}=(a+b)^2-ab=a^2+ab+b^2,$$

又可得到

$$D_n-aD_{n-1}=b^{n-2}(D_2-aD_1)=b^{n-2}(a^2+ab+b^2-a^2-ab)=b^n,$$

即

$$D_n-aD_{n-1}=b^n.$$

以下可用两种方法完成计算.

方法 1 用由上式而得的$D_n=aD_{n-1}+b^n$进行递推,

$$\begin{aligned}D_n&=aD_{n-1}+b^n=a(aD_{n-2}+b^{n-1})+b^n=a^2D_{n-2}+ab^{n-1}+b^n\\&=a^n+a^{n-1}b+\cdots+ab^{n-1}+b^n\\&=\frac{a^{n+1}-b^{n+1}}{a-b}.\end{aligned}$$

方法 2 与上同理可得$D_n-bD_{n-1}=a^n$. 由联立等式

$$\begin{cases}D_n-bD_{n-1}=a^n,\\D_n-aD_{n-1}=b^n,\end{cases}$$

亦可得到

$$D_n=\frac{a^{n+1}-b^{n+1}}{a-b}.$$

例 5.5　计算 n 阶行列式

$$D_n=\begin{vmatrix}1+a_1 & 1 & 1 & \cdots & 1\\ 1 & 1+a_2 & 1 & \cdots & 1\\ 1 & 1 & 1+a_3 & \cdots & 1\\ \vdots & \vdots & \vdots & & \vdots\\ 1 & 1 & 1 & \cdots & 1+a_n\end{vmatrix},$$

其中 $a_i \neq 0(i=1,2,\cdots,n)$.

解　显然

$$D_n=\begin{vmatrix}1 & 1 & 1 & 1 & \cdots & 1\\ 0 & 1+a_1 & 1 & 1 & \cdots & 1\\ 0 & 1 & 1+a_2 & 1 & \cdots & 1\\ 0 & 1 & 1 & 1+a_3 & \cdots & 1\\ \vdots & \vdots & \vdots & \vdots & & \vdots\\ 0 & 1 & 1 & 1 & \cdots & 1+a_n\end{vmatrix}.$$

把第 1 行的(−1)倍分别加到其余各行得

$$D_n=\begin{vmatrix}1 & 1 & 1 & 1 & \cdots & 1\\ -1 & a_1 & 0 & 0 & \cdots & 0\\ -1 & 0 & a_2 & 0 & \cdots & 0\\ -1 & 0 & 0 & a_3 & \cdots & 0\\ \vdots & \vdots & \vdots & \vdots & & \vdots\\ -1 & 0 & 0 & 0 & \cdots & a_n\end{vmatrix},$$

此为“箭形”行列式. 故有

$$D_n=a_1a_2\cdots a_n\left(1+\sum_{i=1}^{n}\frac{1}{a_i}\right).$$

本例所用的方法常形象地称为“**加边法**”.

第 1 章习题

1. 已知 n 阶排列 $p_1,p_2,\cdots,p_n$ 的逆序数为 s，求 n 阶排列 $p_n,p_{n-1},\cdots,p_2,p_1$ 的逆序数.
2. 设 $a_{1i}a_{23}a_{35}a_{44}a_{5j}$ 是 5 阶行列式 D_5 中带有正号的项，求 i,j 的值.
3. 证明 n 阶行列式 $D_n(n>1)$ 中符号为正的项的个数与符号为负的项的个数相等，均为 $\frac{n!}{2}$ 个.

4. 证明

$$\begin{vmatrix} 0 & & a_1 \\ & a_2 & \\ \iddots & & \\ a_n & & * \end{vmatrix} = \begin{vmatrix} * & & a_1 \\ & a_2 & \\ \iddots & & \\ a_n & & 0 \end{vmatrix} = (-1)^{\frac{n(n-1)}{2}} a_1 a_2 \cdots a_n .$$

第 1 章习题解答

5. 证明

(1) $\begin{vmatrix} x & y & x+y \\ y & x+y & x \\ x+y & x & y \end{vmatrix} = -2(x^3+y^3)$;

(2) $\begin{vmatrix} ax+by & ay+bz & az+bx \\ ay+bz & az+bx & ax+by \\ az+bx & ax+by & ay+bz \end{vmatrix} = (a^3+b^3)\begin{vmatrix} x & y & z \\ y & z & x \\ z & x & y \end{vmatrix}$.

6. 计算下列各题.

(1) 若 n 阶行列式 D 的每行的前 $n-1$ 个元素之和为 1, 而后 $n-1$ 个元素之和为 3, 求 D .

(2) 设 $A=\begin{vmatrix}\boldsymbol{\alpha}_1 & \boldsymbol{\alpha}_2 & \boldsymbol{\alpha}_3\end{vmatrix}$ 为 3 阶行列式, $A=-1$, 求 $\begin{vmatrix}\boldsymbol{\alpha}_3+3\boldsymbol{\alpha}_1 & \boldsymbol{\alpha}_2 & 4\boldsymbol{\alpha}_1\end{vmatrix}$. 这里 $k\boldsymbol{\alpha}$ 表示用数 k 去乘 $\boldsymbol{\alpha}$ 中的 3 个元素, "+" 表示对应元素相加.

(3) 设 x_1,x_2,x_3 是方程 $x^3+px+q=0$ 的三个根, 求 $\begin{vmatrix} x_1 & x_2 & x_3 \\ x_3 & x_1 & x_2 \\ x_2 & x_3 & x_1 \end{vmatrix}$.

7. 已知

$$D_5 = \begin{vmatrix} 1 & 2 & 3 & 4 & 5 \\ 2 & 2 & 2 & 1 & 1 \\ 3 & 1 & 2 & 4 & 5 \\ 1 & 1 & 1 & 2 & 2 \\ 4 & 3 & 1 & 5 & 0 \end{vmatrix} = 27 ,$$

求 $A_{41}+A_{42}+A_{43}$ 与 $A_{44}+A_{45}$ 之值.

8. 设 4 阶行列式 D_4 的第 2 列元素依次为 2, m, k, 3, 第 2 列元素的余子式依次为 1, −1, 1, −1, 第 4 列元素的代数余子式依次为 3, 1, 4, 2, 且 $D_4=1$, 求 m, k 之值.

9. 已知 n 阶行列式 D_n 有一行的元素全为 1, 证明 $\sum\limits_{i=1}^{n}\sum\limits_{j=1}^{n} A_{ij} = D_n$.

10. 已知

$$D_n = \begin{vmatrix} 1 & 0 & 0 & \cdots & 0 \\ 1 & 1 & 0 & \cdots & 0 \\ 1 & 1 & 1 & \cdots & 0 \\ \vdots & \vdots & \vdots & & \vdots \\ 1 & 1 & 1 & \cdots & 1 \end{vmatrix},$$

求 $A_{n1}+A_{n2}+\cdots+A_{nn}$ 与 $\sum\limits_{i=1}^{n}\sum\limits_{j=1}^{n} A_{ij}$.

11. 设 n 阶行列式 $D=a$，且 D 的每行元素之和为 $b\ (b\neq 0)$. 求 D 的第 1 列元素的代数余子式之和 $A_{11}+A_{21}+\cdots+A_{n1}$.

12. 已知

$$D_3=\begin{vmatrix} a_{11} & a_{12} & a_{13} \\ a_{21} & a_{22} & a_{23} \\ a_{31} & a_{32} & a_{33} \end{vmatrix}=a,\quad \sum_{i=1}^{3}\sum_{j=1}^{3}A_{ij}=3a,$$

求

$$\begin{vmatrix} a_{11}+1 & a_{12}+1 & a_{13}+1 \\ a_{21}+1 & a_{22}+1 & a_{23}+1 \\ a_{31}+1 & a_{32}+1 & a_{33}+1 \end{vmatrix}$$

之值.

13. 计算行列式 $D_{n+1}=\begin{vmatrix} -a_1 & a_1 & 0 & \cdots & 0 & 0 & 0 \\ 0 & -a_2 & a_2 & \cdots & 0 & 0 & 0 \\ \vdots & \vdots & \vdots & & \vdots & \vdots & \vdots \\ 0 & 0 & 0 & \cdots & -a_{n-1} & a_{n-1} & 0 \\ 0 & 0 & 0 & \cdots & 0 & -a_n & a_n \\ 1 & 1 & 1 & \cdots & 1 & 1 & 1 \end{vmatrix}$.

14. 计算行列式 $D_n=\begin{vmatrix} x & -1 & 0 & \cdots & 0 & 0 \\ 0 & x & -1 & \cdots & 0 & 0 \\ \vdots & \vdots & \vdots & & \vdots & \vdots \\ 0 & 0 & 0 & \cdots & x & -1 \\ a_n & a_{n-1} & a_{n-2} & \cdots & a_2 & a_1+x \end{vmatrix}$.

15. 计算行列式 $D_n=\begin{vmatrix} x_1-m & x_2 & \cdots & x_n \\ x_1 & x_2-m & \cdots & x_n \\ \vdots & \vdots & & \vdots \\ x_1 & x_2 & \cdots & x_n-m \end{vmatrix}$.

16. 计算行列式 $D_n=\begin{vmatrix} 0 & -1 & -2 & -3 & \cdots & -(n-1) \\ 1 & 0 & -1 & -2 & \cdots & -(n-2) \\ 2 & 1 & 0 & -0 & \cdots & -(n-3) \\ \vdots & \vdots & \vdots & \vdots & & \vdots \\ n-2 & n-3 & n-4 & n-5 & \cdots & -1 \\ n-1 & n-2 & n-3 & n-4 & \cdots & 0 \end{vmatrix}$.

17. 计算行列式 $D_4=\begin{vmatrix} 1 & 1 & 1 & 1 \\ x_1 & x_2 & x_3 & x_4 \\ x_1^2 & x_2^2 & x_3^2 & x_4^2 \\ x_1^4 & x_2^4 & x_3^4 & x_4^4 \end{vmatrix}$.

18. 计算行列式 $D_n=\begin{vmatrix} 9 & 5 & 0 & \cdots & 0 & 0 & 0 \\ 4 & 9 & 5 & \cdots & 0 & 0 & 0 \\ 0 & 4 & 9 & \cdots & 0 & 0 & 0 \\ \vdots & \vdots & \vdots & & \vdots & \vdots & \vdots \\ 0 & 0 & 0 & \cdots & 4 & 9 & 5 \\ 0 & 0 & 0 & \cdots & 0 & 4 & 9 \end{vmatrix}$.

19. 计算行列式 $D_n=\begin{vmatrix} x & y & y & \cdots & y \\ x & x & y & \cdots & y \\ x & x & x & \cdots & y \\ \vdots & \vdots & \vdots & & \vdots \\ x & x & x & \cdots & x \end{vmatrix}$.

20. 计算行列式 $D_n=\begin{vmatrix} \lambda & a & a & \cdots & a \\ \beta & a & b & \cdots & b \\ \beta & b & a & \cdots & b \\ \vdots & \vdots & \vdots & & \vdots \\ \beta & b & b & \cdots & a \end{vmatrix}$.

21. 证明平面上的三点 $(x_1,y_1),(x_2,y_2),(x_3,y_3)$ 若位于同一直线上，则

$$\begin{vmatrix} x_1 & y_1 & 1 \\ x_2 & y_2 & 1 \\ x_3 & y_3 & 1 \end{vmatrix}=0.$$

22. 设 $a_1,a_2,\cdots,a_n$ 为互不相同的数，$b_1,b_2,\cdots,b_n$ 是任意一组数，证明存在唯一的次数小于 n 的多项式 $f(x)$，使得 $f(a_i)=b_i(i=1,2,\cdots,n)$.

第 2 章　矩　　阵

矩阵的概念产生于对线性方程组及其后的对线性变换的研究，最早见于 19 世纪中叶 W.R.Hamilton 的论文中．“矩阵”这一名词是 J.J.Sylvester 在 1850 年首先使用的．矩阵理论奠基于 K.Weierstrass 及 C.Jordan 等人的工作．时至今日，矩阵理论仍是一个活跃的研究领域．

矩阵理论不仅是线性代数中的最重要的部分，与行列式一样也是数学各分支乃至自然科学及工程技术等领域的重要工具．矩阵论的方法在处理许多实际问题上是非常有力的．本章主要介绍矩阵的线性运算，矩阵的初等变换，矩阵的秩数等概念．在第 5 章和第 6 章还要对矩阵理论进行较深入的讨论．

2.1　矩阵的定义及其运算

对于由 m 个方程 n 个未知数组成的方程组

$$\begin{cases} a_{11}x_1 + a_{12}x_2 + \cdots + a_{1n}x_n = 0, \\ a_{21}x_1 + a_{22}x_2 + \cdots + a_{2n}x_n = 0, \\ \cdots\cdots \\ a_{m1}x_1 + a_{m2}x_2 + \cdots + a_{mn}x_n = 0 \end{cases}$$

是否有解以及有什么样的解，显然完全取决于数表

$$\begin{pmatrix} a_{11} & a_{12} & \cdots & a_{1n} \\ a_{21} & a_{22} & \cdots & a_{2n} \\ \vdots & \vdots & & \vdots \\ a_{m1} & a_{m2} & \cdots & a_{mn} \end{pmatrix},$$

也可以说，此数表就是上面那个方程组的简单记法．我们有

定义 1.1　$m \times n$ 个数 $a_{ij}\left(i=1,2,\cdots,m; j=1,2,\cdots,n\right)$ 排成 m 行 n 列的矩形数表

$$\begin{pmatrix} a_{11} & a_{12} & \cdots & a_{1n} \\ a_{21} & a_{22} & \cdots & a_{2n} \\ \vdots & \vdots & & \vdots \\ a_{m1} & a_{m2} & \cdots & a_{mn} \end{pmatrix}$$

称为 m **行** n **列矩阵**(或 $m\times n$ **矩阵**)，简记为 $\boldsymbol{A}=\left(a_{ij}\right)_{m\times n}$. 其行自上而下依次称为第 1 行，第 2 行，…，第 m 行；其列由左至右依次称为第 1 列，第 2 列，…，第 n 列. $a_{ij}(i=1,2,\cdots,m;j=1,2,\cdots,n)$ 称为矩阵 $\boldsymbol{A}$ 的第 i 行第 j 列**元素**；当 $m=n$ 时，称 $\boldsymbol{A}$ 为 n **阶方阵**；只有一行的矩阵称为**行矩阵**；只有一列的矩阵称为**列矩阵**；元素为复数的矩阵称为**复矩阵**；元素为实数的矩阵称为**实矩阵**. 若无特殊声明，凡是矩阵指的都是复矩阵. 一般情况下，矩阵用大写字母 $\boldsymbol{A},\boldsymbol{B},\boldsymbol{C}$ 等表示.

按定义 1.1，$\boldsymbol{B}=\left(b_{ij}\right)_{2\times 3}$ 为 2 行 3 列矩阵(或 2×3 矩阵)；$\boldsymbol{C}=\left(c_{ij}\right)_{1\times 3},\boldsymbol{D}=\left(d_{ij}\right)_{3\times 1}$ 分别是行矩阵和列矩阵. 这里

$$\boldsymbol{B}=\begin{pmatrix} b_{11} & b_{12} & b_{13} \\ b_{21} & b_{22} & b_{23} \end{pmatrix},\quad \boldsymbol{C}=\left(c_{11},c_{12},c_{13}\right),\quad \boldsymbol{D}=\begin{pmatrix} d_{11} \\ d_{21} \\ d_{31} \end{pmatrix}.$$

定义 1.2 设 $\boldsymbol{A}=\left(a_{ij}\right)_{m\times n}$，$\boldsymbol{B}=\left(b_{ij}\right)_{s\times t}$，若 $m=s,n=t$，且对于 $\forall i,j$，都有

$$a_{ij}=b_{ij}\quad (i=1,2,\cdots,m;j=1,2,\cdots,n),$$

则称 $\boldsymbol{A}$ 与 $\boldsymbol{B}$ **相等**. 记为 $\boldsymbol{A}=\boldsymbol{B}$.

按定义 1.2，只有当 $\boldsymbol{A}$ 与 $\boldsymbol{B}$ 的行数与列数分别相同，且对应位置的元素也分别相同时才称二者是相等的矩阵.

下面我们要引入矩阵的运算.

定义 1.3(矩阵的加法) 设 $\boldsymbol{A}=\left(a_{ij}\right)_{m\times n}$，$\boldsymbol{B}=\left(b_{ij}\right)_{m\times n}$，称矩阵 $\boldsymbol{C}=\left(c_{ij}\right)_{m\times n}$ 为 $\boldsymbol{A}$ 与 $\boldsymbol{B}$ 的**和**，记为 $\boldsymbol{C}=\boldsymbol{A}+\boldsymbol{B}$. 其中

$$c_{ij}=a_{ij}+b_{ij}\quad (i=1,2,\cdots,m;j=1,2,\cdots,n).$$

由定义可知，只有当 $\boldsymbol{A}$ 与 $\boldsymbol{B}$ 的行数与列数分别相同，$\boldsymbol{A}$ 与 $\boldsymbol{B}$ 才能相加. 并且 $\boldsymbol{A}+\boldsymbol{B}$ 的元素就是 $\boldsymbol{A}$ 与 $\boldsymbol{B}$ 对应位置的两个元素之和. 例如

$$\begin{pmatrix} 1 & 2 & 0 \\ -1 & -4 & 3 \end{pmatrix}+\begin{pmatrix} 1 & -1 & 3 \\ 2 & 2 & 1 \end{pmatrix}=\begin{pmatrix} 1+1 & 2-1 & 0+3 \\ -1+2 & -4+2 & 3+1 \end{pmatrix}=\begin{pmatrix} 2 & 1 & 3 \\ 1 & -2 & 4 \end{pmatrix}.$$

定义 1.4(数乘矩阵) 设 $\boldsymbol{A}=\left(a_{ij}\right)_{m\times n}$，$\alpha$ 为一个数，称矩阵 $\left(\alpha a_{ij}\right)_{m\times n}$ 为 α 与 $\boldsymbol{A}$ 的**积**，记为 $\alpha\boldsymbol{A}$ $(i=1,2,\cdots,m;j=1,2,\cdots,n)$. 例如

$$2\times\begin{pmatrix} 1 & 2 & 3 \\ 0 & -1 & -1 \end{pmatrix}=\begin{pmatrix} 2\times 1 & 2\times 2 & 2\times 3 \\ 2\times 0 & 2\times(-1) & 2\times(-1) \end{pmatrix}=\begin{pmatrix} 2 & 4 & 6 \\ 0 & -2 & -2 \end{pmatrix}.$$

矩阵的加法与数乘矩阵合称为矩阵的**线性运算**.

由定义, 矩阵的加法与数的加法没有“质”的区别, 只有“量”的差异. 因此, 矩阵的加法与数的加法一样, 适合如下运算律.

命题 1.1　设 $\boldsymbol{A}$, $\boldsymbol{B}$, $\boldsymbol{C}$ 都是 $m\times n$ 矩阵, 则有

$$\boldsymbol{A}+\boldsymbol{B}=\boldsymbol{B}+\boldsymbol{A},$$

$$(\boldsymbol{A}+\boldsymbol{B})+\boldsymbol{C}=\boldsymbol{A}+(\boldsymbol{B}+\boldsymbol{C}).$$

即矩阵的加法适合交换律与结合律.

如果一个矩阵的每一个元素都是 0, 则称**零矩阵**. m 行 n 列的零矩阵, 记为 $\boldsymbol{O}_{m\times n}$. 在不至于产生混乱的时候, 也可简记为 $\boldsymbol{O}$. 零矩阵在矩阵的加法运算中所起的作用与数 0 在数的加法中所起的作用相似. 显然对于 m 行 n 列矩阵 $\boldsymbol{A}$, 有

$$\boldsymbol{A}=\boldsymbol{O}_{m\times n}+\boldsymbol{A}.$$

对于矩阵 $\boldsymbol{A}=\left(a_{ij}\right)_{m\times n}$, 有矩阵 $\left(-a_{ij}\right)_{m\times n}$ 使得

$$\left(a_{ij}\right)_{m\times n}+\left(-a_{ij}\right)_{m\times n}=\boldsymbol{O}_{m\times n},$$

称 $\left(-a_{ij}\right)_{m\times n}$ 为 $\boldsymbol{A}$ 的**负矩阵**, 记为 $-\boldsymbol{A}$. 例如, 若

$$\boldsymbol{A}=\begin{pmatrix}1 & 0\\ 2 & -2\end{pmatrix},$$

则

$$-\boldsymbol{A}=\begin{pmatrix}-1 & 0\\ -2 & 2\end{pmatrix}.$$

显然对于任意的矩阵 $\boldsymbol{A}$ 有

$$-(-\boldsymbol{A})=\boldsymbol{A}.$$

利用矩阵的加法可定义矩阵的减法. 对于两个 m 行 n 列矩阵 $\boldsymbol{A}$ 与 $\boldsymbol{B}$, 定义 $\boldsymbol{A}$ 与 $\boldsymbol{B}$ 的差 $\boldsymbol{A}-\boldsymbol{B}$ 为

$$\boldsymbol{A}-\boldsymbol{B}=\boldsymbol{A}+(-\boldsymbol{B}).$$

由定义易知, 两个 m 行 n 列矩阵相减, 就是把对应位置的元素相减. 例如

$$\begin{aligned}&\begin{pmatrix}a_{11} & a_{12} & a_{13}\\ a_{21} & a_{22} & a_{23}\end{pmatrix}-\begin{pmatrix}b_{11} & b_{12} & b_{13}\\ b_{21} & b_{22} & b_{23}\end{pmatrix}\\ =&\begin{pmatrix}a_{11} & a_{12} & a_{13}\\ a_{21} & a_{22} & a_{23}\end{pmatrix}+\begin{pmatrix}-b_{11} & -b_{12} & -b_{13}\\ -b_{21} & -b_{22} & -b_{23}\end{pmatrix}\\ =&\begin{pmatrix}a_{11}+(-b_{11}) & a_{12}+(-b_{12}) & a_{13}+(-b_{13})\\ a_{21}+(-b_{21}) & a_{22}+(-b_{22}) & a_{23}+(-b_{23})\end{pmatrix}\\ =&\begin{pmatrix}a_{11}-b_{11} & a_{12}-b_{12} & a_{13}-b_{13}\\ a_{21}-b_{21} & a_{22}-b_{22} & a_{23}-b_{23}\end{pmatrix}.\end{aligned}$$

下面讨论数乘矩阵适合的运算律. 同样, 数乘矩阵与数的乘法也没有“质”的区别, 只有“量”的差异, 因此有

命题 1.2　对于矩阵$\boldsymbol{A}$, $\boldsymbol{B}$及数α,β, 下列运算律成立:

$$(\alpha+\beta)\boldsymbol{A}=\alpha\boldsymbol{A}+\beta\boldsymbol{A},\quad \alpha(\boldsymbol{A}+\boldsymbol{B})=\alpha\boldsymbol{A}+\alpha\boldsymbol{B},$$

$$\alpha(\beta\boldsymbol{A})=\beta(\alpha\boldsymbol{A})=(\alpha\beta)\boldsymbol{A},\quad (-1)\boldsymbol{A}=-\boldsymbol{A}.$$

定义 1.5(矩阵的乘法)　设$\boldsymbol{A}=\left(a_{ij}\right)_{m\times n}$, $\boldsymbol{B}=\left(b_{ij}\right)_{n\times p}$, 称矩阵$\boldsymbol{C}=\left(c_{ij}\right)_{m\times p}$为$\boldsymbol{A}$与$\boldsymbol{B}$的积. 记为$\boldsymbol{C}=\boldsymbol{AB}$. 其中

$$c_{ij}=a_{i1}b_{1j}+a_{i2}b_{2j}+\cdots+a_{in}b_{nj}=\sum_{k=1}^{n}a_{ik}b_{kj}\quad (i=1,2,\cdots,m;\ j=1,2,\cdots,p).$$

矩阵之所以有用, 就在于它有这种特殊的乘法运算, 从定义中可看出, 两个矩阵$\boldsymbol{A}$与$\boldsymbol{B}$只有满足要求“$\boldsymbol{A}$的列数等于$\boldsymbol{B}$的行数”时, 才能相乘, 乘积$\boldsymbol{AB}$的行数与$\boldsymbol{A}$的行数相同, $\boldsymbol{AB}$的列数与$\boldsymbol{B}$的列数相同. 例如

$$\begin{pmatrix}1 & 0 & 3\\ 2 & -1 & 0\end{pmatrix}\begin{pmatrix}3 & -1\\ -2 & 4\\ 0 & 1\end{pmatrix}=\begin{pmatrix}3 & 2\\ 8 & -6\end{pmatrix},$$

其中

$$3=1\times3+0\times(-2)+3\times0,\quad 2=1(-1)+0\times4+3\times1,$$

$$8=2\times3+(-1)(-2)+0\times0,\quad -6=2(-1)+(-1)\times4+0\times1.$$

利用矩阵的乘法与相等的定义, 线性方程组

$$\begin{cases} a_{11}x_1 + a_{12}x_2 + \cdots + a_{1n}x_n = b_1, \\ a_{21}x_1 + a_{22}x_2 + \cdots + a_{2n}x_n = b_2, \\ \cdots\cdots \\ a_{m1}x_1 + a_{m2}x_2 + \cdots + a_{mn}x_n = b_m. \end{cases}$$

就可写成

$$\begin{pmatrix} a_{11} & a_{12} & \cdots & a_{1n} \\ a_{21} & a_{22} & \cdots & a_{2n} \\ \vdots & \vdots & & \vdots \\ a_{m1} & a_{m2} & \cdots & a_{mn} \end{pmatrix} \begin{pmatrix} x_1 \\ x_2 \\ \vdots \\ x_n \end{pmatrix} = \begin{pmatrix} b_1 \\ b_2 \\ \vdots \\ b_m \end{pmatrix}.$$

进一步可写成 $\boldsymbol{AX} = \boldsymbol{b}$，其中

$$\boldsymbol{A} = \begin{pmatrix} a_{11} & a_{12} & \cdots & a_{1n} \\ a_{21} & a_{22} & \cdots & a_{2n} \\ \vdots & \vdots & & \vdots \\ a_{m1} & a_{m2} & \cdots & a_{mn} \end{pmatrix}, \quad \boldsymbol{X} = \begin{pmatrix} x_1 \\ x_2 \\ \vdots \\ x_n \end{pmatrix}, \quad \boldsymbol{b} = \begin{pmatrix} b_1 \\ b_2 \\ \vdots \\ b_m \end{pmatrix}.$$

由定义可看出，矩阵的乘法与数的运算相比，有一些根本的区别.

首先，矩阵的乘法不适合交换律，即在一般情况下，$\boldsymbol{AB} \neq \boldsymbol{BA}$. 这可从以下几点来考虑.

(1) 设 $\boldsymbol{A} = \boldsymbol{A}_{m\times n}$（表示 $\boldsymbol{A}$ 为 m 行 n 列矩阵，下同），$\boldsymbol{B} = \boldsymbol{B}_{n\times p}$，则 $\boldsymbol{AB}$ 有意义. 但如果 $p \neq m$，则 $\boldsymbol{BA}$ 没有定义，自然有 $\boldsymbol{AB} \neq \boldsymbol{BA}$；

(2) 当 $p = m$ 时，$\boldsymbol{AB}$ 与 $\boldsymbol{BA}$ 都有意义，但 $\boldsymbol{AB}$ 为 m 阶方阵，$\boldsymbol{BA}$ 为 n 阶方阵，如果 m 与 n 不等，由于阶数的差异，亦有 $\boldsymbol{AB} \neq \boldsymbol{BA}$；

(3) 再进一步，即使 $m = n$，$\boldsymbol{AB}$ 与 $\boldsymbol{BA}$ 均为同阶方阵，也未必有 $\boldsymbol{AB} = \boldsymbol{BA}$，例如

$$\begin{pmatrix} -2 & 4 \\ 1 & -2 \end{pmatrix} \begin{pmatrix} 2 & 4 \\ -3 & -6 \end{pmatrix} = \begin{pmatrix} -16 & -32 \\ 8 & 16 \end{pmatrix},$$

$$\begin{pmatrix} 2 & 4 \\ -3 & -6 \end{pmatrix} \begin{pmatrix} -2 & 4 \\ 1 & -2 \end{pmatrix} = \begin{pmatrix} 0 & 0 \\ 0 & 0 \end{pmatrix}.$$

总之矩阵的乘法不适合交换律. 从上例还可看出，当 $\boldsymbol{AB} = \boldsymbol{O}$ 时，不能得出 $\boldsymbol{A} = \boldsymbol{O}$ 或 $\boldsymbol{B} = \boldsymbol{O}$ 的结论. 即便如此，仍然有

命题 1.3 矩阵的乘法适合结合律. 即当

$$A=(a_{ij})_{m\times n},\quad B=(b_{ij})_{n\times p},\quad C=(c_{ij})_{p\times q}$$

时有

$$(AB)C=A(BC).$$

注 命题 1.3 的详细证明见 1.6 节. 根据命题 1.3, 我们下面可以用 ABC 表示 $(AB)C$ 或 $A(BC)$. 一般地, 用 $A_1A_2\cdots A_n$ 表示 $A_1,A_2,\cdots,A_n$ 这 n 个矩阵按任意结合方式相乘之积. 这里自然要求相邻二矩阵可以相乘且相乘时不能改变这些矩阵的次序.

命题 1.4 矩阵的乘法对加法适合分配律, 即

$$A(B+C)=AB+AC,\quad (B+C)A=BA+CA,$$

这里自然假定二式左边均有意义. 反过来用, 即为提取公因式.

由于矩阵的乘法不适合交换律, 故乘法对加法适合分配律有两个式子, 它们的含义是不同的. 可分别称为**左分配律**与**右分配律**.

由矩阵的减法定义易得

$$\begin{aligned}A(B-C)&=A[B+(-C)]=AB+A(-C)=AB+(-AC)\\&=AB-AC.\end{aligned}$$

类似地也有 $(B-C)A=BA-CA$, 这里自然假定 $A(B-C)$, $(B-C)A$ 都有意义.

命题 1.5 设矩阵 A,B 之积 AB 有意义, α 是数, 则有

$$\alpha(AB)=A(\alpha B)=(\alpha A)B.$$

命题 1.4 与命题 1.5 的证明留作练习.

进一步, 我们可以把命题 1.1 至命题 1.5 推广到更多的矩阵的情形.

例 1.1 计算.

(1) $\begin{pmatrix}1&2\\3&1\\0&0\\2&-1\end{pmatrix}\begin{pmatrix}1&0&2\\-2&0&3\end{pmatrix}$;

(2) 设 $A=\begin{pmatrix}\alpha&0&0\\0&\beta&0\\0&0&\gamma\end{pmatrix}$, $B=\begin{pmatrix}a_1&a_2\\b_1&b_2\\c_1&c_2\end{pmatrix}$, $C=\begin{pmatrix}a_1&a_2&a_3\\b_1&b_2&b_3\end{pmatrix}$. 求 AB,CA;

(3) 设 $\boldsymbol{A}=\begin{pmatrix}1&2&3\\0&-1&2\\2&0&-1\end{pmatrix}$，$\boldsymbol{B}=\begin{pmatrix}1&1\\2&-1\\3&1\end{pmatrix}$，$\boldsymbol{B}_1=\begin{pmatrix}1\\2\\3\end{pmatrix}$，$\boldsymbol{B}_2=\begin{pmatrix}1\\-1\\1\end{pmatrix}$，求 $\boldsymbol{AB}$，$\boldsymbol{AB}_1$，$\boldsymbol{AB}_2$.

解　(1)

$$\begin{pmatrix}1&2\\3&1\\0&0\\2&-1\end{pmatrix}\begin{pmatrix}1&0&2\\-2&0&3\end{pmatrix}$$

$$=\begin{pmatrix}1\times1+2\times(-2)&1\times0+2\times0&1\times2+2\times3\\3\times1+1\times(-2)&3\times0+1\times0&3\times2+1\times3\\0\times1+0\times(-2)&0\times0+0\times0&0\times2+0\times3\\2\times1+(-1)\times(-2)&2\times0+(-1)\times0&2\times2+(-1)\times3\end{pmatrix}$$

$$=\begin{pmatrix}-3&0&8\\1&0&9\\0&0&0\\4&0&1\end{pmatrix}.$$

(2) $\boldsymbol{AB}=\begin{pmatrix}\alpha a_1&\alpha a_2\\\beta b_1&\beta b_2\\\gamma c_1&\gamma c_2\end{pmatrix}$；　$\boldsymbol{CA}=\begin{pmatrix}\alpha a_1&\beta a_2&\gamma a_3\\\alpha b_1&\beta b_2&\gamma b_3\end{pmatrix}$.

(3) $\boldsymbol{AB}=\begin{pmatrix}14&2\\4&3\\-1&1\end{pmatrix}$；　$\boldsymbol{AB}_1=\begin{pmatrix}14\\4\\-1\end{pmatrix}$；　$\boldsymbol{AB}_2=\begin{pmatrix}2\\3\\1\end{pmatrix}$.

由(1)易知两个矩阵相乘时，若左边矩阵某行元素全为零，则乘积的该行元素也必全为零；若右边矩阵某列元素全为零，则乘积的该列元素也必全为零.

一个正方形矩阵(一般称为方阵)由左上角到右下角的连线称为**主对角线**. 若一个方阵主对角线以外的元素全为零，则称其为**对角矩阵**. 由(2)易知，用一个对角矩阵从左边去乘(简称“左乘”，“右乘”的含义类似)一个矩阵恰等于用对角矩阵主对角线上的元素依次去乘这个矩阵各行的每一个元素；用一个对角矩阵右乘一个矩阵恰等于用对角矩阵主对角线上的元素依次去乘这个矩阵各列的每一个元素. 特别地，两个阶数相同的对角矩阵之积仍为对角矩阵，且主对角线上的元素分别是两个对角矩阵主对角线上的元素之积. 对于主对角元为 $a_1,a_2,\cdots,a_n$ 的 n 阶对角矩阵，通常记为 $\mathrm{diag}(a_1,a_2,\cdots,a_n)$，即

$$\text{diag}(a_1,a_2,\cdots,a_n)=\begin{pmatrix}a_1 & 0 & \cdots & 0\\ 0 & a_2 & \cdots & 0\\ \vdots & \vdots & & \vdots\\ 0 & 0 & \cdots & a_n\end{pmatrix}.$$

由(3)易知两个矩阵相乘时，乘积的第 i 列就是左边那个矩阵与右边那个矩阵第 i 列(作为矩阵)之积. 对于乘积的行也有相应的结论.

当 $\boldsymbol{A}$ 是方阵时，$\boldsymbol{A}$ 与 $\boldsymbol{A}$ 相乘有意义. 由于矩阵的乘法适合结合律，n 个 $\boldsymbol{A}$ 相乘也有意义，称为 $\boldsymbol{A}$ 的 n **次幂**，记为 $\boldsymbol{A}^n$. n 也称为 $\boldsymbol{A}$ 的**指数**. 不难想到，下面的指数运算律成立:

$$\boldsymbol{A}^m\boldsymbol{A}^n=\boldsymbol{A}^{m+n},\quad (\boldsymbol{A}^m)^n=\boldsymbol{A}^{mn}.$$

对于两个同阶方阵 $\boldsymbol{A}$ ，$\boldsymbol{B}$ ，若有 $\boldsymbol{AB}=\boldsymbol{BA}$ ，则称 $\boldsymbol{A}$ 与 $\boldsymbol{B}$ **可换**. 当 $\boldsymbol{A}$ 与 $\boldsymbol{B}$ 可换时还有

$$(\boldsymbol{AB})^n=\boldsymbol{A}^n\boldsymbol{B}^n.$$

例 1.2　设 $\boldsymbol{A}$ 与 $\boldsymbol{B}$ 可换，证明：$(\boldsymbol{A}+\boldsymbol{B})(\boldsymbol{A}-\boldsymbol{B})=\boldsymbol{A}^2-\boldsymbol{B}^2$.

证明　利用矩阵乘法对加法适合左、右分配律，并注意 $\boldsymbol{AB}=\boldsymbol{BA}$ 便可得到

$$\begin{aligned}(\boldsymbol{A}+\boldsymbol{B})(\boldsymbol{A}-\boldsymbol{B})&=(\boldsymbol{A}+\boldsymbol{B})\boldsymbol{A}-(\boldsymbol{A}+\boldsymbol{B})\boldsymbol{B}\\ &=\boldsymbol{A}^2+\boldsymbol{BA}-\boldsymbol{AB}-\boldsymbol{B}^2\\ &=\boldsymbol{A}^2-\boldsymbol{B}^2.\end{aligned}$$

由此例不难想到，当 $\boldsymbol{A}$ 与 $\boldsymbol{B}$ 为可换的同阶方阵时，关于数字运算的乘法公式一般也适用于 $\boldsymbol{A}$ 与 $\boldsymbol{B}$ 的相关运算. 特别有

$$(\boldsymbol{A}-\boldsymbol{B})(\boldsymbol{A}^{n-1}+\boldsymbol{A}^{n-2}\boldsymbol{B}+\cdots+\boldsymbol{AB}^{n-2}+\boldsymbol{B}^{n-1})=\boldsymbol{A}^n-\boldsymbol{B}^n,$$

$$(\boldsymbol{A}+\boldsymbol{B})^n=\boldsymbol{A}^n+\mathrm{C}_n^{n-1}\boldsymbol{A}^{n-1}\boldsymbol{B}+\cdots+\boldsymbol{B}^n,$$

其一般项为 $\mathrm{C}_n^k\boldsymbol{A}^k\boldsymbol{B}^{n-k}$.

定义 1.6　设 $\boldsymbol{E}_n$ 为主对角线上的元素均为 1，而其他位置的元素全为零的 n 阶方阵. 即

$$\boldsymbol{E}_n=\begin{pmatrix}1 & 0 & \cdots & 0\\ 0 & 1 & \cdots & 0\\ \vdots & \vdots & & \vdots\\ 0 & 0 & \cdots & 1\end{pmatrix},$$

则称其为 n 阶单位矩阵.

不难验证，对于任意的矩阵 $\boldsymbol{A}=\boldsymbol{A}_{m\times n}$，都有

$$\boldsymbol{E}_m\boldsymbol{A}=\boldsymbol{A}\boldsymbol{E}_n=\boldsymbol{A}.$$

可知 $\boldsymbol{E}_n$ 在矩阵乘法中的作用如同 1 在数的乘法中的作用，因此我们称 $\boldsymbol{E}_n$ 为 n 阶单位矩阵. 上式中的 $\boldsymbol{E}_m$ 自然是 m 阶单位矩阵，在不致发生混淆的情况下 $\boldsymbol{E}_n$ 可简记为 $\boldsymbol{E}$.

定义 1.7　把矩阵 $\boldsymbol{A}=(a_{ij})_{m\times n}$ 的行列互换而得到的 $n\times m$ 矩阵称为 $\boldsymbol{A}$ 的**转置矩阵**，记为 $\boldsymbol{A}^{\mathrm{T}}$，即

$$\boldsymbol{A}^{\mathrm{T}}=\begin{pmatrix} a_{11} & a_{21} & \cdots & a_{m1} \\ a_{12} & a_{22} & \cdots & a_{m2} \\ \vdots & \vdots & & \vdots \\ a_{1n} & a_{2n} & \cdots & a_{mn} \end{pmatrix}.$$

命题 1.6　矩阵的转置具有如下基本性质:

(1) $(\boldsymbol{A}^{\mathrm{T}})^{\mathrm{T}}=\boldsymbol{A}$;

(2) $(\boldsymbol{A}+\boldsymbol{B})^{\mathrm{T}}=\boldsymbol{A}^{\mathrm{T}}+\boldsymbol{B}^{\mathrm{T}}$;

(3) $(k\boldsymbol{A})^{\mathrm{T}}=k\boldsymbol{A}^{\mathrm{T}}$，其中 k 是数;

(4)若 $\boldsymbol{AB}$ 有意义，则 $(\boldsymbol{AB})^{\mathrm{T}}=\boldsymbol{B}^{\mathrm{T}}\boldsymbol{A}^{\mathrm{T}}$.

前三式的正确性是显然的，只证(4).

证明　由于 $\boldsymbol{AB}$ 有意义，可设 $\boldsymbol{A}=(a_{ij})_{m\times n}$，$\boldsymbol{B}=(b_{ij})_{n\times p}$，则有

$$\boldsymbol{A}^{\mathrm{T}}=\begin{pmatrix} a_{11} & a_{21} & \cdots & a_{m1} \\ a_{12} & a_{22} & \cdots & a_{m2} \\ \vdots & \vdots & & \vdots \\ a_{1n} & a_{2n} & \cdots & a_{mn} \end{pmatrix},\quad \boldsymbol{B}^{\mathrm{T}}=\begin{pmatrix} b_{11} & b_{21} & \cdots & b_{n1} \\ b_{12} & b_{22} & \cdots & b_{n2} \\ \vdots & \vdots & & \vdots \\ b_{1p} & b_{2p} & \cdots & b_{np} \end{pmatrix}.$$

易知 $(\boldsymbol{AB})^{\mathrm{T}}$ 与 $\boldsymbol{B}^{\mathrm{T}}\boldsymbol{A}^{\mathrm{T}}$ 均为 $p\times m$ 矩阵. 设 $(\boldsymbol{AB})^{\mathrm{T}}=(\alpha_{ij})_{p\times m}$，$\boldsymbol{B}^{\mathrm{T}}\boldsymbol{A}^{\mathrm{T}}=(\beta_{ij})_{p\times m}$.

只要证明 $\alpha_{ij}=\beta_{ij}(i=1,2,\cdots,p;j=1,2,\cdots,m)$ 即可. 因为 α_{ij} 为 $(\boldsymbol{AB})^{\mathrm{T}}$ 的第 i 行第 j 列的元素，从而是 $\boldsymbol{AB}$ 的第 j 行第 i 列的元素，故由矩阵乘法的定义知

$$\alpha_{ij}=a_{j1}b_{1i}+a_{j2}b_{2i}+\cdots+a_{jn}b_{ni}.$$

同样由矩阵乘法的定义知 β_{ij} 应为 $\boldsymbol{B}^{\mathrm{T}}$ 的第 i 行与 $\boldsymbol{A}^{\mathrm{T}}$ 的第 j 列对应元素乘积之和，再由矩阵的转置的定义知 β_{ij} 应为 $\boldsymbol{B}$ 的第 i 列与 $\boldsymbol{A}$ 的第 j 行对应元素乘积之和，即

$$\beta_{ij}=b_{1i}a_{j1}+b_{2i}a_{j2}+\cdots+b_{ni}a_{jn}.$$

显然有 $\alpha_{ij}=\beta_{ij}$，因此 $(\boldsymbol{AB})^{\mathrm{T}}=\boldsymbol{B}^{\mathrm{T}}\boldsymbol{A}^{\mathrm{T}}$.

定义 1.8　设 $\boldsymbol{A}=(a_{ij})$ 为 n 阶方阵，若有 $\boldsymbol{A}^{\mathrm{T}}=\boldsymbol{A}$，则称 $\boldsymbol{A}$ 为 n 阶**对称矩阵**. 若有 $\boldsymbol{A}^{\mathrm{T}}=-\boldsymbol{A}$，则称 $\boldsymbol{A}$ 为 n 阶**反对称矩阵**.

由定义易知

$\boldsymbol{A}$ 为对称矩阵 $\Leftrightarrow a_{ij}=a_{ji}\ (i,j=1,2,\cdots,n) \Leftrightarrow \boldsymbol{A}$ 关于主对角线对称位置的元素相等.

$\boldsymbol{A}$ 为反对称矩阵 $\Leftrightarrow a_{ij}=-a_{ji}\ (i,j=1,2,\cdots,n) \Leftrightarrow \boldsymbol{A}$ 关于主对角线对称位置的元素互为相反数.

特别地，反对称矩阵主对角线上的元素必全为零.

例 1.3　设 $\boldsymbol{A},\boldsymbol{B}$ 均为 n 阶对称矩阵，证明 $\boldsymbol{AB}$ 也为对称矩阵的充分必要条件是 $\boldsymbol{A},\boldsymbol{B}$ 可换.

证明　由 $\boldsymbol{A},\boldsymbol{B}$ 均为对称矩阵知 $\boldsymbol{A}^{\mathrm{T}}=\boldsymbol{A},\boldsymbol{B}^{\mathrm{T}}=\boldsymbol{B}$. 故有

$$\boldsymbol{AB}\text{ 为对称矩阵}\Leftrightarrow(\boldsymbol{AB})^{\mathrm{T}}=\boldsymbol{AB}\Leftrightarrow\boldsymbol{B}^{\mathrm{T}}\boldsymbol{A}^{\mathrm{T}}=\boldsymbol{AB}$$
$$\Leftrightarrow\boldsymbol{BA}=\boldsymbol{AB}\Leftrightarrow\boldsymbol{A},\boldsymbol{B}\text{ 可换.}$$

习题 2.1

习题 2.1 解答

1. 计算下列各式.

(1) $\begin{pmatrix}1&0&2\\3&1&4\\-2&4&2\end{pmatrix}\begin{pmatrix}1&2\\3&2\\-2&3\end{pmatrix}$；　(2) $\begin{pmatrix}1\\2\\3\end{pmatrix}(1,2,3)$；

(3) $(3,2,1)\begin{pmatrix}3\\2\\1\end{pmatrix}$；　(4) $\begin{pmatrix}1&2&3\\-2&1&2\end{pmatrix}\begin{pmatrix}1&2&0\\0&1&1\\3&0&-1\end{pmatrix}$；

(5) $\begin{pmatrix}1&-1\\0&0\\1&2\end{pmatrix}\begin{pmatrix}1&2&0&1\\-1&3&0&4\end{pmatrix}$；　(6) $\begin{pmatrix}1&2&3\\a&a&a\\b&b&b\end{pmatrix}\begin{pmatrix}1\\1\\1\end{pmatrix}$.

2. 已知

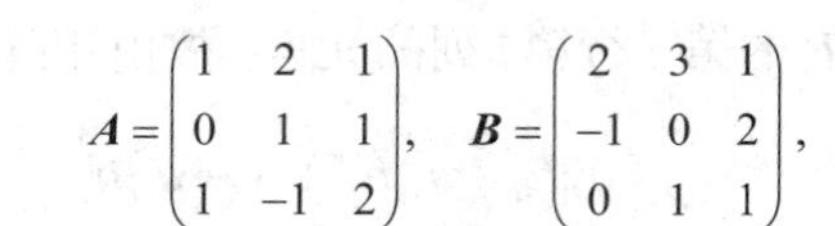

$$\boldsymbol{A}=\begin{pmatrix}1&2&1\\0&1&1\\1&-1&2\end{pmatrix},\quad\boldsymbol{B}=\begin{pmatrix}2&3&1\\-1&0&2\\0&1&1\end{pmatrix},$$

计算 $(\boldsymbol{A}+\boldsymbol{B})^2-(\boldsymbol{A}-\boldsymbol{B})^2,\boldsymbol{A}^{\mathrm{T}}\boldsymbol{B}^{\mathrm{T}},(\boldsymbol{AB})^{\mathrm{T}}$.

3. 设 $\boldsymbol{A},\boldsymbol{B}$ 都是反对称矩阵，证明 $\boldsymbol{AB}$ 为对称矩阵的充分必要条件是 $\boldsymbol{AB}=\boldsymbol{BA}$.

2.2 可逆矩阵

设 $\boldsymbol{A}=(a_{ij})$ 是 n 阶方阵，则由 $\boldsymbol{A}$ 可确定一个 n 阶行列式

$$\begin{vmatrix} a_{11} & a_{12} & \cdots & a_{1n} \\ a_{21} & a_{22} & \cdots & a_{2n} \\ \vdots & \vdots & & \vdots \\ a_{n1} & a_{n2} & \cdots & a_{nn} \end{vmatrix},$$

称为 $\boldsymbol{A}$ 的**行列式**，记为 $|\boldsymbol{A}|$. 由行列式的性质易得

命题 2.1 (1) $|\boldsymbol{A}^{\mathrm{T}}|=|\boldsymbol{A}|$;

(2) $|\alpha\boldsymbol{A}|=\alpha^n|\boldsymbol{A}|,\alpha$ 是数.

定理 2.1 设 $\boldsymbol{A},\boldsymbol{B}$ 均为 n 阶方阵，则有 $|\boldsymbol{AB}|=|\boldsymbol{A}||\boldsymbol{B}|$.

注 定理 2.1 的证明见 2.6 节.

仍设 $\boldsymbol{A}=(a_{ij})$ 是 n 阶方阵，记元素 a_{ij} 在行列式 $|\boldsymbol{A}|$ 中的代数余子式为 $A_{ij}(i,j=1,2,\cdots,n)$. 用 A_{ij} 去替换 $\boldsymbol{A}=(a_{ij})$ 中的元素 a_{ij}，然后再取转置而得的 n 阶方阵称为 $\boldsymbol{A}$ 的**伴随矩阵**，记为 $\boldsymbol{A}^*$. 即

$$\boldsymbol{A}^*=\begin{pmatrix} A_{11} & A_{21} & \cdots & A_{n1} \\ A_{12} & A_{22} & \cdots & A_{n2} \\ \vdots & \vdots & & \vdots \\ A_{1n} & A_{2n} & \cdots & A_{nn} \end{pmatrix}.$$

对此，我们有

命题 2.2 $\boldsymbol{AA}^*=\boldsymbol{A}^*\boldsymbol{A}=|\boldsymbol{A}|\boldsymbol{E}$.

证明 利用 1.3 节例 3.4 的等式可得

$$\boldsymbol{AA}^*=\begin{pmatrix} a_{11} & a_{12} & \cdots & a_{1n} \\ a_{21} & a_{22} & \cdots & a_{2n} \\ \vdots & \vdots & & \vdots \\ a_{n1} & a_{n2} & \cdots & a_{nn} \end{pmatrix}\begin{pmatrix} A_{11} & A_{21} & \cdots & A_{n1} \\ A_{12} & A_{22} & \cdots & A_{n2} \\ \vdots & \vdots & & \vdots \\ A_{1n} & A_{2n} & \cdots & A_{nn} \end{pmatrix}$$

$$=\begin{pmatrix} |A| & 0 & \cdots & 0 \\ 0 & |A| & \cdots & 0 \\ \vdots & \vdots & & \vdots \\ 0 & 0 & \cdots & |A| \end{pmatrix}$$

$$=|A|E .$$

同理有 $A^*A=|A|E$.

如同在加法下考虑一个矩阵的负矩阵一样, 关于矩阵的乘法, 我们自然要考虑一个矩阵是不是有“逆”的问题. 对此, 我们有

定义 2.1 设 A 是一个 n 阶方阵, 如果有 n 阶方阵 B , 使得

$$AB=BA=E ,$$

则称 A 为**非奇异矩阵**或**可逆矩阵**, 称 B 为 A 的**逆矩阵**, 或 A 的**逆**. 否则, 称 A 为一个**奇异矩阵**.

显然, 若 A 可逆, 则 B 也可逆, 且 A 为 B 的逆矩阵.

命题 2.3 可逆矩阵 A 的逆矩阵是唯一的.

证明 设 B , C 均为 A 之逆, 则有

$$AB=BA=E,\quad AC=CA=E .$$

于是便有

$$B=BE=B(AC)=(BA)C=EC=C .$$

这里利用了矩阵乘法的结合律及单位矩阵的性质.

非奇异矩阵 A 的唯一的逆矩阵通常记为 A^{-1} . 显然 $(A^{-1})^{-1}=A$.

定理 2.2 n 阶方阵 A 可逆的充分必要条件是 $|A|\neq 0$.

证明 若 A 可逆, 则有 $AA^{-1}=E$, 进而由定理 2.1 可得

$$|A||A^{-1}|=|AA^{-1}|=|E|=1,$$

即知 $|A|\neq 0$.

反之, 若 $|A|\neq 0$, 则把命题 2.2 的等式 $AA^*=A^*A=|A|E$ 各端都除以 $|A|$ 便可得到

$$\boldsymbol{A}\left(\frac{1}{|\boldsymbol{A}|}\boldsymbol{A}^*\right)=\left(\frac{1}{|\boldsymbol{A}|}\boldsymbol{A}^*\right)\boldsymbol{A}=\boldsymbol{E},$$

因此 $\boldsymbol{A}$ 是可逆矩阵.

从定理的证明可看到，当 $\boldsymbol{A}$ 是可逆矩阵时，$|\boldsymbol{A}|$ 与 $|\boldsymbol{A}^{-1}|$ 互为倒数；并且

$$\boldsymbol{A}^{-1}=\frac{1}{|\boldsymbol{A}|}\boldsymbol{A}^*.$$

命题 2.4　设 $\boldsymbol{A}$ 为 n 阶方阵，若有 n 阶方阵 $\boldsymbol{B}$，使得 $\boldsymbol{AB}=\boldsymbol{E}$（或 $\boldsymbol{BA}=\boldsymbol{E}$），则 $\boldsymbol{A}$ 必为可逆矩阵，且 $\boldsymbol{B}$ 即为 $\boldsymbol{A}$ 之逆.

证明　由定理 2.1 有 $|\boldsymbol{A}||\boldsymbol{B}|=|\boldsymbol{AB}|=|\boldsymbol{E}|=1$，$|\boldsymbol{A}|\neq 0$，从而由定理 2.2 即知 $\boldsymbol{A}$ 为可逆矩阵. 进一步，用 $\boldsymbol{A}^{-1}$ 左乘 $\boldsymbol{AB}=\boldsymbol{E}$ 便得 $\boldsymbol{B}=\boldsymbol{A}^{-1}$.

显然，用此命题验证一 n 阶方阵是否可逆，与用定义 2.1 相比，其工作量正好减少一半.

命题 2.5　如果 n 阶方阵 $\boldsymbol{A}$，$\boldsymbol{B}$ 都可逆，则 $\boldsymbol{AB}$ 也可逆，且

$$(\boldsymbol{AB})^{-1}=\boldsymbol{B}^{-1}\boldsymbol{A}^{-1}.$$

证明　此由 $(\boldsymbol{AB})(\boldsymbol{B}^{-1}\boldsymbol{A}^{-1})=\boldsymbol{A}[(\boldsymbol{BB}^{-1})\boldsymbol{A}^{-1}]=\boldsymbol{A}(\boldsymbol{EA}^{-1})=\boldsymbol{AA}^{-1}=\boldsymbol{E}$ 即知.

易知，命题 2.5 可推广到 n 个矩阵的情形.

例 2.1　设 $\boldsymbol{A}$ 为 n 阶可逆方阵，证明 $\boldsymbol{A}^{\mathrm{T}}$ 也是可逆方阵，且

$$(\boldsymbol{A}^{\mathrm{T}})^{-1}=(\boldsymbol{A}^{-1})^{\mathrm{T}}.$$

证明　此由 $\boldsymbol{AA}^{-1}=\boldsymbol{E}$ 两边取转置得 $(\boldsymbol{A}^{-1})^{\mathrm{T}}\boldsymbol{A}^{\mathrm{T}}=\boldsymbol{E}^{\mathrm{T}}=\boldsymbol{E}$ 即知.

例 2.2　设 $\boldsymbol{A}$ 为 n $(n\geqslant 2)$ 阶方阵，证明 $|\boldsymbol{A}^*|=|\boldsymbol{A}|^{n-1}$.

证明　由命题 2.2，$\boldsymbol{A}^*\boldsymbol{A}=|\boldsymbol{A}|\boldsymbol{E}$，两边取行列式，利用命题 2.1 和定理 2.1 并注意 $|\boldsymbol{A}|$ 是一个数，可得

$$|\boldsymbol{A}^*||\boldsymbol{A}|=||\boldsymbol{A}|\boldsymbol{E}|=|\boldsymbol{A}|^n|\boldsymbol{E}|=|\boldsymbol{A}|^n.$$

当 $|\boldsymbol{A}|\neq 0$ 时，由上式可直接得到 $|\boldsymbol{A}^*|=|\boldsymbol{A}|^{n-1}$. 当 $|\boldsymbol{A}|=0$ 时，只需证明 $|\boldsymbol{A}^*|=0$. 若 $\boldsymbol{A}=\boldsymbol{O}$，显然有 $|\boldsymbol{A}^*|=0$. 下面用反证法证明当 $|\boldsymbol{A}|=0$，$\boldsymbol{A}\neq\boldsymbol{O}$ 时亦有 $|\boldsymbol{A}^*|=0$. 若 $|\boldsymbol{A}^*|\neq 0$，则由定理 2.2 知 $\boldsymbol{A}^*$ 可逆. 进而用 $(\boldsymbol{A}^*)^{-1}$ 左乘 $\boldsymbol{A}^*\boldsymbol{A}=|\boldsymbol{A}|\boldsymbol{E}$ 便可得到矛盾：$\boldsymbol{A}=(\boldsymbol{A}^*)^{-1}(\boldsymbol{A}^*\boldsymbol{A})=(\boldsymbol{A}^*)^{-1}(|\boldsymbol{A}|\boldsymbol{E})=\boldsymbol{O}$. 证毕.

例 2.3 判断下列矩阵是否可逆；若可逆则求其逆.

(1) $\begin{pmatrix} 1 & 2 & 3 \\ 2 & 2 & 1 \\ 3 & 4 & 4 \end{pmatrix}$；　　(2) $\begin{pmatrix} 1 & 1 & 1 \\ 0 & 1 & 2 \\ 0 & 1 & -3 \end{pmatrix}$.

解 (1) 由于

$$\begin{vmatrix} 1 & 2 & 3 \\ 2 & 2 & 1 \\ 3 & 4 & 4 \end{vmatrix}$$

$$=1\times(-1)^{1+1}\begin{vmatrix} 2 & 1 \\ 4 & 4 \end{vmatrix}+2\times(-1)^{1+2}\begin{vmatrix} 2 & 1 \\ 3 & 4 \end{vmatrix}+3\times(-1)^{1+3}\begin{vmatrix} 2 & 2 \\ 3 & 4 \end{vmatrix},$$

$$=4-10+6=0,$$

所以该矩阵不可逆.

(2) 由于

$$\begin{vmatrix} 1 & 1 & 1 \\ 0 & 1 & 2 \\ 0 & 1 & -3 \end{vmatrix}=\begin{vmatrix} 1 & 2 \\ 1 & -3 \end{vmatrix}=-5\neq 0,$$

可知该矩阵可逆. 再由 $\boldsymbol{A}^{-1}=\dfrac{1}{|\boldsymbol{A}|}\boldsymbol{A}^*$ 便得

$$\boldsymbol{A}^{-1}=-\frac{1}{5}\begin{pmatrix} -5 & 4 & 1 \\ 0 & -3 & -2 \\ 0 & -1 & 1 \end{pmatrix}.$$

为方便，引入记号 $\boldsymbol{A}^{-n}=\left(\boldsymbol{A}^{-1}\right)^n$，并规定 $\boldsymbol{A}^0=\boldsymbol{E}$,其中 $\boldsymbol{A}$ 为可逆矩阵. 由此不难想到，对于任何整数，下列指数运算律成立:

$$\boldsymbol{A}^m\boldsymbol{A}^n=\boldsymbol{A}^{m+n},\quad (\boldsymbol{A}^m)^n=\boldsymbol{A}^{mn}.$$

特别地，当 $\boldsymbol{A},\boldsymbol{B}$ 可换且为可逆矩阵时，还有 $(\boldsymbol{AB})^n=\boldsymbol{A}^n\boldsymbol{B}^n$.

习题 2.2

习题 2.2 解答

1. 求下面可逆矩阵的逆矩阵.

(1) $\begin{pmatrix} 1 & 2 \\ 2 & 1 \end{pmatrix}$;　　　　(2) $\begin{pmatrix} 1 & 0 & 0 \\ 1 & 2 & 0 \\ 1 & 2 & 3 \end{pmatrix}$.

2. 设方阵 $\boldsymbol{A}$ 满足条件 $\boldsymbol{A}^2-\boldsymbol{A}-2\boldsymbol{E}=\boldsymbol{O}$，证明 $\boldsymbol{A}$ 和 $\boldsymbol{A}+2\boldsymbol{E}$ 都可逆，并求它们的逆矩阵.

3. 已知 $\boldsymbol{A}$ 为 n 阶方阵, k 是非零常数, $|\boldsymbol{A}|=a$. 求 $|k\boldsymbol{A}^*|$.

2.3　初等变换与初等矩阵

用矩阵理论处理问题时，通常要在不改变矩阵本质属性的条件下，把矩阵化为“标准形”. 而所用的工具就是初等变换与初等矩阵.

定义 3.1　下面对矩阵实施的三种演变统称为矩阵的**初等变换**:

(1) 用 $\alpha\neq 0$ 去乘矩阵第 i 行(列)各元素，记为 αr_i (αc_i);

(2) 把矩阵第 i 行(列)各元素的 μ 倍加到第 j 行(列)的对应元素上，记为 $r_j+\mu r_i$ ($c_j+\mu c_i$);

(3) 互换矩阵的 i,j 两行(列)，记为 $r_i\leftrightarrow r_j (c_i\leftrightarrow c_j)$.

若上述三种演变只对矩阵的行进行，则称之为**行初等变换**; 若只对矩阵的列进行，则称之为**列初等变换**. 一个矩阵 $\boldsymbol{A}$ 经过初等变换后得到另一个矩阵 $\boldsymbol{B}$，通常记为“$\boldsymbol{A}\to\boldsymbol{B}$”.

定义 3.2　对单位矩阵实施一次行(或列)的初等变换而得的矩阵统称为**初等矩阵**. 特别地，称所实施的初等变换与得到的初等矩阵是一对互相对应的**初等变换与初等矩阵**.

按定义，初等矩阵有下面三种形式:

(Ⅰ) $$\begin{pmatrix} 1 & & & & 0 \\ & \ddots & & & \\ & & \alpha & & \\ & & & \ddots & \\ 0 & & & & 1 \end{pmatrix}\text{第 } i \text{ 行;}$$

(Ⅱ) $\begin{pmatrix} 1 & & & & & & 0 \\ & \ddots & & & & & \\ & & 1 & & & & \\ & & \vdots & \ddots & & & \\ & & \mu & \cdots & 1 & & \\ & & & & & \ddots & \\ 0 & & & & & & 1 \end{pmatrix}$;

(Ⅲ) $\begin{pmatrix} 1 & & & & & & 0 \\ & \ddots & & & & & \\ & & 0 & \cdots & 1 & & \\ & & \vdots & \ddots & \vdots & & \\ & & 1 & \cdots & 0 & & \\ & & & & & \ddots & \\ 0 & & & & & & 1 \end{pmatrix}$.

其中矩阵(Ⅰ)是对单位矩阵实施一次“αr_i($\alpha \neq 0$)”而得的矩阵, 也是对单位矩阵实施一次“αc_i($\alpha \neq 0$)”而得的矩阵. 因此(Ⅰ)与“αr_i($\alpha \neq 0$)”(“αc_i($\alpha \neq 0$)”)就是一对互相对应的初等矩阵与初等变换. 同理,(Ⅱ)与“$r_j + \mu r_i$”(“$c_i + \mu c_j$”)是一对互相对应的初等矩阵与初等变换;(Ⅲ)与“$r_i \leftrightarrow r_j$”(“$c_i \leftrightarrow c_j$”)是一对互相对应的初等矩阵与初等变换. 可见每一个初等矩阵都对应一个行初等变换和一个列初等变换. 例如对于 3 阶初等矩阵

$$\boldsymbol{J} = \begin{pmatrix} 1 & 2 & 0 \\ 0 & 1 & 0 \\ 0 & 0 & 1 \end{pmatrix}$$

便有

$$\boldsymbol{J} \leftrightarrow r_1 + 2r_2 \text{ 及 } \boldsymbol{J} \leftrightarrow c_2 + 2c_1,$$

即与 $\boldsymbol{J}$ 对应的行初等变换是“$r_1 + 2r_2$”, 列初等变换是“$c_2 + 2c_1$”.

对此, 我们有

定理 3.1　用初等矩阵 $\boldsymbol{J}$ 左(右)乘矩阵 $\boldsymbol{A}$ 恰等于对 $\boldsymbol{A}$ 实施一次 $\boldsymbol{J}$ 所对应的行(列)初等变换.

这只要实际做一下矩阵的乘法即知结论的正确性. 例如, 若令

$$
\boldsymbol{J}=\begin{pmatrix}1&2&0\\0&1&0\\0&0&1\end{pmatrix},\quad \boldsymbol{A}=\begin{pmatrix}a_1&a_2\\b_1&b_2\\c_1&c_2\end{pmatrix},\quad \boldsymbol{B}=\begin{pmatrix}x_1&x_2&x_3\\y_1&y_2&y_3\end{pmatrix}.
$$

则

$$
\boldsymbol{JA}=\begin{pmatrix}1&2&0\\0&1&0\\0&0&1\end{pmatrix}\begin{pmatrix}a_1&a_2\\b_1&b_2\\c_1&c_2\end{pmatrix}=\begin{pmatrix}a_1+2b_1&a_2+2b_2\\b_1&b_2\\c_1&c_2\end{pmatrix};
$$

$$
\boldsymbol{BJ}=\begin{pmatrix}x_1&x_2&x_3\\y_1&y_2&y_3\end{pmatrix}\begin{pmatrix}1&2&0\\0&1&0\\0&0&1\end{pmatrix}=\begin{pmatrix}x_1&2x_1+x_2&x_3\\y_1&2y_1+y_2&y_3\end{pmatrix}.
$$

$\boldsymbol{JA}$ 恰等于对 $\boldsymbol{A}$ 实施一次 $\boldsymbol{J}$ 所对应的“r_1+2r_2”的初等变换；$\boldsymbol{BJ}$ 恰等于对 $\boldsymbol{B}$ 实施一次 $\boldsymbol{J}$ 所对应的“c_2+2c_1”的初等变换.

命题 3.1 初等矩阵皆可逆且其逆也是初等矩阵.

证明 此由

$$
\begin{pmatrix}1&&&&0\\&\ddots&&&\\&&\alpha&&\\&&&\ddots&\\0&&&&1\end{pmatrix}\begin{pmatrix}1&&&&0\\&\ddots&&&\\&&\dfrac{1}{\alpha}&&\\&&&\ddots&\\0&&&&1\end{pmatrix}=\boldsymbol{E},
$$

$$
\begin{pmatrix}1&&&&&0\\&\ddots&&&&\\&&1&&&\\&&\vdots&\ddots&&\\&&\mu&\cdots&1&\\&&&&&\ddots&\\0&&&&&&1\end{pmatrix}\begin{pmatrix}1&&&&&0\\&\ddots&&&&\\&&1&&&\\&&\vdots&\ddots&&\\&&-\mu&\cdots&1&\\&&&&&\ddots&\\0&&&&&&1\end{pmatrix}=\boldsymbol{E},
$$

$$\begin{pmatrix} 1 & & & & & & 0 \\ & \ddots & & & & & \\ & & 0 & \cdots & 1 & & \\ & & \vdots & \ddots & \vdots & & \\ & & 1 & \cdots & 0 & & \\ & & & & & \ddots & \\ 0 & & & & & & 1 \end{pmatrix}\begin{pmatrix} 1 & & & & & & 0 \\ & \ddots & & & & & \\ & & 0 & \cdots & 1 & & \\ & & \vdots & \ddots & \vdots & & \\ & & 1 & \cdots & 0 & & \\ & & & & & \ddots & \\ 0 & & & & & & 1 \end{pmatrix} = \boldsymbol{E},$$

即知初等矩阵(Ⅰ)(Ⅱ)(Ⅲ)皆可逆且其逆也是初等矩阵.

不仅如此, 从中还可看到, 初等矩阵(Ⅰ)(Ⅱ)(Ⅲ)的逆矩阵也分别是(Ⅰ)(Ⅱ)(Ⅲ)那种类型的矩阵. 特别地,(Ⅲ)的逆矩阵就是(Ⅲ)本身.

下面就来讨论矩阵的"标准形", 许多问题都与矩阵的"标准形"有关. 为方便, 若一个矩阵某行元素全为零则称该行为**零行**; 否则称该行为**非零行**; (类似地, 可定义**零列与非零列**)非零行的左起第一个非零元素称为该非零行的**主元**; 主元所在的列称为**主列**.

一个矩阵如果具有性质

(1) 非零行全位于上方, 零行全位于下方;

(2) 对于任意两个相邻的非零行, 后一行主元位于前一行主元的右边.

则称该矩阵为**行阶梯形矩阵**, 简称**梯矩阵**.

进一步, 一个梯矩阵如果具有性质

(1) 每个主元都是 1;

(2) 每个主列除主元外其余元素全为零.

则称之为**最简梯矩阵**. 例如,

$$\begin{pmatrix} 2 & 1 & -3 & 2 & 6 & 3 \\ 0 & 4 & 5 & -4 & 2 & 1 \\ 0 & 0 & 0 & 4 & 2 & 1 \\ 0 & 0 & 0 & 0 & 0 & 0 \\ 0 & 0 & 0 & 0 & 0 & 0 \end{pmatrix}, \quad \begin{pmatrix} 1 & 2 & 0 & 0 & -1 & 0 \\ 0 & 0 & 1 & 0 & 5 & 0 \\ 0 & 0 & 0 & 1 & 4 & 0 \\ 0 & 0 & 0 & 0 & 0 & 1 \\ 0 & 0 & 0 & 0 & 0 & 0 \end{pmatrix}$$

都是梯矩阵, 特别地, 后一个矩阵还是最简梯矩阵.

关于梯矩阵与最简梯矩阵, 我们有

定理 3.2 每一个矩阵 $\boldsymbol{A}$ 都可用行初等变换化为梯矩阵与最简梯矩阵.

证明 若 $\boldsymbol{A}$ 是零矩阵, 则已为梯矩阵, 故以下设 $\boldsymbol{A} \neq \boldsymbol{O}$. 此时由于 $\boldsymbol{A}$ 有非零元素, 可设 a 为 $\boldsymbol{A}$ 的左起第一个非零列(一般是第一列)中的某非零元素. 把 a 所在的行与第一行互换得

$$\begin{pmatrix} 0 & \cdots & 0 & a & * & \cdots & * \\ 0 & \cdots & 0 & * & * & \cdots & * \\ \vdots & & \vdots & \vdots & \vdots & & \vdots \\ 0 & \cdots & 0 & b & * & \cdots & * \\ \vdots & & \vdots & \vdots & \vdots & & \vdots \\ 0 & \cdots & 0 & * & * & \cdots & * \end{pmatrix}.$$

若b是a所在列的一个非零元素，则把第一行各元素的$\left(-\dfrac{b}{a}\right)$倍加到$b$所在行的对应元素上便把$b$化为零. 接着再用同样方法把$a$所在列的其余非零元素全化为零. 这时$\boldsymbol{A}$被化为

$$\begin{pmatrix} 0 & \cdots & 0 & a & * & \cdots & * \\ 0 & \cdots & 0 & 0 & b_1 & \cdots & b_s \\ \vdots & & \vdots & \vdots & \vdots & & \vdots \\ 0 & \cdots & 0 & 0 & c_1 & \cdots & c_s \end{pmatrix}.$$

若$b_1,\cdots,b_s,\cdots,c_1,\cdots,c_s$中的元素全为零，则$\boldsymbol{A}$已被化为梯矩阵；否则仿上处理上面这个矩阵的后$s$列(第一行除外). 并以此下去，最终便可将$\boldsymbol{A}$化为梯矩阵.

继续对这个已得的梯矩阵先实施第一种行初等变换把主元化为 1，再实施第二种行初等变换把主列其余元素全化为零，便可进一步把$\boldsymbol{A}$化为最简梯矩阵. 证毕.

$\boldsymbol{A}$用行初等变换化得的最简梯矩阵称为$\boldsymbol{A}$**在行初等变换下的标准形**，或$\boldsymbol{A}$的**最简梯矩阵**. 可以证明它被$\boldsymbol{A}$所唯一确定.

例 3.1　把矩阵$\boldsymbol{A}=\begin{pmatrix} 0 & -1 & 3 & 2 \\ 2 & 2 & 1 & 3 \\ 5 & 3 & 5 & 8 \end{pmatrix}$用行初等变换化为行初等变换下的标准形.

解

$$\boldsymbol{A} \xrightarrow{r_3-2r_2} \begin{pmatrix} 0 & -1 & 3 & 2 \\ 2 & 2 & 1 & 3 \\ 1 & -1 & 3 & 2 \end{pmatrix} \xrightarrow{r_1\leftrightarrow r_3} \begin{pmatrix} 1 & -1 & 3 & 2 \\ 2 & 2 & 1 & 3 \\ 0 & -1 & 3 & 2 \end{pmatrix}$$

$$\xrightarrow{r_2-2r_1} \begin{pmatrix} 1 & -1 & 3 & 2 \\ 0 & 4 & -5 & -1 \\ 0 & -1 & 3 & 2 \end{pmatrix} \xrightarrow{r_2\leftrightarrow r_3} \begin{pmatrix} 1 & -1 & 3 & 2 \\ 0 & -1 & 3 & 2 \\ 0 & 4 & -5 & -1 \end{pmatrix}$$

$$\xrightarrow{r_3+4r_2} \begin{pmatrix} 1 & -1 & 3 & 2 \\ 0 & -1 & 3 & 2 \\ 0 & 0 & 7 & 7 \end{pmatrix} \xrightarrow{-1r_2,\frac{1}{7}r_3} \begin{pmatrix} 1 & -1 & 3 & 2 \\ 0 & 1 & -3 & -2 \\ 0 & 0 & 1 & 1 \end{pmatrix}$$

$$\xrightarrow{r_2+3r_3}\begin{pmatrix}1 & -1 & 3 & 2\\0 & 1 & 0 & 1\\0 & 0 & 1 & 1\end{pmatrix}\xrightarrow{r_1-3r_3}\begin{pmatrix}1 & -1 & 0 & -1\\0 & 1 & 0 & 1\\0 & 0 & 1 & 1\end{pmatrix}$$

$$\xrightarrow{r_1+r_2}\begin{pmatrix}1 & 0 & 0 & 0\\0 & 1 & 0 & 1\\0 & 0 & 1 & 1\end{pmatrix}.$$

推论 3.1 方阵 $\boldsymbol{A}$ 可逆的充分必要条件是 $\boldsymbol{A}$ 可经行(列)初等变换化为单位矩阵.

证明 只就“行”的情形来证明. 设 $\boldsymbol{A}$ 可逆且经 s 次行初等变换化为最简梯矩阵 $\boldsymbol{J}$. 由定理 3.1 知有初等矩阵 $\boldsymbol{K}_1,\boldsymbol{K}_2,\cdots,\boldsymbol{K}_s$ 使得

$$\boldsymbol{K}_s\cdots\boldsymbol{K}_2\boldsymbol{K}_1\boldsymbol{A}=\boldsymbol{J},$$

因初等矩阵皆可逆, 可逆矩阵之积亦可逆, 故 $\boldsymbol{J}$ 为可逆矩阵, 进而 $|\boldsymbol{J}|\neq 0$. 这样一来 $\boldsymbol{J}$ 就不可能含有零行和零列, 但 $\boldsymbol{J}$ 是与 $\boldsymbol{A}$ 同阶的方阵, 因此 $\boldsymbol{J}$ 必为单位矩阵. 即有

$$\boldsymbol{K}_s\cdots\boldsymbol{K}_2\boldsymbol{K}_1\boldsymbol{A}=\boldsymbol{E},$$

由定理 3.1 知 $\boldsymbol{A}$ 可经行初等变换化为单位矩阵.

反之, 若 $\boldsymbol{A}$ 可经行初等变换化为单位矩阵, 也由定理 3.1 知有初等矩阵 $\boldsymbol{J}_1,\boldsymbol{J}_2,\cdots,\boldsymbol{J}_t$ 使得

$$\boldsymbol{J}_t\cdots\boldsymbol{J}_2\boldsymbol{J}_1\boldsymbol{A}=\boldsymbol{E},$$

在上式两端取行列式, 并由 2.2 节定理 2.1 可得

$$|\boldsymbol{J}_t|\cdots|\boldsymbol{J}_2||\boldsymbol{J}_1||\boldsymbol{A}|=|\boldsymbol{E}|=1\neq 0,$$

从而有 $|\boldsymbol{A}|\neq 0$, 表明 $\boldsymbol{A}$ 是可逆矩阵.

定理 3.3 每一个非零矩阵 $\boldsymbol{A}$ 都可用初等变换化为如下形式的矩阵

$$\boldsymbol{J}=\begin{pmatrix}1 & 0 & \cdots & 0 & \cdots & 0\\0 & 1 & \cdots & 0 & \cdots & 0\\\vdots & \vdots & & \vdots & & \vdots\\0 & 0 & \cdots & 1 & \cdots & 0\\\vdots & \vdots & & \vdots & & \vdots\\0 & 0 & \cdots & 0 & \cdots & 0\end{pmatrix},$$

即 $\boldsymbol{J}$ 为左上角是一个单位矩阵, 而其他位置的元素全为零的矩阵. 称之为 $\boldsymbol{A}$ 在初

等变换下的标准形.

证明 由定理 3.1, 先将 $\boldsymbol{A}$ 用行初等变换化为最简梯矩阵. 再仿例 3.1 用列初等变换便可将 $\boldsymbol{A}$ 化为在初等变换下的标准形.

例 3.2 把矩阵 $\boldsymbol{A}=\begin{pmatrix}0&2&6&5\\1&-1&-5&2\\2&5&11&1\\1&1&1&1\end{pmatrix}$ 化为在初等变换下的标准形.

解
$$\boldsymbol{A}\xrightarrow{r_1\leftrightarrow r_2}\begin{pmatrix}1&-1&-5&2\\0&2&6&5\\2&5&11&1\\1&1&1&1\end{pmatrix}\xrightarrow{r_3-2r_1,r_4-r_1}\begin{pmatrix}1&-1&-5&2\\0&2&6&5\\0&7&21&-3\\0&2&6&-1\end{pmatrix}$$

$$\xrightarrow{c_2+c_1,c_3+5c_1,c_4-2c_1,r_3-3r_2}\begin{pmatrix}1&0&0&0\\0&2&6&5\\0&1&3&-18\\0&2&6&-1\end{pmatrix}$$

$$\xrightarrow{r_2\leftrightarrow r_3}\begin{pmatrix}1&0&0&0\\0&1&3&-18\\0&2&6&5\\0&2&6&-1\end{pmatrix}\xrightarrow{r_3-2r_2,r_4-2r_2}\begin{pmatrix}1&0&0&0\\0&1&3&-18\\0&0&0&41\\0&0&0&35\end{pmatrix}$$

$$\xrightarrow{\frac{1}{41}r_3}\begin{pmatrix}1&0&0&0\\0&1&3&-18\\0&0&0&1\\0&0&0&35\end{pmatrix}\xrightarrow{r_4-35r_3,r_2+18r_3}\begin{pmatrix}1&0&0&0\\0&1&3&0\\0&0&0&1\\0&0&0&0\end{pmatrix}$$

$$\xrightarrow{c_3-3c_2}\begin{pmatrix}1&0&0&0\\0&1&0&0\\0&0&0&1\\0&0&0&0\end{pmatrix}\xrightarrow{c_3\leftrightarrow c_4}\begin{pmatrix}1&0&0&0\\0&1&0&0\\0&0&1&0\\0&0&0&0\end{pmatrix}.$$

推论 3.2 设 $\boldsymbol{A},\boldsymbol{B}$ 都是 $m\times n$ 矩阵. 则 $\boldsymbol{A}$ 可经行初等变换化为 $\boldsymbol{B}$ 的充分必要条件是有可逆矩阵 $\boldsymbol{P}$, 使得 $\boldsymbol{PA}=\boldsymbol{B}$; $\boldsymbol{A}$ 可经列初等变换化为 $\boldsymbol{B}$ 的充分必要条件是有可逆矩阵 $\boldsymbol{Q}$, 使得 $\boldsymbol{AQ}=\boldsymbol{B}$; $\boldsymbol{A}$ 可经初等变换(既有行初等变换也有列初等变换, 下同)化为 $\boldsymbol{B}$ 的充分必要条件是有可逆矩阵 $\boldsymbol{P},\boldsymbol{Q}$, 使得 $\boldsymbol{PAQ}=\boldsymbol{B}$.

推论的证明留作练习.

在 2.2 节我们学习了利用伴随矩阵求可逆矩阵逆矩阵的方法, 但由于计算的烦琐使得这种方法只适用于阶数小的矩阵, 下面介绍一种较简单的求可逆矩阵逆矩阵的方法.

设 $\boldsymbol{A}$ 为可逆矩阵，由推论 3.1 可知，$\boldsymbol{A}$ 可经行初等变换化为单位矩阵，进而有与那些行初等变换相对应的初等矩阵 $\boldsymbol{J}_1,\boldsymbol{J}_2,\cdots,\boldsymbol{J}_s$ 使得

$$\boldsymbol{J}_s\cdots\boldsymbol{J}_2\boldsymbol{J}_1\boldsymbol{A}=\boldsymbol{E}.$$

由上式知 $\boldsymbol{J}_s\cdots\boldsymbol{J}_2\boldsymbol{J}_1=\boldsymbol{A}^{-1}$，亦即

$$\boldsymbol{J}_s\cdots\boldsymbol{J}_2\boldsymbol{J}_1\boldsymbol{E}=\boldsymbol{A}^{-1}.$$

这表明，对单位矩阵 $\boldsymbol{E}$ 的行依次实施 $\boldsymbol{J}_1\boldsymbol{J}_2\cdots\boldsymbol{J}_s$ 所对应的行初等变换(即把 $\boldsymbol{A}$ 化为单位矩阵的那些行初等变换)便把 $\boldsymbol{E}$ 化成了 $\boldsymbol{A}^{-1}$. 这样一来，我们就得到了求 $\boldsymbol{A}^{-1}$ 的新方法. 即对 $\boldsymbol{A}$ 与 $\boldsymbol{E}$ 实施同样的行初等变换，方向是把 $\boldsymbol{A}$ 化为单位矩阵，当 $\boldsymbol{A}$ 化为单位矩阵时，把 $\boldsymbol{E}$ 便化成了 $\boldsymbol{A}^{-1}$. 为保证对 $\boldsymbol{A}$ 与 $\boldsymbol{E}$ 实施的行初等变换能同步进行，可先把 $\boldsymbol{A}$，$\boldsymbol{E}$ 写成 $(\boldsymbol{A},\boldsymbol{E})$ 后再对整个矩阵实施行初等变换，即

$$\left(\boldsymbol{A},\boldsymbol{E}\right)\xrightarrow{\text{行初等变换}}\left(\boldsymbol{E},\boldsymbol{A}^{-1}\right).$$

例 3.3 求矩阵 $\boldsymbol{A}=\begin{pmatrix}-4 & 1 & -3\\ -5 & 1 & -3\\ 6 & -1 & 4\end{pmatrix}$ 的逆矩阵.

解

$$\left(\boldsymbol{A},\boldsymbol{E}\right)=\begin{pmatrix}-4 & 1 & -3 & 1 & 0 & 0\\ -5 & 1 & -3 & 0 & 1 & 0\\ 6 & -1 & 4 & 0 & 0 & 1\end{pmatrix}$$

$$\xrightarrow{r_1-r_2}\begin{pmatrix}1 & 0 & 0 & 1 & -1 & 0\\ -5 & 1 & -3 & 0 & 1 & 0\\ 6 & -1 & 4 & 0 & 0 & 1\end{pmatrix}$$

$$\xrightarrow{r_2+5r_1,\,r_3-6r_1}\begin{pmatrix}1 & 0 & 0 & 1 & -1 & 0\\ 0 & 1 & -3 & 5 & -4 & 0\\ 0 & -1 & 4 & -6 & 6 & 1\end{pmatrix}$$

$$\xrightarrow{r_3+r_2}\begin{pmatrix}1 & 0 & 0 & 1 & -1 & 0\\ 0 & 1 & -3 & 5 & -4 & 0\\ 0 & 0 & 1 & -1 & 2 & 1\end{pmatrix}$$

$$\xrightarrow{r_2+3r_3}\begin{pmatrix}1 & 0 & 0 & 1 & -1 & 0\\ 0 & 1 & 0 & 2 & 2 & 3\\ 0 & 0 & 1 & -1 & 2 & 1\end{pmatrix}=\left(\boldsymbol{E},\boldsymbol{A}^{-1}\right),$$

所以

$$A^{-1}=\begin{pmatrix}1 & -1 & 0\\ 2 & 2 & 3\\ -1 & 2 & 1\end{pmatrix}.$$

上面介绍的求逆矩阵的方法也适用于解所谓矩阵方程. 设 $\boldsymbol{A},\boldsymbol{B}$ 是行数相同的已知矩阵, 且 $\boldsymbol{A}$ 可逆, $\boldsymbol{X}$ 是未知矩阵, 则 $\boldsymbol{AX}=\boldsymbol{B}$ 便是一个矩阵方程. 显然 $\boldsymbol{X}=\boldsymbol{A}^{-1}\boldsymbol{B}$ 为其解. 仍沿用前面的记号有

$$\boldsymbol{J}_s\cdots\boldsymbol{J}_2\boldsymbol{J}_1\boldsymbol{B}=\boldsymbol{X}.$$

此式表明, 对 $\boldsymbol{B}$ 的行实施把 $\boldsymbol{A}$ 化为单位矩阵的那些行初等变换而得的矩阵便是矩阵方程的解, 即 $(\boldsymbol{A},\boldsymbol{B})\xrightarrow{\text{行初等变换}}(\boldsymbol{E},\boldsymbol{A}^{-1}\boldsymbol{B})$.

例 3.4 解矩阵方程 $\begin{pmatrix}1 & 2 & 0\\ 4 & -2 & -1\\ -3 & 1 & 2\end{pmatrix}\boldsymbol{X}=\begin{pmatrix}0 & 4\\ 6 & 5\\ 1 & -3\end{pmatrix}$.

解 令 $\boldsymbol{A}=\begin{pmatrix}1 & 2 & 0\\ 4 & -2 & -1\\ -3 & 1 & 2\end{pmatrix}$, $\boldsymbol{B}=\begin{pmatrix}0 & 4\\ 6 & 5\\ 1 & -3\end{pmatrix}$

$$(\boldsymbol{A},\boldsymbol{B})=\begin{pmatrix}1 & 2 & 0 & 0 & 4\\ 4 & -2 & -1 & 6 & 5\\ -3 & 1 & 2 & 1 & -3\end{pmatrix}$$

$$\xrightarrow{r_2-4r_1,r_3+3r_1}\begin{pmatrix}1 & 2 & 0 & 0 & 4\\ 0 & -10 & -1 & 6 & -11\\ 0 & 7 & 2 & 1 & 9\end{pmatrix}$$

$$\xrightarrow{r_2+r_3}\begin{pmatrix}1 & 2 & 0 & 0 & 4\\ 0 & -3 & 1 & 7 & -2\\ 0 & 7 & 2 & 1 & 9\end{pmatrix}\xrightarrow{r_3+2r_2}\begin{pmatrix}1 & 2 & 0 & 0 & 4\\ 0 & -3 & 1 & 7 & -2\\ 0 & 1 & 4 & 15 & 5\end{pmatrix}$$

$$\xrightarrow{r_3\leftrightarrow r_2}\begin{pmatrix}1 & 2 & 0 & 0 & 4\\ 0 & 1 & 4 & 15 & 5\\ 0 & -3 & 1 & 7 & -2\end{pmatrix}\xrightarrow{r_3+3r_2}\begin{pmatrix}1 & 2 & 0 & 0 & 4\\ 0 & 1 & 4 & 15 & 5\\ 0 & 0 & 13 & 52 & 13\end{pmatrix}$$

$$\xrightarrow{\frac{1}{13}r_3}\begin{pmatrix}1&2&0&0&4\\0&1&4&15&5\\0&0&1&4&1\end{pmatrix}\xrightarrow{r_2-4r_3}\begin{pmatrix}1&2&0&0&4\\0&1&0&-1&1\\0&0&1&4&1\end{pmatrix}$$

$$\xrightarrow{r_1-2r_2}\begin{pmatrix}1&0&0&2&2\\0&1&0&-1&1\\0&0&1&4&1\end{pmatrix}=\left(\boldsymbol{E},\boldsymbol{A}^{-1}\boldsymbol{B}\right),$$

所以

$$\boldsymbol{X}=\boldsymbol{A}^{-1}\boldsymbol{B}=\begin{pmatrix}2&2\\-1&1\\4&1\end{pmatrix}.$$

例 3.5　利用逆矩阵解线性方程组

$$\begin{cases}x_1-x_2-x_3=2,\\2x_1-x_2-3x_3=1,\\3x_1+2x_2-5x_3=0.\end{cases}$$

解　令

$$\boldsymbol{A}=\begin{pmatrix}1&-1&-1\\2&-1&-3\\3&2&-5\end{pmatrix},\quad \boldsymbol{X}=\begin{pmatrix}x_1\\x_2\\x_3\end{pmatrix},\quad \boldsymbol{b}=\begin{pmatrix}2\\1\\0\end{pmatrix},$$

则方程组可表示为

$$\boldsymbol{AX}=\boldsymbol{b}.$$

$$(\boldsymbol{A},\boldsymbol{b})=\begin{pmatrix}1&-1&-1&2\\2&-1&-3&1\\3&2&-5&0\end{pmatrix}\xrightarrow{r_2-2r_1,r_3-3r_1}\begin{pmatrix}1&-1&-1&2\\0&1&-1&-3\\0&5&-2&-6\end{pmatrix}$$

$$\xrightarrow{r_3-5r_2}\begin{pmatrix}1&-1&-1&2\\0&1&-1&-3\\0&0&3&9\end{pmatrix}\xrightarrow{\frac{1}{3}r_3}\begin{pmatrix}1&-1&-1&2\\0&1&-1&-3\\0&0&1&3\end{pmatrix}$$

$$\xrightarrow{r_1+r_3,r_2+r_3}\begin{pmatrix}1&-1&0&5\\0&1&0&0\\0&0&1&3\end{pmatrix}\xrightarrow{r_1+r_2}\begin{pmatrix}1&0&0&5\\0&1&0&0\\0&0&1&3\end{pmatrix}=(\boldsymbol{E},\boldsymbol{A}^{-1}\boldsymbol{b}).$$

故方程组的解为 $\boldsymbol{X}=\boldsymbol{A}^{-1}\boldsymbol{b}=\begin{pmatrix}5\\0\\3\end{pmatrix}$.

注　例 3.4 与例 3.5 中的 $\boldsymbol{A}$ 若不能化成单位矩阵，表明 $\boldsymbol{A}$ 不是可逆矩阵，此法失效.

习题 2.3

习题 2.3 解答

1. 求

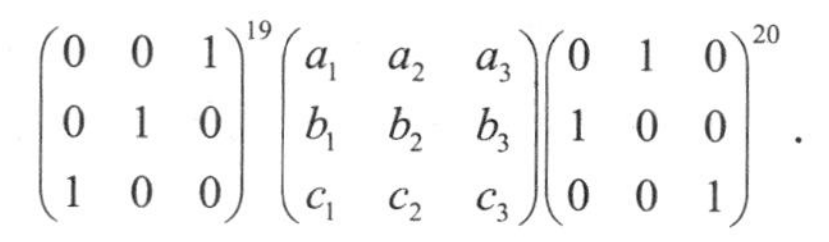

$$\begin{pmatrix}0&0&1\\0&1&0\\1&0&0\end{pmatrix}^{19}\begin{pmatrix}a_1&a_2&a_3\\b_1&b_2&b_3\\c_1&c_2&c_3\end{pmatrix}\begin{pmatrix}0&1&0\\1&0&0\\0&0&1\end{pmatrix}^{20}.$$

2. 求下列可逆矩阵的逆矩阵.

(1) $\begin{pmatrix}2&2&3\\1&-1&0\\-1&2&1\end{pmatrix}$；　(2) $\begin{pmatrix}3&-2&0&-1\\0&2&2&1\\1&-2&-3&-2\\0&1&2&1\end{pmatrix}$；

(3) $\begin{pmatrix}0&a_1&0&\cdots&0&0\\0&0&a_2&\cdots&0&0\\\vdots&\vdots&\vdots&&\vdots&\vdots\\0&0&0&\cdots&0&a_{n-1}\\a_n&0&0&\cdots&0&0\end{pmatrix}$.

3. 求下面矩阵在行初等变换下的标准形与初等变换下的标准形.

(1) $\begin{pmatrix}1&2&0&-1&3\\-1&1&0&3&4\\0&3&0&2&7\\2&1&0&-4&-1\end{pmatrix}$；　(2) $\begin{pmatrix}3&-1&-4&2&-2\\1&0&-1&1&0\\1&2&1&3&4\\-1&4&3&-3&0\end{pmatrix}$.

4. 解下列矩阵方程.

(1) $\begin{pmatrix}4&1&-2\\2&2&1\\3&1&-1\end{pmatrix}\boldsymbol{X}=\begin{pmatrix}1&-3\\2&2\\3&-1\end{pmatrix}$；

(2) $\boldsymbol{AX}=2\boldsymbol{X}+\boldsymbol{A}$. 其中

$$\boldsymbol{A}=\begin{pmatrix}4&2&3\\1&1&0\\-1&2&3\end{pmatrix}.$$

5. 利用逆矩阵解线性方程组.

$$\begin{cases} x_1 + x_2 - x_3 = 2, \\ -2x_1 + x_2 + x_3 = 3, \\ x_1 + x_2 + x_3 = 6. \end{cases}$$

2.4 分 块 矩 阵

矩阵的分块在处理某些问题时是非常有力的.用水平线和铅垂线把矩阵分成若干个小矩阵后，矩阵便成为以小矩阵为元素的**分块矩阵**. 这种形式矩阵称为原矩阵的一种**分块**，每一个小矩阵都叫做原矩阵的**子块**. 例如

$$\boldsymbol{A} = \begin{pmatrix} a_1 & a_2 & a_3 & a_4 \\ b_1 & b_2 & b_3 & b_4 \\ c_1 & c_2 & c_3 & c_4 \\ d_1 & d_2 & d_3 & d_4 \end{pmatrix}$$

就可分块为

$$\begin{pmatrix} \boldsymbol{A}_{11} & \boldsymbol{A}_{12} \\ \boldsymbol{A}_{21} & \boldsymbol{A}_{22} \end{pmatrix},$$

其中

$$\boldsymbol{A}_{11} = \begin{pmatrix} a_1 & a_2 \\ b_1 & b_2 \end{pmatrix}, \ \boldsymbol{A}_{12} = \begin{pmatrix} a_3 & a_4 \\ b_3 & b_4 \end{pmatrix}, \ \boldsymbol{A}_{21} = \begin{pmatrix} c_1 & c_2 \\ d_1 & d_2 \end{pmatrix}, \ \boldsymbol{A}_{22} = \begin{pmatrix} c_3 & c_4 \\ d_3 & d_4 \end{pmatrix}.$$

还可分块为

$$\begin{pmatrix} \boldsymbol{B}_{11} & \boldsymbol{B}_{12} & \boldsymbol{B}_{13} \\ \boldsymbol{B}_{21} & \boldsymbol{B}_{22} & \boldsymbol{B}_{23} \end{pmatrix},$$

其中

$$\boldsymbol{B}_{11} = \begin{pmatrix} a_1 & a_2 \\ b_1 & b_2 \\ c_1 & c_2 \end{pmatrix}, \boldsymbol{B}_{12} = \begin{pmatrix} a_3 \\ b_3 \\ c_3 \end{pmatrix}, \boldsymbol{B}_{13} = \begin{pmatrix} a_4 \\ b_4 \\ c_4 \end{pmatrix},$$

$$\boldsymbol{B}_{21}=(d_1,d_2),\ \boldsymbol{B}_{22}=(d_3),\ \boldsymbol{B}_{23}=(d_4).$$

上面这些 $\boldsymbol{A}_{ij},\boldsymbol{B}_{ij}$ 等都是 $\boldsymbol{A}$ 的子块. 当然 $\boldsymbol{A}$ 还有其他形式的分块, 至于如何分块是根据需要而定的.

分块矩阵的运算可按矩阵相应的运算来定义. 例如, 若

$$\begin{pmatrix}\boldsymbol{A}_{11} & \boldsymbol{A}_{12}\\ \boldsymbol{A}_{21} & \boldsymbol{A}_{22}\end{pmatrix},\quad \begin{pmatrix}\boldsymbol{B}_{11} & \boldsymbol{B}_{12}\\ \boldsymbol{B}_{21} & \boldsymbol{B}_{22}\end{pmatrix}$$

都是矩阵, 则

$$\begin{pmatrix}\boldsymbol{A}_{11} & \boldsymbol{A}_{12}\\ \boldsymbol{A}_{21} & \boldsymbol{A}_{22}\end{pmatrix}+\begin{pmatrix}\boldsymbol{B}_{11} & \boldsymbol{B}_{12}\\ \boldsymbol{B}_{21} & \boldsymbol{B}_{22}\end{pmatrix}=\begin{pmatrix}\boldsymbol{A}_{11}+\boldsymbol{B}_{11} & \boldsymbol{A}_{12}+\boldsymbol{B}_{12}\\ \boldsymbol{A}_{21}+\boldsymbol{B}_{21} & \boldsymbol{A}_{22}+\boldsymbol{B}_{22}\end{pmatrix},$$

$$\begin{pmatrix}\boldsymbol{A}_{11} & \boldsymbol{A}_{12}\\ \boldsymbol{A}_{21} & \boldsymbol{A}_{22}\end{pmatrix}\begin{pmatrix}\boldsymbol{B}_{11} & \boldsymbol{B}_{12}\\ \boldsymbol{B}_{21} & \boldsymbol{B}_{22}\end{pmatrix}=\begin{pmatrix}\boldsymbol{A}_{11}\boldsymbol{B}_{11}+\boldsymbol{A}_{12}\boldsymbol{B}_{21} & \boldsymbol{A}_{11}\boldsymbol{B}_{12}+\boldsymbol{A}_{12}\boldsymbol{B}_{22}\\ \boldsymbol{A}_{21}\boldsymbol{B}_{11}+\boldsymbol{A}_{22}\boldsymbol{B}_{21} & \boldsymbol{A}_{21}\boldsymbol{B}_{12}+\boldsymbol{A}_{22}\boldsymbol{B}_{22}\end{pmatrix}.$$

但要想上面二式右边那些子块的运算有意义, 必须对分块的方式加以限制才行.

两个可以相加的矩阵在做分块加法时, 两个矩阵的分块方式必须完全一致. 由于两个矩阵行数与行数相同, 列数与列数相同, 这种要求是能够做到的. 不难验证, 有了这个限制后, 分块加法便可进行下去, 并且分块加法的和等于两矩阵的真和.

两个可以相乘的矩阵在做分块乘法时, 要求右边矩阵行的分法与左边矩阵列的分法完全一致. 由于右边矩阵的行数与左边矩阵的列数相同, 这个要求是能做到的. 至于右边矩阵列的分法与左边矩阵行的分法可不加任何限制, 即可根据需要而定. 有了这个限制后, 分块乘法便可进行下去, 并且分块乘法的积等于两矩阵的真积. 例如

$$\boldsymbol{A}=\begin{pmatrix}1 & 2 & 0 & -1 & 1\\ 2 & 3 & 1 & -2 & 0\\ 1 & 2 & 2 & 1 & 3\\ 0 & -1 & 3 & 1 & 2\end{pmatrix},\quad \boldsymbol{B}=\begin{pmatrix}1 & 2 & 3 & 1\\ 2 & 3 & 1 & 2\\ 0 & 3 & 2 & -3\\ 2 & 1 & 2 & 1\\ 3 & -1 & 1 & 2\end{pmatrix},$$

将二者分块为

$$A=\begin{pmatrix} A_{11} & A_{12} & A_{13} \\ A_{21} & A_{22} & A_{23} \end{pmatrix},\quad B=\begin{pmatrix} B_{11} & B_{12} \\ B_{21} & B_{22} \\ B_{31} & B_{32} \end{pmatrix},$$

其中

$$A_{11}=\begin{pmatrix} 1 & 2 \\ 2 & 3 \end{pmatrix},\quad A_{12}=\begin{pmatrix} 0 & -1 \\ 1 & -2 \end{pmatrix},\quad A_{13}=\begin{pmatrix} 1 \\ 0 \end{pmatrix},$$

$$A_{21}=\begin{pmatrix} 1 & 2 \\ 0 & -1 \end{pmatrix},\quad A_{22}=\begin{pmatrix} 2 & 1 \\ 3 & 1 \end{pmatrix},\quad A_{23}=\begin{pmatrix} 3 \\ 2 \end{pmatrix};$$

$$B_{11}=\begin{pmatrix} 1 & 2 \\ 2 & 3 \end{pmatrix},\quad B_{12}=\begin{pmatrix} 3 & 1 \\ 1 & 2 \end{pmatrix},\quad B_{21}=\begin{pmatrix} 0 & 3 \\ 2 & 1 \end{pmatrix},\quad B_{22}=\begin{pmatrix} 2 & -3 \\ 2 & 1 \end{pmatrix},$$

$$B_{31}=(3,-1),\quad B_{32}=(1,\ 2).$$

则分块乘法之积为

$$\begin{pmatrix} A_{11}B_{11}+A_{12}B_{21}+A_{13}B_{31} & A_{11}B_{12}+A_{12}B_{22}+A_{13}B_{32} \\ A_{21}B_{11}+A_{22}B_{21}+A_{23}B_{31} & A_{21}B_{12}+A_{22}B_{22}+A_{23}B_{32} \end{pmatrix},$$

显然，数与分块矩阵相乘时，无论矩阵如何分块，数与分块矩阵的乘积必等于数与矩阵的真乘积.

再看分块矩阵

$$\begin{pmatrix} A_{11} & A_{12} & \cdots & A_{1t} \\ A_{21} & A_{22} & \cdots & A_{2t} \\ \vdots & \vdots & & \vdots \\ A_{s1} & A_{s2} & \cdots & A_{st} \end{pmatrix}$$

的转置，应有

$$\begin{pmatrix} A_{11} & A_{12} & \cdots & A_{1t} \\ A_{21} & A_{22} & \cdots & A_{2t} \\ \vdots & \vdots & & \vdots \\ A_{s1} & A_{s2} & \cdots & A_{st} \end{pmatrix}^{\mathrm{T}}=\begin{pmatrix} A_{11}^{\mathrm{T}} & A_{21}^{\mathrm{T}} & \cdots & A_{s1}^{\mathrm{T}} \\ A_{12}^{\mathrm{T}} & A_{22}^{\mathrm{T}} & \cdots & A_{s2}^{\mathrm{T}} \\ \vdots & \vdots & & \vdots \\ A_{1t}^{\mathrm{T}} & A_{2t}^{\mathrm{T}} & \cdots & A_{st}^{\mathrm{T}} \end{pmatrix}.$$

例 4.1　设

$$A=\begin{pmatrix} 1 & 2 & 3 & 4 \\ 5 & 6 & 7 & 8 \end{pmatrix},\quad B=\begin{pmatrix} 1 & 0 \\ 0 & 1 \\ 1 & 0 \\ -1 & 1 \end{pmatrix},$$

把 $\boldsymbol{A}$，$\boldsymbol{B}$ 适当地分块后计算 $\boldsymbol{AB}$.

解　令

$$\boldsymbol{A}_{11}=\begin{pmatrix}1&2\\5&6\end{pmatrix},\quad \boldsymbol{A}_{12}=\begin{pmatrix}3&4\\7&8\end{pmatrix},\quad \boldsymbol{B}_{11}=\begin{pmatrix}1&0\\0&1\end{pmatrix},\quad \boldsymbol{B}_{21}=\begin{pmatrix}1&0\\-1&1\end{pmatrix}.$$

则有

$$\boldsymbol{AB}=(\boldsymbol{A}_{11},\boldsymbol{A}_{12})\begin{pmatrix}\boldsymbol{B}_{11}\\\boldsymbol{B}_{21}\end{pmatrix}=\boldsymbol{A}_{11}\boldsymbol{B}_{11}+\boldsymbol{A}_{12}\boldsymbol{B}_{21},$$

注意 $\boldsymbol{B}_{11}$ 是单位矩阵，$\boldsymbol{B}_{21}$ 是初等矩阵，故得

$$\begin{aligned}\boldsymbol{AB}&=\begin{pmatrix}1&2\\5&6\end{pmatrix}\boldsymbol{E}+\begin{pmatrix}3&4\\7&8\end{pmatrix}\begin{pmatrix}1&0\\-1&1\end{pmatrix}\\&=\begin{pmatrix}1&2\\5&6\end{pmatrix}+\begin{pmatrix}-1&4\\-1&8\end{pmatrix}=\begin{pmatrix}0&6\\4&14\end{pmatrix}.\end{aligned}$$

矩阵按列(行)分块是最常见的一种分块方法，将矩阵 $\boldsymbol{A}_{m\times n}$ 的每一列看作一个子块，从而 $\boldsymbol{A}$ 可表示为

$$\boldsymbol{A}=\left(\begin{array}{c:c:c:c}a_{11}&a_{12}&\cdots&a_{1n}\\a_{21}&a_{22}&\cdots&a_{2n}\\\vdots&\vdots&&\vdots\\a_{m1}&a_{m2}&\cdots&a_{mn}\end{array}\right)=(\boldsymbol{A}_1,\boldsymbol{A}_2,\cdots,\boldsymbol{A}_n)\cdot$$

如果将矩阵 $\boldsymbol{A}_{m\times n}$ 的每一行看作一个子块，则 $\boldsymbol{A}$ 可按行分块为

$$\boldsymbol{A}=\left(\begin{array}{cccc}a_{11}&a_{12}&\cdots&a_{1n}\\\hdashline a_{21}&a_{22}&\cdots&a_{2n}\\\hdashline\vdots&\vdots&&\vdots\\\hline a_{m1}&a_{m2}&\cdots&a_{mn}\end{array}\right)=\begin{pmatrix}\boldsymbol{B}_1\\\boldsymbol{B}_2\\\vdots\\\boldsymbol{B}_m\end{pmatrix}.$$

矩阵的分块其意义不在于对矩阵的计算，而是在理论研究过程中时常会起到巧妙的作用，使问题表达得清晰而简洁.

例 4.2　设 $\boldsymbol{A}$，$\boldsymbol{B}$ 均为 n 阶可逆矩阵，证明

$$\begin{pmatrix} \boldsymbol{O} & \boldsymbol{A} \\ \boldsymbol{B} & \boldsymbol{O} \end{pmatrix}$$

也是可逆矩阵，且

$$\begin{pmatrix} \boldsymbol{O} & \boldsymbol{A} \\ \boldsymbol{B} & \boldsymbol{O} \end{pmatrix}^{-1} = \begin{pmatrix} \boldsymbol{O} & \boldsymbol{B}^{-1} \\ \boldsymbol{A}^{-1} & \boldsymbol{O} \end{pmatrix}.$$

证明 因按矩阵的分块乘法有

$$\begin{pmatrix} \boldsymbol{O} & \boldsymbol{A} \\ \boldsymbol{B} & \boldsymbol{O} \end{pmatrix}\begin{pmatrix} \boldsymbol{O} & \boldsymbol{B}^{-1} \\ \boldsymbol{A}^{-1} & \boldsymbol{O} \end{pmatrix} = \begin{pmatrix} \boldsymbol{A}\boldsymbol{A}^{-1} & \boldsymbol{O} \\ \boldsymbol{O} & \boldsymbol{B}\boldsymbol{B}^{-1} \end{pmatrix} = \begin{pmatrix} \boldsymbol{E}_n & \boldsymbol{O} \\ \boldsymbol{O} & \boldsymbol{E}_n \end{pmatrix} = \boldsymbol{E}_{2n},$$

故$\begin{pmatrix} \boldsymbol{O} & \boldsymbol{A} \\ \boldsymbol{B} & \boldsymbol{O} \end{pmatrix}$为可逆矩阵且$\begin{pmatrix} \boldsymbol{O} & \boldsymbol{A} \\ \boldsymbol{B} & \boldsymbol{O} \end{pmatrix}^{-1} = \begin{pmatrix} \boldsymbol{O} & \boldsymbol{B}^{-1} \\ \boldsymbol{A}^{-1} & \boldsymbol{O} \end{pmatrix}$.

例 4.3 设 $\boldsymbol{A}$ 为 3 阶方阵，$|\boldsymbol{A}| = -1$，将 $\boldsymbol{A}$ 按列分块 $\boldsymbol{A} = (\boldsymbol{\alpha}_1, \boldsymbol{\alpha}_2, \boldsymbol{\alpha}_3)$，其中 $\boldsymbol{\alpha}_i\ (i = 1,2,3)$ 是 $\boldsymbol{A}$ 的第 i 列，求：$|\boldsymbol{\alpha}_3 + 3\boldsymbol{\alpha}_1 \quad \boldsymbol{\alpha}_2 \quad 4\boldsymbol{\alpha}_1|$.

解

$$\begin{aligned} |\boldsymbol{\alpha}_3 + 3\boldsymbol{\alpha}_1 \quad \boldsymbol{\alpha}_2 \quad 4\boldsymbol{\alpha}_1| &\xlongequal{C_3 \to 4} 4|\boldsymbol{\alpha}_3 + 3\boldsymbol{\alpha}_1 \quad \boldsymbol{\alpha}_2 \quad \boldsymbol{\alpha}_1| \xlongequal{C_1 - 3C_3} 4|\boldsymbol{\alpha}_3 \quad \boldsymbol{\alpha}_2 \quad \boldsymbol{\alpha}_1| \\ &\xlongequal{C_1 \leftrightarrow C_3} -4|\boldsymbol{\alpha}_1 \quad \boldsymbol{\alpha}_2 \quad \boldsymbol{\alpha}_3| = -4|\boldsymbol{A}| = 4. \end{aligned}$$

习题 2.4

习题 2.4 解答

1. 把 $\boldsymbol{A}$，$\boldsymbol{B}$ 适当地分块后计算 $\boldsymbol{AB}$.

(1) $\boldsymbol{A} = \begin{pmatrix} a & 0 & 0 & 0 \\ 0 & a & 0 & 0 \\ 1 & 0 & b & 0 \\ 0 & 1 & 0 & b \end{pmatrix}$，$\boldsymbol{B} = \begin{pmatrix} 1 & 0 & c & 0 \\ 0 & 1 & 0 & c \\ 0 & 0 & d & 0 \\ 0 & 0 & 0 & d \end{pmatrix}$；

(2) $\boldsymbol{A} = \begin{pmatrix} 1 & 2 & 0 & 0 & 1 \\ -2 & 1 & 0 & 0 & 1 \\ 0 & 0 & 3 & 1 & 0 \\ 0 & 0 & 0 & 1 & 0 \\ 0 & 0 & 0 & 0 & 4 \\ 0 & 0 & 0 & 0 & 1 \end{pmatrix}$，$\boldsymbol{B} = \begin{pmatrix} 0 \\ 0 \\ 1 \\ -2 \\ -1 \end{pmatrix}$.

2. 设 $\boldsymbol{A}, \boldsymbol{B}, \boldsymbol{\Lambda}$ 都是 n 阶方阵，且 $\boldsymbol{B}$ 按列分块为 $\boldsymbol{B} = (\xi_1, \xi_2, \cdots, \xi_n)$，

$$\boldsymbol{\Lambda} = \begin{pmatrix} \lambda_1 & 0 & \cdots & 0 \\ 0 & \lambda_2 & \cdots & 0 \\ \vdots & \vdots & & \vdots \\ 0 & 0 & \cdots & \lambda_n \end{pmatrix},$$

证明 $\boldsymbol{AB} = \boldsymbol{B\Lambda} \Leftrightarrow \boldsymbol{A}\xi_i = \lambda_i \xi_i (i = 1,2,\cdots,n)$.

3. 设 $\boldsymbol{A},\boldsymbol{B}$ 为 3 阶方阵, $|\boldsymbol{A}|=1,|\boldsymbol{B}|=2$, 且按列分块矩阵为

$$\boldsymbol{A}=(\boldsymbol{A}_1,\boldsymbol{A}_2,\boldsymbol{A}_3),\quad \boldsymbol{B}=(\boldsymbol{B}_1,\boldsymbol{A}_2,\boldsymbol{A}_3).$$

求: (1) $|\boldsymbol{A}_1\quad 2\boldsymbol{A}_1-\boldsymbol{A}_2\quad \boldsymbol{A}_3|$, (2) $|\boldsymbol{A}_3+\boldsymbol{B}_1\quad \boldsymbol{A}_2-\boldsymbol{A}_3\quad \boldsymbol{A}_3+2\boldsymbol{B}_1|$.

2.5　矩阵的秩数

本节要引入矩阵的秩数这一概念, 它能揭示矩阵的本质属性.

设 $\boldsymbol{A}$ 是一个任意矩阵, 于 $\boldsymbol{A}$ 中任意选定 k 个行和 k 个列, 这 k 个行和 k 个列相交处的元素按原有的相对位置排成的 k 阶行列式称为 $\boldsymbol{A}$ 的 k **阶子式**. 例如, 若

$$\boldsymbol{A}=\begin{pmatrix}1 & -2 & 0 & -1\\ 1 & 2 & 1 & 3\\ 2 & 4 & 2 & 6\end{pmatrix},$$

则

$$\begin{vmatrix}1 & -2\\ 1 & 2\end{vmatrix},\quad \begin{vmatrix}-2 & -1\\ 2 & 3\end{vmatrix},\quad \begin{vmatrix}1 & 3\\ 2 & 6\end{vmatrix}$$

都是 $\boldsymbol{A}$ 的 2 阶子式; 而

$$\begin{vmatrix}1 & -2 & 0\\ 1 & 2 & 1\\ 2 & 4 & 2\end{vmatrix},\quad \begin{vmatrix}-2 & 0 & -1\\ 2 & 1 & 3\\ 4 & 2 & 6\end{vmatrix}$$

都是 $\boldsymbol{A}$ 的 3 阶子式. 当然, $\boldsymbol{A}$ 还有其他的 2 阶子式与 3 阶子式.

定义 5.1　设 $\boldsymbol{A}$ 是一个任意矩阵, 若 $\boldsymbol{A}=\boldsymbol{O}$, 则称 $\boldsymbol{A}$ 的**秩数**为零; 若 $\boldsymbol{A}\neq\boldsymbol{O}$, 则在 $\boldsymbol{A}$ 的所有不为零的子式中必有阶数最高者, 其阶数 r 称为 $\boldsymbol{A}$ 的**秩数**. $\boldsymbol{A}$ 的秩数记为 $R(\boldsymbol{A})$.

按定义, 对于上面那个矩阵 $\boldsymbol{A}$, 由于有一个 2 阶子式 $\begin{vmatrix}1 & -2\\ 1 & 2\end{vmatrix}=4\neq 0$ (实际上, 不为零的 2 阶子式不止一个), 而所有的 3 阶子式全为零. 故知 $R(\boldsymbol{A})=2$.

由定义易知

命题 5.1　矩阵取转置后秩数不变; 子块的秩数不大于原矩阵的秩数. 任意矩阵的秩数都不大于其行数与列数. 特别有, 可逆矩阵的秩数等于其阶数, 故可逆矩阵通常也称为**满秩矩阵**.

例 5.1　求梯矩阵

$$A=\begin{pmatrix}1&2&0&0&3\\0&2&1&3&0\\0&0&0&2&1\\0&0&0&0&0\end{pmatrix}$$

的秩数.

解　由于 $\boldsymbol{A}$ 的三个非零行与三个主列所确定的 3 阶子式为三角形行列式

$$\begin{vmatrix}1&2&0\\0&2&3\\0&0&2\end{vmatrix},$$

其值等于所有主元之积, 故必不为零. 而任意高于 3 阶的子式即 4 阶子式全为零. 因此 $R(\boldsymbol{A})=3$.

不难看出, 此例具有一般性. 即有

命题 5.2　梯矩阵的秩数恰等于其非零行的个数, 即主列的个数.

关于矩阵的秩数, 我们有更重要的

定理 5.1　设 $\boldsymbol{AB}$ 有意义, 则 $R(\boldsymbol{AB})\leqslant R(\boldsymbol{A}), R(\boldsymbol{AB})\leqslant R(\boldsymbol{B})$.

证明略去.

推论 5.1　设 $\boldsymbol{A}$ 为任意矩阵, $\boldsymbol{P},\boldsymbol{Q}$ 为可逆矩阵, 则只要可乘, 便有

$$R(\boldsymbol{PA})=R(\boldsymbol{AQ})=R(\boldsymbol{PAQ})=R(\boldsymbol{A}).$$

即矩阵乘以可逆矩阵后秩数不变.

证明　因有

$$R(\boldsymbol{A})=R(\boldsymbol{P}^{-1}\boldsymbol{PA})=R[\boldsymbol{P}^{-1}(\boldsymbol{PA})]\leqslant R(\boldsymbol{PA})\leqslant R(\boldsymbol{A}),$$

故得

$$R(\boldsymbol{PA})=R(\boldsymbol{A}).$$

同理可证

$$R(\boldsymbol{AQ})=R(\boldsymbol{A}),\quad R(\boldsymbol{PAQ})=R(\boldsymbol{A}).$$

由于对矩阵做初等变换等同于矩阵乘以与之对应的初等矩阵, 而初等矩阵都是可逆矩阵, 故又有

推论 5.2　对矩阵做初等变换不改变矩阵的秩数.

由推论 5.2 及命题 5.2, 在求矩阵的秩数时, 只要用初等变换把矩阵化为梯矩

阵, 那么, 其非零行的个数(也是主列的个数)便是所求矩阵的秩数.

例 5.2 求下面矩阵的秩数.

$$A=\begin{pmatrix}1&2&-2&3&0\\2&3&1&-1&2\\1&1&3&-4&2\\3&5&-1&2&2\end{pmatrix}.$$

解 对 A 做初等变换

$$A=\begin{pmatrix}1&2&-2&3&0\\2&3&1&-1&2\\1&1&3&-4&2\\3&5&-1&2&2\end{pmatrix}\to\begin{pmatrix}1&2&-2&3&0\\0&-1&5&-7&2\\0&-1&5&-7&2\\0&-1&5&-7&2\end{pmatrix}$$

$$\to\begin{pmatrix}1&2&-2&3&0\\0&-1&5&-7&2\\0&0&0&0&0\\0&0&0&0&0\end{pmatrix},$$

故知 $R(A)=2$.

值得注意的是, 在把一个矩阵化为最简梯矩阵时限定只能用行初等变换. 但在求矩阵的秩数时, 可同时进行行与列的初等变换.

定理 3.3 指出, 每一个非零矩阵 A 都可用初等变换化为它在初等变换下的标准形

$$J=\begin{pmatrix}1&0&\cdots&0&\cdots&0\\0&1&\cdots&0&\cdots&0\\\vdots&\vdots&&\vdots&&\vdots\\0&0&\cdots&1&\cdots&0\\\vdots&\vdots&&\vdots&&\vdots\\0&0&\cdots&0&\cdots&0\end{pmatrix},$$

利用分块矩阵, 可将其记为

$$\begin{pmatrix}E_r&O\\O&O\end{pmatrix}.$$

作为 2.3 节定理 3.2 的补充, 有

推论 5.3 非零矩阵 A 在初等变换下的标准形

$$\begin{pmatrix} \boldsymbol{E}_r & \boldsymbol{O} \\ \boldsymbol{O} & \boldsymbol{O} \end{pmatrix}$$

中的 r（即左上角 1 的个数，也是 $\boldsymbol{A}$ 在行初等变换下的标准形中主列的个数）被 $\boldsymbol{A}$ 所唯一确定.

证明 因由推论 5.2 及命题 5.2 可知，r 恰为 $\boldsymbol{A}$ 的秩数，而 $\boldsymbol{A}$ 的秩数是被 $\boldsymbol{A}$ 所唯一确定的.

以下结论的详细证明见 2.6 节.

命题 5.3 设 $R(\boldsymbol{A})=r, R(\boldsymbol{B})=s$，则

$$R\begin{pmatrix} \boldsymbol{A} & \boldsymbol{O} \\ \boldsymbol{O} & \boldsymbol{B} \end{pmatrix}=r+s .$$

推论 5.4 设 $\boldsymbol{A},\boldsymbol{B}$ 均为 $m\times n$ 矩阵，则

$$R(\boldsymbol{A}+\boldsymbol{B})\leqslant R(\boldsymbol{A})+R(\boldsymbol{B}).$$

命题 5.4 设 $\boldsymbol{A}$ 是 $m\times n$ 矩阵，$\boldsymbol{B}$ 是 $n\times p$ 矩阵，且 $R(\boldsymbol{A})=r$，$R(\boldsymbol{B})=s$，则

$$R(\boldsymbol{AB})\geqslant r+s-n .$$

推论 5.5 若 $\boldsymbol{AB}=\boldsymbol{O}$，则 $R(\boldsymbol{A})+R(\boldsymbol{B})\leqslant n.$

习题 2.5

习题 2.5 解答

1. 求下列矩阵的秩数.

(1) $\begin{pmatrix} 1 & 2 & 3 \\ 2 & 3 & 1 \\ 3 & 1 & 2 \end{pmatrix}$；　(2) $\begin{pmatrix} -1 & 2 & 3 & 1 \\ 0 & -2 & -6 & -2 \\ 1 & 2 & 1 & 1 \end{pmatrix}$；

(3) $\begin{pmatrix} 1 & 2 & -3 & 0 & 1 \\ 2 & 1 & 4 & -2 & 3 \\ 3 & 3 & 1 & -2 & 4 \\ 2 & 4 & -6 & 0 & 2 \end{pmatrix}$；　(4) $\begin{pmatrix} 2 & 1 & 8 & 3 & 7 \\ 2 & -3 & 0 & 7 & -5 \\ 3 & -2 & 5 & 8 & 0 \\ 1 & 0 & 3 & 2 & 0 \end{pmatrix}$.

2. 设 $\boldsymbol{A}$ 为 $m\times n$ 矩阵，$\boldsymbol{B}$ 为 $n\times m$ 矩阵，且 $m>n$，证明 $|\boldsymbol{AB}|=0$.

3. 设

$$\boldsymbol{A}=\begin{pmatrix} 1 & 1 & 1 & k \\ 1 & 1 & k & 1 \\ 1 & k & 1 & 1 \\ k & 1 & 1 & 1 \end{pmatrix},$$

且 $R(\boldsymbol{A})=3$，求 k.

2.6　定理补充证明与典型例题解析

一、定理补充证明

命题 1.3　矩阵的乘法适合结合律. 即当

$$\boldsymbol{A}=\left(a_{ij}\right)_{m\times n},\quad \boldsymbol{B}=\left(b_{ij}\right)_{n\times p},\quad \boldsymbol{C}=\left(c_{ij}\right)_{p\times q}$$

时有

$$(\boldsymbol{AB})\boldsymbol{C}=\boldsymbol{A}(\boldsymbol{BC}).$$

证明　显然 $\boldsymbol{BC}$ 与 $\boldsymbol{AB}$ 都有意义, 它们分别是 $n\times q$ 与 $m\times p$ 矩阵. 设

$$\boldsymbol{D}=\boldsymbol{BC}=(d_{ij})_{n\times q},\quad \boldsymbol{E}=\boldsymbol{AB}=(e_{ij})_{m\times p},$$

则 $\boldsymbol{A}(\boldsymbol{BC})=\boldsymbol{AD},(\boldsymbol{AB})\boldsymbol{C}=\boldsymbol{EC}$ 均为 $m\times q$ 矩阵, 从而又可设

$$\boldsymbol{A}(\boldsymbol{BC})=\left(\alpha_{ij}\right)_{m\times q},\quad (\boldsymbol{AB})\boldsymbol{C}=\left(\beta_{ij}\right)_{m\times q}.$$

按乘法定义有

$$\alpha_{ij}=\sum_{k=1}^{n}a_{ik}d_{kj}=\sum_{k=1}^{n}a_{ik}\sum_{t=1}^{p}b_{kt}c_{tj}=\sum_{k=1}^{n}\sum_{t=1}^{p}a_{ik}b_{kt}c_{tj}.$$

同理

$$\beta_{ij}=\sum_{t=1}^{p}e_{it}c_{tj}=\sum_{t=1}^{p}\left(\sum_{k=1}^{n}a_{ik}b_{kt}\right)c_{tj}=\sum_{t=1}^{p}\sum_{k=1}^{n}a_{ik}b_{kt}c_{tj}.$$

由于双重求和号可变换次序, 故有

$$\sum_{k=1}^{n}\sum_{t=1}^{p}a_{ik}b_{kt}c_{tj}=\sum_{t=1}^{p}\sum_{k=1}^{n}a_{ik}b_{kt}c_{tj},$$

即

$$\alpha_{ij}=\beta_{ij}\quad (i=1,2,\cdots,m;j=1,2,\cdots,q),$$

从而, $(\boldsymbol{AB})\boldsymbol{C}=\boldsymbol{A}(\boldsymbol{BC})$.

定理 2.1　设 $\boldsymbol{A},\boldsymbol{B}$ 均为 n 阶方阵, 则有 $|\boldsymbol{AB}|=|\boldsymbol{A}||\boldsymbol{B}|$.

证明　首先由第 1 章定理 3.3 可知

$$\begin{vmatrix} A & O \\ E & B \end{vmatrix} = |A||B|,$$

其中O, E分别是n阶零矩阵与n阶单位矩阵. 故只需证明

$$\begin{vmatrix} A & O \\ E & B \end{vmatrix} = |AB|.$$

设$A=(a_{ij}), B=(b_{ij})$. 把上式左边$2n$阶行列式第1列的$-b_{11}$倍, 第2列的$-b_{21}$倍, $\cdots$, 第n列的$-b_{n1}$倍都加到第$n+1$列, 则行列式中B的第1列元素全被化为零; 而O的第1列被化为

$$\begin{pmatrix} -a_{11}b_{11}-a_{12}b_{21}-\cdots-a_{1n}b_{n1} \\ -a_{21}b_{11}-a_{22}b_{21}-\cdots-a_{2n}b_{n1} \\ \vdots \\ -a_{n1}b_{11}-a_{n2}b_{21}-\cdots-a_{nn}b_{n1} \end{pmatrix} = -A\begin{pmatrix} b_{11} \\ b_{21} \\ \vdots \\ b_{n1} \end{pmatrix}.$$

用类似的方法把左边行列式第1列的$-b_{1t}$倍, 第2列的$-b_{2t}$倍, $\cdots$, 第n列的$-b_{nt}$倍都加到第$n+t$列$(t=2,3,\cdots,n)$. 则行列式中的B被化为零矩阵, 而O被化为

$$\left(-A\begin{pmatrix} b_{11} \\ b_{21} \\ \vdots \\ b_{n1} \end{pmatrix} \quad -A\begin{pmatrix} b_{12} \\ b_{22} \\ \vdots \\ b_{n2} \end{pmatrix} \quad \cdots \quad -A\begin{pmatrix} b_{1n} \\ b_{2n} \\ \vdots \\ b_{nn} \end{pmatrix}\right) = -AB.$$

由行列式的性质, 我们得到

$$\begin{vmatrix} A & O \\ E & B \end{vmatrix} = \begin{vmatrix} A & -AB \\ E & O \end{vmatrix}.$$

最后把 Laplace 定理用于右边行列式的后n列便有

$$\begin{aligned} \begin{vmatrix} A & O \\ E & B \end{vmatrix} &= \begin{vmatrix} A & -AB \\ E & O \end{vmatrix} \\ &= |-AB|(-1)^{(1+2+\cdots+n)+(n+1+n+2+\cdots+2n)}|E| \\ &= (-1)^n|AB|(-1)^{n(2n+1)} = |AB|. \end{aligned}$$

证毕.

命题 5.3　设$R(A)=r, R(B)=s$, 则

$$R\begin{pmatrix} \boldsymbol{A} & \boldsymbol{O} \\ \boldsymbol{O} & \boldsymbol{B} \end{pmatrix} = r + s\ .$$

证明 由推论 5.3 知, $\boldsymbol{A},\boldsymbol{B}$ 在初等变换下可分别化为其标准形:

$$\begin{pmatrix} \boldsymbol{E}_r & \boldsymbol{O} \\ \boldsymbol{O} & \boldsymbol{O} \end{pmatrix}, \begin{pmatrix} \boldsymbol{E}_s & \boldsymbol{O} \\ \boldsymbol{O} & \boldsymbol{O} \end{pmatrix}.$$

进而, $\begin{pmatrix} \boldsymbol{A} & \boldsymbol{O} \\ \boldsymbol{O} & \boldsymbol{B} \end{pmatrix}$在初等变换下可化为

$$\begin{pmatrix} \boldsymbol{E}_r & \boldsymbol{O} & \boldsymbol{O} & \boldsymbol{O} \\ \boldsymbol{O} & \boldsymbol{O} & \boldsymbol{O} & \boldsymbol{O} \\ \boldsymbol{O} & \boldsymbol{O} & \boldsymbol{E}_s & \boldsymbol{O} \\ \boldsymbol{O} & \boldsymbol{O} & \boldsymbol{O} & \boldsymbol{O} \end{pmatrix}.$$

继续对其进行 s 次互换两行与 s 次互换两列的初等变换又可将其化为

$$\begin{pmatrix} \boldsymbol{E}_r & \boldsymbol{O} & \boldsymbol{O} & \boldsymbol{O} \\ \boldsymbol{O} & \boldsymbol{E}_s & \boldsymbol{O} & \boldsymbol{O} \\ \boldsymbol{O} & \boldsymbol{O} & \boldsymbol{O} & \boldsymbol{O} \\ \boldsymbol{O} & \boldsymbol{O} & \boldsymbol{O} & \boldsymbol{O} \end{pmatrix} = \begin{pmatrix} \boldsymbol{E}_{r+s} & \boldsymbol{O} \\ \boldsymbol{O} & \boldsymbol{O} \end{pmatrix}.$$

因上式右边矩阵的秩数为 $r+s$, 从而左边矩阵的秩数也为 $r+s$, 所以

$$R\begin{pmatrix} \boldsymbol{A} & \boldsymbol{O} \\ \boldsymbol{O} & \boldsymbol{B} \end{pmatrix} = r + s\ .$$

证毕. (证明中 $\boldsymbol{O}$ 的行数与列数有所不同)

显然, 命题 5.3 对 $\boldsymbol{A}$ 的行数与列数和 $\boldsymbol{B}$ 的行数与列数无特别要求.

推论 5.4 设 $\boldsymbol{A},\boldsymbol{B}$ 均为 $m\times n$ 矩阵, 则

$$R(\boldsymbol{A}+\boldsymbol{B}) \leqslant R(\boldsymbol{A}) + R(\boldsymbol{B}).$$

证明 对$\begin{pmatrix} \boldsymbol{A} & \boldsymbol{O} \\ \boldsymbol{O} & \boldsymbol{B} \end{pmatrix}$依次把第 $m+1$ 行加到第 1 行, 把第 $m+2$ 行加到第 2 行, $\cdots$, 把第 $2m$ 行加到第 m 行; 然后再依次把第 $n+1$ 列加到第 1 列, 把第 $n+2$ 列加到第 2 列, $\cdots$, 把第 $2n$ 列加到第 n 列得

$$\begin{pmatrix} \boldsymbol{A} & \boldsymbol{O} \\ \boldsymbol{O} & \boldsymbol{B} \end{pmatrix} \to \begin{pmatrix} \boldsymbol{A} & \boldsymbol{B} \\ \boldsymbol{O} & \boldsymbol{B} \end{pmatrix} \to \begin{pmatrix} \boldsymbol{A}+\boldsymbol{B} & \boldsymbol{B} \\ \boldsymbol{B} & \boldsymbol{B} \end{pmatrix}.$$

于是由命题 5.1, 有

$$R(\boldsymbol{A}+\boldsymbol{B}) \leqslant R\begin{pmatrix} \boldsymbol{A}+\boldsymbol{B} & \boldsymbol{B} \\ \boldsymbol{B} & \boldsymbol{B} \end{pmatrix} = R\begin{pmatrix} \boldsymbol{A} & \boldsymbol{O} \\ \boldsymbol{O} & \boldsymbol{B} \end{pmatrix} = R(\boldsymbol{A})+R(\boldsymbol{B}).$$

设 $\boldsymbol{B}$ 是 $\boldsymbol{A}$ 把某一行(或某一列)的元素全变成零而得的矩阵，易知，$\boldsymbol{B}$ 的秩数可能少于 $\boldsymbol{A}$ 的秩数，但最多少 1，即 $R(\boldsymbol{B}) \geqslant R(\boldsymbol{A})-1$．进而，若 $\boldsymbol{C}$ 是 $\boldsymbol{A}$ 把某 n 行(或某 n 列)的元素全变成零而得的矩阵，则有

$$R(\boldsymbol{C}) \geqslant R(\boldsymbol{A})-n.$$

利用此事实我们来证明

命题 5.4 设 $\boldsymbol{A}$ 是 $m\times n$ 矩阵，$\boldsymbol{B}$ 是 $n\times p$ 矩阵，且 $R(\boldsymbol{A})=r$，$R(\boldsymbol{B})=s$，则

$$R(\boldsymbol{AB}) \geqslant r+s-n.$$

证明 由本章推论 5.3 及推论 3.2 可知，有 m 阶可逆矩阵 $\boldsymbol{P}$ 与 n 阶可逆矩阵 $\boldsymbol{Q}$ 使得

$$\boldsymbol{PAQ} = \begin{pmatrix} \boldsymbol{E}_r & \boldsymbol{O} \\ \boldsymbol{O} & \boldsymbol{O} \end{pmatrix},$$

从而有

$$\boldsymbol{PAB} = \boldsymbol{PAQQ}^{-1}\boldsymbol{B} = \begin{pmatrix} \boldsymbol{E}_r & \boldsymbol{O} \\ \boldsymbol{O} & \boldsymbol{O} \end{pmatrix} \boldsymbol{Q}^{-1}\boldsymbol{B}.$$

显然 $\boldsymbol{Q}^{-1}\boldsymbol{B}$ 是 $n\times p$ 矩阵，将其分块为 $\begin{pmatrix} \boldsymbol{C} \\ \boldsymbol{D} \end{pmatrix}$，其中 $\boldsymbol{C}$ 为 $r\times p$ 矩阵，$\boldsymbol{D}$ 为 $(n-r)\times p$ 矩阵．这样一来便有

$$\boldsymbol{PAB} = \begin{pmatrix} \boldsymbol{E}_r & \boldsymbol{O} \\ \boldsymbol{O} & \boldsymbol{O} \end{pmatrix} \begin{pmatrix} \boldsymbol{C} \\ \boldsymbol{D} \end{pmatrix} = \begin{pmatrix} \boldsymbol{C} \\ \boldsymbol{O} \end{pmatrix}.$$

再由推论 5.1 可知

$$R(\boldsymbol{AB}) = R(\boldsymbol{PAB}) = R\begin{pmatrix} \boldsymbol{C} \\ \boldsymbol{O} \end{pmatrix} = R(\boldsymbol{C}).$$

注意 $\begin{pmatrix} \boldsymbol{C} \\ \boldsymbol{O} \end{pmatrix}$ 是 $\boldsymbol{Q}^{-1}\boldsymbol{B}$ 将后 $n-r$ 行的元素全变为零而得的矩阵，故由前面的说明及推论 5.1 便得

$$R(\boldsymbol{AB}) = R(\boldsymbol{C}) \geqslant R(\boldsymbol{Q}^{-1}\boldsymbol{B})-(n-r) = R(\boldsymbol{B})-(n-r) = r+s-n.$$

证毕.

推论 5.5 若 $\boldsymbol{AB}=\boldsymbol{O}$，则 $R(\boldsymbol{A})+R(\boldsymbol{B}) \leqslant n$.

证明 因$R(\boldsymbol{AB})=0$，故由$0\geqslant r+s-n$便得

$$R(\boldsymbol{A})+R(\boldsymbol{B})\leqslant n.$$

二、典型例题解析

例 6.1 求$\boldsymbol{A}^n$，其中

(1) $\boldsymbol{A}=\begin{pmatrix}2&4&-2\\-1&-2&1\\-3&-6&3\end{pmatrix}$；(2) $\boldsymbol{A}=\begin{pmatrix}1&0\\1&1\end{pmatrix}$.

解 (1)容易看出，若令

$$\boldsymbol{B}=\begin{pmatrix}2\\-1\\-3\end{pmatrix},\quad \boldsymbol{C}=(1,2,-1)$$

则$\boldsymbol{A}=\boldsymbol{BC}$，因此

$$\boldsymbol{A}^n=(\boldsymbol{BC})^n=\boldsymbol{B}(\boldsymbol{CB})^{n-1}\boldsymbol{C}.$$

但

$$\boldsymbol{CB}=(1,2,-1)\begin{pmatrix}2\\-1\\-3\end{pmatrix}=(3),$$

故

$$\begin{aligned}\boldsymbol{A}^n&=\begin{pmatrix}2\\-1\\-3\end{pmatrix}(3)^{n-1}(1,2,-1)\\&=\begin{pmatrix}2\times3^{n-1}\\-3^{n-1}\\(-3)3^{n-1}\end{pmatrix}(1,2,-1)=\begin{pmatrix}2\times3^{n-1}&4\times3^{n-1}&-2\times3^{n-1}\\-3^{n-1}&-2\times3^{n-1}&3^{n-1}\\-3^n&-2\times3^n&3^n\end{pmatrix}.\end{aligned}$$

(2)容易看出，若令

$$\boldsymbol{B}=\begin{pmatrix}0&0\\1&0\end{pmatrix},$$

则 $\boldsymbol{B}^2=\boldsymbol{O}$，且 $\boldsymbol{A}=\boldsymbol{E}+\boldsymbol{B}$，从而

$$\begin{aligned}\boldsymbol{A}^n&=(\boldsymbol{E}+\boldsymbol{B})^n=\boldsymbol{E}^n+\mathrm{C}_n^1\boldsymbol{E}^{n-1}\boldsymbol{B}+\mathrm{C}_n^2\boldsymbol{E}^{n-2}\boldsymbol{B}^2+\cdots+\boldsymbol{B}^n\\&=\boldsymbol{E}+n\boldsymbol{E}\boldsymbol{B}=\begin{pmatrix}1&0\\0&1\end{pmatrix}+n\begin{pmatrix}0&0\\1&0\end{pmatrix}=\begin{pmatrix}1&0\\n&1\end{pmatrix}.\end{aligned}$$

例 6.2 设 $\boldsymbol{A}$，$\boldsymbol{B}$ 都是 $m\times n$ 矩阵. 若 $\boldsymbol{A}$ 可经行初等变换化为 $\boldsymbol{B}$，则称 $\boldsymbol{A}$ 与 $\boldsymbol{B}$ 行等价；若 $\boldsymbol{A}$ 可经列初等变换化为 $\boldsymbol{B}$，则称 $\boldsymbol{A}$ 与 $\boldsymbol{B}$ 列等价；若 $\boldsymbol{A}$ 可经初等变换化为 $\boldsymbol{B}$，则称 $\boldsymbol{A}$ 与 $\boldsymbol{B}$ 等价，记为 $\boldsymbol{A}\cong\boldsymbol{B}$. 可以证明：矩阵的等价关系具有

(1) 反身性：$\boldsymbol{A}\cong\boldsymbol{A}$；

(2) 对称性：若 $\boldsymbol{A}\cong\boldsymbol{B}$，则 $\boldsymbol{B}\cong\boldsymbol{A}$；

(3) 传递性：若 $\boldsymbol{A}\cong\boldsymbol{B}$，$\boldsymbol{B}\cong\boldsymbol{C}$，则 $\boldsymbol{A}\cong\boldsymbol{C}$.

证明留作练习.

例 6.3 设 $\boldsymbol{A}$ 为 n 阶方阵，且 $\boldsymbol{A}^2=\boldsymbol{A}$，证明：$R(\boldsymbol{E}-\boldsymbol{A})+R(\boldsymbol{A})=n$.

证明 由条件有 $(\boldsymbol{E}-\boldsymbol{A})\boldsymbol{A}=\boldsymbol{O}$，从而由推论 5.5 得

$$R(\boldsymbol{E}-\boldsymbol{A})+R(\boldsymbol{A})\leqslant n.$$

另一方面，由于 $R(\boldsymbol{E})=n$，再利用推论 5.4 又有

$$R(\boldsymbol{E}-\boldsymbol{A})+R(\boldsymbol{A})\geqslant R[(\boldsymbol{E}-\boldsymbol{A})+\boldsymbol{A}]=R(\boldsymbol{E})=n,$$

综合一起即得 $R(\boldsymbol{E}-\boldsymbol{A})+R(\boldsymbol{A})=n$.

例 6.4 设 $\boldsymbol{A},\boldsymbol{B},\boldsymbol{C},\boldsymbol{D}$ 均为 n 阶方阵，且 $\boldsymbol{A}$ 为可逆矩阵以及 $\boldsymbol{A}\boldsymbol{C}=\boldsymbol{C}\boldsymbol{A}$，证明

$$\begin{vmatrix}\boldsymbol{A}&\boldsymbol{B}\\\boldsymbol{C}&\boldsymbol{D}\end{vmatrix}=|\boldsymbol{A}\boldsymbol{D}-\boldsymbol{C}\boldsymbol{B}|.$$

证明 因有

$$\begin{pmatrix}\boldsymbol{E}&\boldsymbol{O}\\-\boldsymbol{C}\boldsymbol{A}^{-1}&\boldsymbol{E}\end{pmatrix}\begin{pmatrix}\boldsymbol{A}&\boldsymbol{B}\\\boldsymbol{C}&\boldsymbol{D}\end{pmatrix}=\begin{pmatrix}\boldsymbol{A}&\boldsymbol{B}\\\boldsymbol{O}&\boldsymbol{D}-\boldsymbol{C}\boldsymbol{A}^{-1}\boldsymbol{B}\end{pmatrix},$$

故得

$$\begin{aligned}\begin{vmatrix}\boldsymbol{A}&\boldsymbol{B}\\\boldsymbol{C}&\boldsymbol{D}\end{vmatrix}&=\begin{vmatrix}\boldsymbol{E}&\boldsymbol{O}\\-\boldsymbol{C}\boldsymbol{A}^{-1}&\boldsymbol{E}\end{vmatrix}\begin{vmatrix}\boldsymbol{A}&\boldsymbol{B}\\\boldsymbol{C}&\boldsymbol{D}\end{vmatrix}=\left|\begin{pmatrix}\boldsymbol{E}&\boldsymbol{O}\\-\boldsymbol{C}\boldsymbol{A}^{-1}&\boldsymbol{E}\end{pmatrix}\begin{pmatrix}\boldsymbol{A}&\boldsymbol{B}\\\boldsymbol{C}&\boldsymbol{D}\end{pmatrix}\right|\\&=\begin{vmatrix}\boldsymbol{A}&\boldsymbol{B}\\\boldsymbol{O}&\boldsymbol{D}-\boldsymbol{C}\boldsymbol{A}^{-1}\boldsymbol{B}\end{vmatrix}=|\boldsymbol{A}||\boldsymbol{D}-\boldsymbol{C}\boldsymbol{A}^{-1}\boldsymbol{B}|\end{aligned}$$

$$
\begin{aligned}
&= |A(D - CA^{-1}B)| = |AD - (AC)A^{-1}B| \\
&= |AD - (CA)A^{-1}B| = |AD - C(AA^{-1})B| \\
&= |AD - CB|.
\end{aligned}
$$

例 6.4 中的矩阵$\begin{pmatrix} E & O \\ -CA^{-1} & E \end{pmatrix}$如同初等矩阵$\begin{pmatrix} 1 & 0 \\ \mu & 1 \end{pmatrix}$，可称之为**分块初等矩阵**.常用的分块初等矩阵有如下三种类型:

(Ⅰ) $\begin{pmatrix} A & O \\ O & E \end{pmatrix}$;

(Ⅱ) $\begin{pmatrix} E & O \\ J & E \end{pmatrix}$;

(Ⅲ) $\begin{pmatrix} O & E \\ E & O \end{pmatrix}$,

其中各子块均为同阶方阵, 且 A 还是可逆的.

若 Ω 也是如上形式的分块矩阵, 则有

(1)用矩阵(Ⅰ)左(右)乘 Ω，等同于用 A 左(右)乘 Ω 的第一行(列)各子块;

(2)用矩阵(Ⅱ)左(右)乘 Ω，等同于用 J 左(右)乘 Ω 第一行(第二列)各子块后加到第二行(第一列)的对应子块上;

(3)用矩阵(Ⅲ)左(右)乘 Ω，等同于互换 Ω 的一，二两行(列).

上面的三种变换可称为**行(列)分块初等变换**.

由于以上原因, 我们可把用初等变换求逆矩阵的方法推广到分块矩阵.

例 6.5 设 A,B,C 均为 n 阶方阵, 且 A，B 还是可逆的, 证明矩阵

$$
\Omega = \begin{pmatrix} O & A \\ B & C \end{pmatrix}
$$

也为可逆矩阵并求其逆.

解 对 (Ω, E_{2n}) 实施分块初等变换如下(E 为 $2n$ 阶单位矩阵):

$$
\begin{aligned}
(\Omega, E_{2n}) &\to \begin{pmatrix} O & A & E & O \\ B & O & -CA^{-1} & E \end{pmatrix} \to \begin{pmatrix} B & O & -CA^{-1} & E \\ O & A & E & O \end{pmatrix} \\
&\to \begin{pmatrix} E & O & -B^{-1}CA^{-1} & B^{-1} \\ O & A & E & O \end{pmatrix} \to \begin{pmatrix} E & O & -B^{-1}CA^{-1} & B^{-1} \\ O & E & A^{-1} & O \end{pmatrix}.
\end{aligned}
$$

这表明, Ω 依次左乘上面的分块初等变换所对应的分块初等矩阵后成为单位矩阵, 故 Ω 为可逆矩阵, 并且

$$\Omega^{-1}=\begin{pmatrix} -B^{-1}CA^{-1} & B^{-1} \\ A^{-1} & O \end{pmatrix}.$$

2.7 数学模型与实验

实验目的和意义

1. 掌握矩阵乘法、逆矩阵等概念和理论;
2. 掌握求矩阵乘法和逆矩阵的方法;
3. 理解整数逆矩阵加密法的基本概念和模型;
4. 理解投入产出分析中的基本概念和模型;
5. 从数学和投入产出理论的角度，提高对矩阵乘法、逆矩阵等概念的理解和应用能力.

矩阵是求解线性方程组的重要工具，且应用广泛. 矩阵不仅在高等代数、统计分析、数值计算等数学的各个分支发挥着重要的作用，在物理学、计算机科学、经济学等其他应用学科也具有重要的地位. 例如，工厂的生产进度表、销售统计表，航班票价表，学校的课程表，科学研究中的数据分析表等都可以用矩阵来表示. 矩阵的重要作用首先在于它能将纷繁复杂的事物按照一定的规则清晰地展现出来；其次在于它能恰当地刻画事物之间的内在联系，并通过矩阵的运算或变换来揭示事物之间的内在联系；最后，它还是求解数学问题的一种特殊的“数形结合”的途径.

本节将通过密码学中的整数逆矩阵加密法、经济学中的投入产出模型的求解，学习将实际问题表达为矩阵，并通过矩阵运算来解决实际问题的方法，学习利用数学软件 Matlab 实现矩阵运算的常用命令.

例 7.1 设 $A=\begin{pmatrix} 3 & -2 & 0 & -1 \\ 0 & 2 & 2 & 1 \\ 1 & -2 & -3 & -2 \\ 0 & 1 & 2 & 1 \end{pmatrix}, B=\begin{pmatrix} 1 & 2 & -3 & 0 \\ 2 & 1 & 4 & -2 \\ 3 & 3 & 1 & -2 \\ 2 & 4 & -6 & 0 \end{pmatrix}$，求 $AB, BA, |A|, A^{-1}, A^*$，并求 B 的行最简梯矩阵及 $R(B)$.

解 输入命令:

```
>> A=[3 -2 0 -1;0 2 2 1;1 -2 -3 -2;0 1 2 1]   %输入A并显示
A =
     3    -2     0    -1
     0     2     2     1
     1    -2    -3    -2
```

```
     0     1     2     1
>> B=[1 2 -3 0;2 1 4 -2;3 3 1 -2;2 4 -6 0]    %输入B并显示
B =
     1     2    -3     0
     2     1     4    -2
     3     3     1    -2
     2     4    -6     0

>> A*B                          %求AB
ans =
    -3     0   -11     4
    12    12     4    -8
   -16   -17    -2    10
    10    11     0    -6
>> B*A                          %求BA
ans =
     0     8    13     7
    10   -12   -14   -11
    10    -4    -1    -4
     0    16    26    14
>> det(A)                       %求|A|
ans =
     1
>> inv(A)                       %求A^-1
ans =
    1.0000    1.0000   -2.0000   -4.0000
         0    1.0000         0   -1.0000
   -1.0000   -1.0000    3.0000    6.0000
    2.0000    1.0000   -6.0000  -10.0000
>> rank(B)                      %求R(B)
ans =
     2
>> det(A)*inv(A)                %求A*
ans =
    1.0000    1.0000   -2.0000   -4.0000
```

```
        0    1.0000         0   -1.0000
  -1.0000   -1.0000    3.0000    6.0000
   2.0000    1.0000   -6.0000  -10.0000
>> rref(B)                    %求 B 的行最简梯矩阵
ans =
   1.0000         0    3.6667   -1.3333
        0    1.0000   -3.3333    0.6667
        0         0         0         0
        0         0         0         0
```

例 7.2(整数逆矩阵加密法) 对文件的加密有许多种方式, 图 2.7.1 给出了信息加密、解密的基本过程.

原信息x	$\xrightarrow[\text{加密}]{f}$	加密后信息$f(x)$	$\xrightarrow[\text{解密}]{f^{-1}}$	原信息x

图 2.7.1 信息加密、解密过程

将矩阵 $\boldsymbol{A}$ 看成一条信息链, 对矩阵 $\boldsymbol{A}$ 进行行初等变换的过程就是对信息链 $\boldsymbol{A}$ 的 "加密" 过程. 将加密后的信息链 $\boldsymbol{B}$ 发送给对方, 对方要想看到原来的信息链内容, 就必须对信息链 $\boldsymbol{B}$ "解密". 由行初等变换与初等矩阵的关系知, 存在与行初等变换对应的初等矩阵 $\boldsymbol{P}_1,\boldsymbol{P}_2,\cdots,\boldsymbol{P}_n$, 使得

"加密": $\boldsymbol{B}=\boldsymbol{P}_1\boldsymbol{P}_2\cdots\boldsymbol{P}_n\boldsymbol{A}$;

"解密": $\boldsymbol{A}=(\boldsymbol{P}_1\boldsymbol{P}_2\cdots\boldsymbol{P}_n)^{-1}\boldsymbol{B}=\boldsymbol{P}_n^{-1}\cdots\boldsymbol{P}_2^{-1}\boldsymbol{P}_1^{-1}\boldsymbol{B}$.

令 $\boldsymbol{Q}=\boldsymbol{P}_1\boldsymbol{P}_2\cdots\boldsymbol{P}_n$, 则 "解密钥匙" 为 $\boldsymbol{Q}^{-1}=(\boldsymbol{P}_1\boldsymbol{P}_2\cdots\boldsymbol{P}_n)^{-1}$. 为了保证加密内容破译后的准确性, 选择加密锁 $\boldsymbol{Q}$ 为特殊的整数矩阵, 并使其 "解密钥匙" $\boldsymbol{Q}^{-1}$ 仍为整数矩阵. 为此, 对信息链 $\boldsymbol{A}$ 的 "加密" 过程只进行两种行初等变换:

(1) 交换矩阵的某两行;

(2) 将矩阵的某一行乘以数 k 再加到另外一行.

设信息链 "JIAO TONG UNIVERSITY" 经过处理后存入一个 4×5 阶矩阵:

$$\boldsymbol{A}=\begin{pmatrix}74&32&71&73&83\\73&84&32&86&73\\65&79&85&69&84\\79&78&78&82&89\end{pmatrix},$$

设加密锁为

$$Q=\begin{pmatrix}3 & 7 & 15 & 22\\ 2 & 5 & 11 & 17\\ 3 & 6 & 13 & 21\\ 9 & 18 & 36 & 46\end{pmatrix}$$

(1) 验证 Q 可逆，且其逆矩阵仍为整数矩阵;

(2) 试求用加密钥匙 Q 将 A 进行加密后得到的信息链 B;

(3) 将(2)中加密后的信息链 B 用解密钥匙 Q^{-1} 进行解密.

解 (1) 输入矩阵 Q 求其行列式及逆矩阵. 输入命令:

```
>>Q=[3 7 15 22;2 5 11 17;3 6 13 21;9 18 36 46];%输入矩阵Q
>> det(Q)                                   %求矩阵Q的行列式
ans =
     1
```

因为 $|Q|=1\neq 0$，所以，Q 可逆.

```
>> inv(Q)                                    %求逆矩阵Q^-1
ans =
   26.0000  -28.0000    2.0000   -3.0000
  -92.0000   93.0000   -3.0000   11.0000
   51.0000  -51.0000    1.0000   -6.0000
   -9.0000    9.0000         0    1.0000
```

可见其逆矩阵仍为整数矩阵.

(2) 输入命令:

```
>> A=[74 32 71 73 83;73 84 32 86 73;65 79 85 69 84;79 78
78 82 89];                              %输入矩阵A
>> B=Q*A                                %用加密钥匙Q将A进行加密
B =
    3446    3585    3428    3660    3978
    2571    2679    2563    2729    2968
    3164    3265    3148    3354    3648
    7954    8232    7863    8461    9179
```

(3) 输入命令:

```
>> inv(Q)*B                            % 用解密钥匙Q^-1进行解密
ans =
   74.0000   32.0000   71.0000   73.0000   83.0000
   73.0000   84.0000   32.0000   86.0000   73.0000
```

```
65.0000   79.0000   85.0000   69.0000   84.0000
79.0000   78.0000   78.0000   82.0000   89.0000
```

例 7.3 (投入产出模型) 国民经济各个部门之间存在着相互依存和制约关系, 每个部门在运转中将其他部门的产品或半成品(称为投入)经过加工变为自己的产品(称为产出). 将投入、产出部分按照一定顺序列出一张表格, 这张表就称为投入产出表, 它简明地反映了各个国民经济部门在一定时期内的生产和消耗、投入和产出的数量关系. 例如, 表 2.7.1 是一张简化的中国 2002 年投入产出表, 表中的国民经济由农业、工业、建筑业、运输邮电业、批零餐饮业和其他服务业等 6 个部门构成, 对每个部门有初始投入(工资、税收、进口等)和总投入, 以及外部需求(消费、积累、出口等)和总产出.

表 2.7.1 中国 2002 年投入产出表 (单位: 亿元)

投入	产出							
	农业	工业	建筑业	运输邮电业	批零餐饮业	其他服务业	外部需求	总产出
农业	464	788	229	13	127	13	1284	2918
工业	499	8605	1444	403	557	1223	4083	16814
建筑业	5	9	3	20	23	124	2691	2875
运输邮电业	62	527	128	163	67	146	477	1570
批零餐饮业	79	749	140	43	130	273	927	2341
其他服务业	146	1285	272	225	219	542	2725	5414
初始投入	1663	4851	659	703	1218	3093		
总投入	2918	16814	2875	1570	2341	5414		

表中数字均以产值计算, 6 个部门的横行表示该部门的产品供给各部门生产使用的数量, 6 个部门的纵列表示该部门生产中消耗的各部门产品的数量. 同行、同列交叉处的数字表示产品提供给本部门使用, 亦即生产中消耗的本部门的产品数量. 最后一列为各部门的总产出, 最后一行为各部门的总投入. 可以看出, 为了保持国民经济的平衡, 每个部门的总投入和总产出是相等的. 用 x_{ij} 表示第 i 第 j 列的元素, 即为第 j 个部门进行生产时需要消耗第 i 部门产品的数量.

为了利用一些相对稳定的指标来分析各部门之间的投入产出关系的内在规

律，引入直接消耗系数的概念. 直接消耗系数矩阵记为 $\boldsymbol{A}=(a_{ij})_{n\times n}$，其中 a_{ij} 称为直接消耗系数，表示第 j 个部门生产单位产值消耗第 i 个部门的产品产值量，其计算公式为 $a_{ij}=\dfrac{x_{ij}}{x_j}$，即第 j 个部门在生产过程中消耗第 i 个部门的产品价值与第 j 个部门的总产品价值(即总产出)之比.

在技术水平没有明显提高的情况下，可以假设直接消耗系数不变. 根据表 2.7.1，试求:

(1) 建立该经济体系的直接消耗系数矩阵;

(2) 如果某年对农业、工业、建筑业、运输邮电业、批零餐饮业和其他服务业的外部需求分别为 1500, 4200, 3000, 500, 950, 3000(单位: 亿元)，问这 6 个部门的总产出分别为多少;

(3) 如果 6 个部门的外部需求分别增加 1 个单位，问它们的总产出分别增加多少? 即给出需求变动引发的产出变动.

解 (1)

```
>> X=[464 788 229 13 127 13;        %输入 6 个部门间的投入产出值
499 8605 1444 403 557 1223;
5 9 3 20 23 124;
62 527 128 163 67 146;
79 749 140 43 130 273;
146 1285 272 225 219 542];
>> X_colsum=[2918 16814 2875 1570 2341 5414];   %输入各部门间的总产出
>> X_rep=repmat(X_colsum,6,1);    %将行向量 X_colsum 复制 6 份，扩展为 6×6 矩阵
>> A=X./X_rep                     %求直接消耗系数矩阵
A=
  0.1590   0.0469   0.0797   0.0083   0.0543   0.0024
  0.1710   0.5118   0.5023   0.2567   0.2379   0.2259
  0.0017   0.0005   0.0010   0.0127   0.0098   0.0229
  0.0212   0.0313   0.0445   0.1038   0.0286   0.0270
  0.0271   0.0445   0.0487   0.0274   0.0555   0.0504
  0.0500   0.0764   0.0946   0.1433   0.0935   0.1001
```

为了分析问题的方便，将直接消耗系数矩阵转化为直接消耗系数表(表 2.7.2).

表 2.7.2 中国 2002 年投入产出表 （单位：亿元）

投入	产出					
	农业	工业	建筑业	运输邮电业	批零餐饮业	其他服务业
农业	0.1590	0.0469	0.0797	0.0083	0.0543	0.0024
工业	0.1710	0.5118	0.5023	0.2567	0.2379	0.2259
建筑业	0.0017	0.0005	0.0010	0.0127	0.0098	0.0229
运输邮电业	0.0212	0.0313	0.0445	0.1038	0.0286	0.0270
批零餐饮业	0.0271	0.0445	0.0487	0.0274	0.0555	0.0504
其他服务业	0.0500	0.0764	0.0946	0.1433	0.0935	0.1001

以第 1 列为例说明这些系数的经济意义:

第 1 列表示农业部门每 1 亿元产出要直接消耗 0.159 亿元本部门产品、0.171 亿元工业产品、0.0017 亿元建筑业产品、0.0212 亿元运输邮电业服务、0.0271 亿元批零餐饮业服务和 0.05 亿元其他服务.

直接消耗系数反映了国民经济各个部门之间的投入产出关系.

(2) 记 $\boldsymbol{x}=(x_1,x_2,x_3,x_4,x_5,x_6)^{\mathrm{T}}$ 为产出向量，$\boldsymbol{d}=(d_1,d_2,d_3,d_4,d_5,d_6)^{\mathrm{T}}$ 为需求向量，其中 d_i 为第 i 个部门的外部需求，则

$$x_i=\sum_{j=1}^{n}x_{ij}+d_i,\quad i=1,2,\cdots,n.$$

由每个部门的总产出等于总投入知，x_j 也是第 j 个部门的总投入.又因为 $a_{ij}=\dfrac{x_{ij}}{x_j}$，所以，

$$x_i=\sum_{j=1}^{n}a_{ij}x_j+d_i,\quad i=1,2,\cdots,n.$$

写成矩阵形式

$$\boldsymbol{x}=\boldsymbol{A}\boldsymbol{x}+\boldsymbol{d}.$$

即 $\boldsymbol{x}=(\boldsymbol{E}-\boldsymbol{A})^{-1}\boldsymbol{d}$.

令 $\boldsymbol{d}=(1500,4200,3000,500,950,3000)^{\mathrm{T}}$，求解总产出 $\boldsymbol{x}$. 用 Matlab 程序求解:

```
≫ d=[1500 4200 3000 500 950 3000]';          %输入外部需求
```

```
≫x=inv(eye(6)-A)*d                    %求解 x=[(E-A)^(-1)]d
x =
  1.0e+004 *
    0.3274
    1.7851
    0.3199
    0.1675
    0.2470
    0.5892
```

即6个部门的总产出分别为3274, 17851, 3199, 1675, 2470, 5892(单位: 亿元). 设外部需求 $\boldsymbol{d}$ 增加1个单位, 记作 $\Delta\boldsymbol{d}$, 则 $\boldsymbol{x}$ 的增量为

$$\Delta\boldsymbol{x}=(\boldsymbol{E}-\boldsymbol{A})^{-1}\Delta\boldsymbol{d}.$$

因此, 当外部需求增加1个单位时, $\boldsymbol{x}$ 的增量为

```
≫dx=inv(eye(6)-A)                     %求(E-A)^(-1)
dx=
    1.2265  0.1407  0.1820  0.0660  0.1149  0.0517
    0.5616  2.3302  1.3535  0.8238  0.7263  0.6863
    0.0068  0.0094  1.0110  0.0224  0.0169  0.0297
    0.0553  0.0965  0.1142  1.1583  0.0703  0.0659
    0.0707  0.1298  0.1386  0.0899  1.1097  0.1012
    0.1328  0.2356  0.2640  0.2698  0.1964  1.1965
```

由上述结果可知, 当农业的外部需求增加1个单位时, 农业、工业、建筑业、运输邮电业、批零餐饮业和其他服务业的总产出分别增加1.2265, 0.5616, 0.0068, 0.0553, 0.0707, 0.1328个单位, 即dx的第1列. 其余列的数据也类似地解读, 这些数字称为部门关联系数.

习题 2.7

1\. 已知 $\boldsymbol{A}=\begin{pmatrix}1&2&1\\0&1&1\\1&-1&2\end{pmatrix},\boldsymbol{B}=\begin{pmatrix}2&3&1\\-1&0&2\\0&1&1\end{pmatrix}$, 计算

(1) $(\boldsymbol{A}+\boldsymbol{B})^2-(\boldsymbol{A}-\boldsymbol{B})^2$, $\boldsymbol{A}^{\mathrm{T}}\boldsymbol{B}^{\mathrm{T}},(\boldsymbol{A}\boldsymbol{B})^{\mathrm{T}}$.

(2) $|\boldsymbol{A}|,\boldsymbol{A}^{-1}$.

2. 求矩阵 $\boldsymbol{A}=\begin{pmatrix}3 & -1 & -4 & 2 & -2\\1 & 0 & -1 & 1 & 0\\1 & 2 & 1 & 3 & 4\\-1 & 4 & 3 & -3 & 0\end{pmatrix}$ 的行最简梯矩阵及秩 $R(\boldsymbol{A})$.

3. 设信息链“JILIN UNIVERSITY”经过处理后存入一个 4×4 阶矩阵

$$\boldsymbol{A}=\begin{pmatrix}74 & 78 & 73 & 83\\73 & 32 & 86 & 73\\76 & 85 & 69 & 84\\73 & 78 & 82 & 89\end{pmatrix}.$$

设加密锁为

$$\boldsymbol{Q}=\begin{pmatrix}6 & 13 & 28 & 43\\5 & 12 & 26 & 39\\8 & 18 & 39 & 60\\6 & 12 & 23 & 25\end{pmatrix}.$$

(1) 验证 $\boldsymbol{Q}$ 可逆，且其逆矩阵仍为整数矩阵;

(2) 试求用加密钥匙 $\boldsymbol{Q}$ 将 $\boldsymbol{A}$ 进行加密后得到的信息链 $\boldsymbol{B}$;

(3) 将 (2) 中加密后的信息链 $\boldsymbol{B}$ 用解密钥匙 $\boldsymbol{Q}^{-1}$ 进行解密.

4. 设国民经济由农业、制造业和服务业三个部门构成，已知某年它们之间的投入产出关系、外部需求、初始投入等如表 2.7.3 所示.

(1) 如果今年对农业、制造业和服务业的外部需求分别为 50, 150, 100 (单位: 亿元)，问这三个部门的总产出分别应为多少?

(2) 如果三个部门的外部需求分别增加 1 个单位，问它们的总产出应分别增加多少?

表 2.7.3　国民经济三个部门之间的投入产出表　　(单位: 亿元)

投入	产出				
	农业	制造业	服务业	外部需求	总产出
农业	15	20	30	35	100
制造业	30	10	45	115	200
服务业	20	60	0	70	150
初始投入	35	110	75		
总投入	100	200	150		

第 2 章习题

1. 求 $\boldsymbol{A}^n$，已知

第 2 章习题解答

（1）$\boldsymbol{A}=\begin{pmatrix}1&-1&-2\\-1&1&2\\2&-2&-4\end{pmatrix}$；　　（2）$\boldsymbol{A}=\begin{pmatrix}\cos\theta&-\sin\theta\\\sin\theta&\cos\theta\end{pmatrix}$.

2. 已知

$$\boldsymbol{A}=\begin{pmatrix}1&1&0\\0&1&1\\0&0&1\end{pmatrix},$$

计算 $\boldsymbol{A}^n$.

3. 设 $\boldsymbol{A}=\dfrac{1}{2}(\boldsymbol{B}+\boldsymbol{E})$，证明 $\boldsymbol{A}^2=\boldsymbol{A}\Leftrightarrow\boldsymbol{B}^2=\boldsymbol{E}$.

4. 已知

$$\boldsymbol{A}=\begin{pmatrix}0&0&0&0\\1&0&0&0\\1&1&0&0\\1&1&1&0\end{pmatrix},$$

计算 $\boldsymbol{A}^k$.

5. 设 $\boldsymbol{A}$，$\boldsymbol{B}$，$\boldsymbol{C}$ 均为 n 阶方阵，举例说明，下述命题都是错误的.

(1) $\boldsymbol{AB}=\boldsymbol{O}\Rightarrow\boldsymbol{A}=\boldsymbol{O}$ 或 $\boldsymbol{B}=\boldsymbol{O}$；

(2) $\boldsymbol{A}^2=\boldsymbol{O}\Rightarrow\boldsymbol{A}=\boldsymbol{O}$；

(3) $\boldsymbol{A}^2=\boldsymbol{E}\Rightarrow\boldsymbol{A}=\boldsymbol{E}$ 或 $\boldsymbol{A}=-\boldsymbol{E}$；

(4) $\boldsymbol{A}^2=\boldsymbol{A}\Rightarrow\boldsymbol{A}=\boldsymbol{O}$ 或 $\boldsymbol{A}=\boldsymbol{E}$；

(5) $\boldsymbol{AB}=\boldsymbol{AC},\boldsymbol{A}\neq\boldsymbol{O}\Rightarrow\boldsymbol{B}=\boldsymbol{C}$.

6. 设 $\boldsymbol{A}$ 为实对称矩阵(即元素都是实数的对称矩阵)，且 $\boldsymbol{A}^2=\boldsymbol{O}$，证明 $\boldsymbol{A}=\boldsymbol{O}$.

7. 设 $\boldsymbol{A}$ 是 n 阶反对称矩阵，证明：对任意的 $n\times1$ 矩阵 $\boldsymbol{\alpha}$，都有 $\boldsymbol{\alpha}^{\mathrm{T}}\boldsymbol{A}\boldsymbol{\alpha}=0$.

8. 设 $\boldsymbol{A}$，$\boldsymbol{B}$ 为同阶方阵，且 $\boldsymbol{A}+\boldsymbol{B}=\boldsymbol{AB}$. 证明 $\boldsymbol{A}-\boldsymbol{E}$ 可逆及 $\boldsymbol{AB}=\boldsymbol{BA}$.

9. 设 $\boldsymbol{A}$，$\boldsymbol{B}$ 为同阶可逆方阵，证明：

$$(\boldsymbol{AB})^*=\boldsymbol{B}^*\boldsymbol{A}^*,\quad(\boldsymbol{A}^*)^{-1}=(\boldsymbol{A}^{-1})^*$$

10. 已知 $\boldsymbol{A}$ 为 3 阶方阵，$|\boldsymbol{A}|=\dfrac{1}{8}$，求 $\left|\left(\dfrac{1}{3}\boldsymbol{A}\right)^{-1}-8\boldsymbol{A}^*\right|$.

11. 已知

$$A=\begin{pmatrix} a_{11} & a_{12} & a_{13} \\ a_{21} & a_{22} & a_{23} \\ a_{31} & a_{32} & a_{33} \end{pmatrix}$$

满足条件 $A^*=A^{\mathrm{T}}$，且 a_{11},a_{12},a_{13} 为三个相等的正数，求 $|A|$ 与 a_{11}.

12. 设 A，B 为同阶方阵，且 $E-AB$ 可逆. 证明 $E-BA$ 也可逆.

13. 设 A，B 为同阶方阵，且 A，B，$A+B$ 都可逆，证明 $A^{-1}+B^{-1}$ 也可逆.

14. 设 A 为 n 阶实方阵，若 $A^{\mathrm{T}}A=E$，则称 A 为正交矩阵，证明 $|A|=1$ 或 -1，进一步证明：若 $|A|\neq 1$，则必有 $|A+E|=0$.

15. 计算

$$\begin{vmatrix} a & b & c & d \\ -b & a & -d & c \\ -c & d & a & -b \\ -d & -c & b & a \end{vmatrix}.$$

16. 设 A 为阶数大于 1 的可逆矩阵，交换 A 的第 1 行与第 2 行得到 B. 问对 A^* 做什么样的初等变换可得到 B^*.

17. 解矩阵方程：设

$$A=\begin{pmatrix} 1 & 1 & -1 \\ 0 & 1 & 1 \\ 0 & 0 & -1 \end{pmatrix},\quad B=\begin{pmatrix} 2 & 0 & 1 \\ 0 & 2 & 0 \\ 0 & 0 & 2 \end{pmatrix},$$

且 $AXB=AX+A^2B-A^2+B$.

18. 已知 A,B 均为 3 阶矩阵将 A 的第 3 行的 (-2) 倍加第 2 行得 A_1，将 B 的第 1 列与第 2 列互换得 B_1，并且

$$A_1B_1=\begin{pmatrix} 1 & 1 & 1 \\ 1 & 0 & 2 \\ 2 & 1 & 1 \end{pmatrix},$$

求 AB.

19. 设 A 为 3 阶可逆方阵，

$$A^{-1}=\begin{pmatrix} 1 & 1 & 1 \\ 1 & 2 & 1 \\ 1 & 1 & 3 \end{pmatrix},$$

求 $\left(A^{-1}\right)^*,\left[\left(A^*\right)^{-1}\right]^*$.

20. 证明：方阵 A 可逆的充分必要条件是 A 可表示为若干个初等矩阵之积.

21. 设 $\boldsymbol{A}$ 为 3 阶方阵，$|\boldsymbol{A}|=-1$，将 $\boldsymbol{A}$ 按行分块为 $\boldsymbol{A}=\begin{pmatrix}\boldsymbol{A}_1\\ \boldsymbol{A}_2\\ \boldsymbol{A}_3\end{pmatrix}$，其中 $\boldsymbol{A}_i(i=1,2,3)$ 是 $\boldsymbol{A}$ 的第 i 行，若 $\boldsymbol{B}=\begin{pmatrix}\boldsymbol{A}_1\\ 2\boldsymbol{A}_2\\ 3\boldsymbol{A}_3\end{pmatrix}$，求 $|\boldsymbol{B}^*|$.

22. 设 $\boldsymbol{A}$ 为 m 阶可逆方阵，$\boldsymbol{B}$ 为 n 阶可逆方阵，证明

$$\begin{pmatrix}\boldsymbol{C} & \boldsymbol{A}\\ \boldsymbol{B} & 0\end{pmatrix}$$

可逆并求其逆.

23. 设 $\boldsymbol{A},\boldsymbol{B}$ 均为 n 阶方阵，证明：

（1）$\begin{vmatrix}\boldsymbol{A} & \boldsymbol{E}\\ \boldsymbol{E} & \boldsymbol{B}\end{vmatrix}=|\boldsymbol{AB}-\boldsymbol{E}|$；　（2）$\begin{vmatrix}\boldsymbol{A} & \boldsymbol{B}\\ \boldsymbol{B} & \boldsymbol{A}\end{vmatrix}=|\boldsymbol{A}+\boldsymbol{B}||\boldsymbol{A}-\boldsymbol{B}|$.

24. 设 $\boldsymbol{A},\boldsymbol{B}$ 均为 n 阶方阵，用矩阵的分块乘法证明：$\boldsymbol{E}-\boldsymbol{AB}$ 可逆的充要条件是 $\boldsymbol{E}-\boldsymbol{BA}$ 可逆.

25. 设 $\boldsymbol{A}$ 为 n 阶方阵，证明 $R(\boldsymbol{A})+R(\boldsymbol{E}+\boldsymbol{A})\geqslant n$.

26. 设 $\boldsymbol{A}$ 为 3 阶非零方阵，且 $\boldsymbol{A}^2=\boldsymbol{E}$ 及 $\boldsymbol{A}\neq\pm\boldsymbol{E}$. 证明 $R(\boldsymbol{E}-\boldsymbol{A})$ 与 $R(\boldsymbol{E}+\boldsymbol{A})$ 必有一个是 1，而另一个是 2.

27. 设 $\boldsymbol{A}$ 为 $m\times n$ 矩阵，且 $R(\boldsymbol{A})=n$. 证明必有 $n\times m$ 矩阵 $\boldsymbol{G}$，使 $\boldsymbol{GA}=\boldsymbol{E}_n$.

28. 设 $\boldsymbol{A}$ 为 n 阶方阵，证明

$$R(\boldsymbol{A}^*)=\begin{cases}n, & R(\boldsymbol{A})=n,\\ 1, & R(\boldsymbol{A})=n-1,\\ 0, & R(\boldsymbol{A})<n-1.\end{cases}$$

29. 设 $\boldsymbol{A}$ 为秩为 r 的 $m\times n$ 矩阵，利用矩阵的分块乘法证明必有秩为 r 的 $m\times r$ 矩阵 $\boldsymbol{G}$ 与秩为 r 的 $r\times n$ 矩阵 $\boldsymbol{H}$，使得 $\boldsymbol{A}=\boldsymbol{GH}$.

第3章 向量空间

古典的代数学基本上是研究方程的. 直到 19 世纪初, 才由两位年轻的数学家 N.H. Abel 和 É.Galois 把代数学带入一个新的领域, 即把对方程的研究转入到对代数体系的研究. 这里所说的代数体系指的是带有运算的集合. 本章要讨论的向量空间就是一个代数体系, 它是抽象向量空间的典型代表.

3.1 向量、向量的运算及其线性关系

我们知道, 三维几何空间中的任意向量都可以用三个实数构成的有序数组来表示. 推广这种情况, 而有

定义 1.1 每一个 $n\times1$ 矩阵都称为 n 维**向量**, 矩阵中的元素称为该向量的**分量**, n 称为其**维数**.

例如,

$$\begin{pmatrix}1\\2\\3\end{pmatrix},\quad \begin{pmatrix}3\\1\\2\\-1\end{pmatrix}$$

就分别是3维向量与4维向量. 向量一般用小写字母 $\boldsymbol{\alpha},\boldsymbol{\beta},\cdots,\boldsymbol{\xi}$ 等表示. 分量全为零的向量称为零向量. 零向量一般用 $\mathbf{0}$ 表示.

类似地, $1\times n$ 矩阵也称为 n 维向量. 为区别这两类向量, 特别称 $n\times1$ 矩阵为 n 维列向量; 而称 $1\times n$ 矩阵为 n 维行向量. 一般情况下, 我们只就 n 维列向量进行讨论.

按定义, 向量只不过是特殊的矩阵而已. 因此, 两个向量相等的充要条件是它们的对应的分量分别相等; 关于矩阵的相关运算也可以实施. 即, 两个维数相同的向量可以做加法运算和减法运算, 任意数与任意向量都可以做数乘向量的运算, 叫做**纯量乘法**. 这些运算可统称为向量的**线性运算**. 它们适合如下运算律:

(1) $\boldsymbol{\alpha}+\boldsymbol{\beta}=\boldsymbol{\beta}+\boldsymbol{\alpha}$;

(2) $(\boldsymbol{\alpha}+\boldsymbol{\beta})+\boldsymbol{\gamma}=\boldsymbol{\alpha}+(\boldsymbol{\beta}+\boldsymbol{\gamma})$;

(3) $\boldsymbol{\alpha}+\mathbf{0}=\boldsymbol{\alpha}$;

(4) $\boldsymbol{\alpha}+(-\boldsymbol{\alpha})=\mathbf{0}$;

(5) $(\lambda+\mu)\boldsymbol{\alpha}=\lambda\boldsymbol{\alpha}+\mu\boldsymbol{\alpha}$;

(6) $\lambda(\boldsymbol{\alpha}+\boldsymbol{\beta})=\lambda\boldsymbol{\alpha}+\lambda\boldsymbol{\beta}$;

(7) $\lambda(\mu\boldsymbol{\alpha})=(\lambda\mu)\boldsymbol{\alpha}=\mu(\lambda\boldsymbol{\alpha})$;

(8) $1\boldsymbol{\alpha}=\boldsymbol{\alpha}$.

这里，$\boldsymbol{\alpha},\boldsymbol{\beta},\boldsymbol{\gamma}$ 是维数相同的向量；λ,μ 是数；$-\boldsymbol{\alpha}$ 是 $\boldsymbol{\alpha}$ 作为矩阵时的负矩阵，称为 $\boldsymbol{\alpha}$ 的**负向量**. 此外还有

$$\boldsymbol{\alpha}-\boldsymbol{\beta}=\boldsymbol{\alpha}+(-\boldsymbol{\beta}).$$

例 1.1 设 $\boldsymbol{\alpha}=\begin{pmatrix}1\\-1\\2\end{pmatrix},\boldsymbol{\beta}=\begin{pmatrix}3\\1\\-2\end{pmatrix}$，且 $2(\boldsymbol{\alpha}+\boldsymbol{\gamma})+(\boldsymbol{\beta}-\boldsymbol{\gamma})=3(\boldsymbol{\alpha}-\boldsymbol{\gamma})$，求 $\boldsymbol{\gamma}$.

解 由条件依次得

$$2\boldsymbol{\alpha}+2\boldsymbol{\gamma}+\boldsymbol{\beta}-\boldsymbol{\gamma}=3\boldsymbol{\alpha}-3\boldsymbol{\gamma},$$

$$2\boldsymbol{\gamma}-\boldsymbol{\gamma}+3\boldsymbol{\gamma}=3\boldsymbol{\alpha}-2\boldsymbol{\alpha}-\boldsymbol{\beta},$$

$$4\boldsymbol{\gamma}=\boldsymbol{\alpha}-\boldsymbol{\beta}，\ \boldsymbol{\gamma}=\frac{1}{4}(\boldsymbol{\alpha}-\boldsymbol{\beta}).$$

因而

$$\boldsymbol{\alpha}-\boldsymbol{\beta}=\begin{pmatrix}1\\-1\\2\end{pmatrix}-\begin{pmatrix}3\\1\\-2\end{pmatrix}=\begin{pmatrix}-2\\-2\\4\end{pmatrix},$$

故得

$$\boldsymbol{\gamma}=\frac{1}{4}(\boldsymbol{\alpha}-\boldsymbol{\beta})=\frac{1}{4}\begin{pmatrix}-2\\-2\\4\end{pmatrix}=\begin{pmatrix}-\frac{1}{2}\\-\frac{1}{2}\\1\end{pmatrix}.$$

下面我们要引入两个重要的概念. 为此，设 $\boldsymbol{\alpha}_1,\boldsymbol{\alpha}_2,\cdots,\boldsymbol{\alpha}_s$ 是维数相同的向量(以后，除非特别声明，在同一问题中，涉及的向量指的都是维数相同的向量，故不再强调“维数相同”)，$k_1,k_2,\cdots,k_s$ 是数. 考察向量等式

$$k_1\boldsymbol{\alpha}_1+k_2\boldsymbol{\alpha}_2+\cdots+k_s\boldsymbol{\alpha}_s=\mathbf{0}. \tag{*}$$

显然，当$k_1,k_2,\cdots,k_s$全为零时，不论$\boldsymbol{\alpha}_1,\boldsymbol{\alpha}_2,\cdots,\boldsymbol{\alpha}_s$如何，(*)式总是成立的. 然而，对于某些向量组$\boldsymbol{\alpha}_1,\boldsymbol{\alpha}_2,\cdots,\boldsymbol{\alpha}_s$，无须$k_1,k_2,\cdots,k_s$全为零，(*)式也能成立. 例如

$$2\begin{pmatrix}1\\-1\\2\end{pmatrix}+1\begin{pmatrix}-2\\2\\-4\end{pmatrix}+0\begin{pmatrix}5\\6\\7\end{pmatrix}=\begin{pmatrix}0\\0\\0\end{pmatrix},$$

这里，$s=3$，而$k_1=2,k_2=1,k_3=0$不全为零.

但对于单位矩阵$\boldsymbol{E}_n$的n个列构成的向量组

$$\boldsymbol{e}_1=\begin{pmatrix}1\\0\\\vdots\\0\end{pmatrix},\quad \boldsymbol{e}_2=\begin{pmatrix}0\\1\\\vdots\\0\end{pmatrix},\quad \cdots,\quad \boldsymbol{e}_n=\begin{pmatrix}0\\0\\\vdots\\1\end{pmatrix},$$

若相应的(*)式成立，即

$$k_1\boldsymbol{e}_1+k_2\boldsymbol{e}_2+\cdots+k_n\boldsymbol{e}_n=\boldsymbol{0},$$

就必须或必有$k_1,k_2,\cdots,k_n$全为零，这是因为上式即为

$$\begin{pmatrix}k_1\\k_2\\\vdots\\k_n\end{pmatrix}=\begin{pmatrix}0\\0\\\vdots\\0\end{pmatrix}.$$

针对向量组这两种不同的现象，我们有

定义 1.2 对于向量组$\boldsymbol{\alpha}_1,\boldsymbol{\alpha}_2,\cdots,\boldsymbol{\alpha}_s$，若有不全为零的数$k_1,k_2,\cdots,k_s$，使(*)式成立，则称向量$\boldsymbol{\alpha}_1,\boldsymbol{\alpha}_2,\cdots,\boldsymbol{\alpha}_s$**线性相关**；否则，当(*)式成立时，必有$k_1,k_2,\cdots,k_s$全为零，则称向量$\boldsymbol{\alpha}_1,\boldsymbol{\alpha}_2,\cdots,\boldsymbol{\alpha}_s$**线性无关**.

由定义 1.2 易知上面前三个向量线性相关，而后n个向量线性无关.

例 1.2 证明向量组

$$\boldsymbol{\alpha}_1=\begin{pmatrix}1\\0\\0\end{pmatrix},\quad \boldsymbol{\alpha}_2=\begin{pmatrix}1\\1\\0\end{pmatrix},\quad \boldsymbol{\alpha}_3=\begin{pmatrix}1\\1\\1\end{pmatrix}$$

线性无关.

证明 如果有

$$k_1\begin{pmatrix}1\\0\\0\end{pmatrix}+k_2\begin{pmatrix}1\\1\\0\end{pmatrix}+k_3\begin{pmatrix}1\\1\\1\end{pmatrix}=\begin{pmatrix}0\\0\\0\end{pmatrix},$$

则经计算得

$$\begin{pmatrix}k_1+k_2+k_3\\k_2+k_3\\k_3\end{pmatrix}=\begin{pmatrix}0\\0\\0\end{pmatrix},$$

利用向量相等的定义又可得

$$k_1+k_2+k_3=0,\quad k_2+k_3=0,\quad k_3=0.$$

因此必有 $k_1=k_2=k_3=0$，即 k_1,k_2,k_3 全为零，故由定义 1.2 知给定的向量 $\boldsymbol{\alpha}_1,\boldsymbol{\alpha}_2,\boldsymbol{\alpha}_3$ 线性无关.

例 1.2 实际上给出了根据定义证明一组向量线性无关的常用方法:

第一步: 设相应的(*)式成立;

第二步: 利用所设(*)式证明 $k_1,k_2,\cdots,k_s$ 全为零.

完成了这两步，也就完成了证明.

例 1.3 设向量 $\boldsymbol{\alpha}_1,\boldsymbol{\alpha}_2,\boldsymbol{\alpha}_3$ 线性无关. 证明向量 $\boldsymbol{\alpha}_1+\boldsymbol{\alpha}_2$，$\boldsymbol{\alpha}_2+\boldsymbol{\alpha}_3$，$\boldsymbol{\alpha}_3+\boldsymbol{\alpha}_1$ 也线性无关.

证明 设相应的(*)式成立，即

$$k_1(\boldsymbol{\alpha}_1+\boldsymbol{\alpha}_2)+k_2(\boldsymbol{\alpha}_2+\boldsymbol{\alpha}_3)+k_3(\boldsymbol{\alpha}_3+\boldsymbol{\alpha}_1)=\mathbf{0},$$

计算得

$$(k_1+k_3)\boldsymbol{\alpha}_1+(k_1+k_2)\boldsymbol{\alpha}_2+(k_2+k_3)\boldsymbol{\alpha}_3=\mathbf{0}.$$

因 $\boldsymbol{\alpha}_1,\boldsymbol{\alpha}_2,\boldsymbol{\alpha}_3$ 线性无关，故必有

$$k_1+k_3=0,\quad k_1+k_2=0,\quad k_2+k_3=0,$$

由前二式可得 $k_2=k_3$，再与最后一式联立即得 $k_2=k_3=0$，进而由前式又得 $k_1=0$. 总之 k_1,k_2,k_3 全为零. 故向量 $\boldsymbol{\alpha}_1+\boldsymbol{\alpha}_2$，$\boldsymbol{\alpha}_2+\boldsymbol{\alpha}_3$，$\boldsymbol{\alpha}_3+\boldsymbol{\alpha}_1$ 线性无关.

例 1.4 (1) 设 $\boldsymbol{\alpha}\neq\mathbf{0}$，证明向量组 $\{\boldsymbol{\alpha}\}$ 线性无关;

(2) 设 $\boldsymbol{\alpha}=\mathbf{0}$，证明向量组 $\{\boldsymbol{\alpha}\}$ 线性相关.

证明 (1) 设

$$\boldsymbol{\alpha}=\begin{pmatrix}a_1\\a_2\\\vdots\\a_n\end{pmatrix}$$

且相应的(*)式$k\boldsymbol{\alpha}=\mathbf{0}$成立，即

$$\begin{pmatrix}ka_1\\ka_2\\\vdots\\ka_n\end{pmatrix}=\begin{pmatrix}0\\0\\\vdots\\0\end{pmatrix},$$

可得$ka_1=0,\cdots,ka_n=0$，由于$\boldsymbol{\alpha}\neq\mathbf{0}$，故$a_1,a_2,\cdots,a_n$中至少有一个不为零，于是必有$k=0$，因此$\{\boldsymbol{\alpha}\}$线性无关.

(2)若$\boldsymbol{\alpha}=\mathbf{0}$，则取$k=1$，自然$k$不为零，且还有$k\boldsymbol{\alpha}=\mathbf{0}$，按定义，向量组$\{\boldsymbol{\alpha}\}$线性相关.

(1)与(2)的结论可合在一起陈述为：单独一个向量$\boldsymbol{\alpha}$构成的向量组$\{\boldsymbol{\alpha}\}$线性无关的充要条件是$\boldsymbol{\alpha}\neq\mathbf{0}$；线性相关的充要条件是$\boldsymbol{\alpha}=\mathbf{0}$.

定义 1.3 设$\boldsymbol{\alpha},\boldsymbol{\alpha}_1,\boldsymbol{\alpha}_2,\cdots,\boldsymbol{\alpha}_s$都是向量，若有数$\lambda_1,\lambda_2,\cdots,\lambda_s$，使得

$$\boldsymbol{\alpha}=\lambda_1\boldsymbol{\alpha}_1+\lambda_2\boldsymbol{\alpha}_2+\cdots+\lambda_s\boldsymbol{\alpha}_s,$$

则称$\boldsymbol{\alpha}$可表示为$\boldsymbol{\alpha}_1,\boldsymbol{\alpha}_2,\cdots,\boldsymbol{\alpha}_s$的**线性组合**，或称$\boldsymbol{\alpha}$可由$\boldsymbol{\alpha}_1,\boldsymbol{\alpha}_2,\cdots,\boldsymbol{\alpha}_s$**线性表示**.

例如，对于最简梯矩阵

$$\boldsymbol{A}=\begin{pmatrix}1&0&2&0&3&0\\0&1&3&0&4&-1\\0&0&0&1&5&2\\0&0&0&0&0&0\end{pmatrix}$$

将其按列分块为$\boldsymbol{A}=(\boldsymbol{\alpha}_1,\boldsymbol{\alpha}_2,\boldsymbol{\alpha}_3,\boldsymbol{\alpha}_4,\boldsymbol{\alpha}_5,\boldsymbol{\alpha}_6)$，则$\boldsymbol{\alpha}_i(i=1,2,3,4,5,6)$都是4维向量. 显然有

$$\boldsymbol{\alpha}_3=2\boldsymbol{\alpha}_1+3\boldsymbol{\alpha}_2,\quad \boldsymbol{\alpha}_5=3\boldsymbol{\alpha}_1+4\boldsymbol{\alpha}_2+5\boldsymbol{\alpha}_4,\quad \boldsymbol{\alpha}_6=-\boldsymbol{\alpha}_2+2\boldsymbol{\alpha}_3.$$

即每一非主列都能表示成主列的线性组合. 而每一主列自然也能表示成主列的线性组合，因此，所有列都能表示成主列的线性组合.

此外不难看出，它的三个主列$\boldsymbol{\alpha}_1,\boldsymbol{\alpha}_2,\boldsymbol{\alpha}_4$还是线性无关的. 易知任意一个最简梯矩阵都具有这两条性质，

(1) 主列构成的向量组是线性无关向量组;

(2) 每一个列都能表示成主列的线性组合.

最简梯矩阵的这两条性质对于以后的讨论是非常重要的.

向量间的线性相关、线性无关、线性组合这三种关系可统称为**线性关系**. 下面继续对向量间的线性关系进行讨论.

定理 1.1　一组向量线性相关的充要条件是其中至少有一个向量可表示为其余向量的线性组合.

证明　设$\boldsymbol{\alpha}_1,\boldsymbol{\alpha}_2,\cdots,\boldsymbol{\alpha}_s$线性相关, 则有不全为零的数$k_1,k_2,\cdots,k_s$, 使

$$k_1\boldsymbol{\alpha}_1+k_2\boldsymbol{\alpha}_2+\cdots+k_s\boldsymbol{\alpha}_s=\mathbf{0}.$$

不妨设$k_1\neq 0$, 可得

$$\boldsymbol{\alpha}_1=-\frac{k_2}{k_1}\boldsymbol{\alpha}_2-\cdots-\frac{k_s}{k_1}\boldsymbol{\alpha}_s,$$

表明$\boldsymbol{\alpha}_1$可表示为其余向量的线性组合.

反之, 不妨设$\boldsymbol{\alpha}_1$可表示为其余向量的线性组合, 即有数$\lambda_2,\cdots,\lambda_s$, 使得

$$\boldsymbol{\alpha}_1=\lambda_2\boldsymbol{\alpha}_2+\cdots+\lambda_s\boldsymbol{\alpha}_s,$$

从而

$$\boldsymbol{\alpha}_1-\lambda_2\boldsymbol{\alpha}_2-\cdots-\lambda_s\boldsymbol{\alpha}_s=\mathbf{0},$$

再由$\boldsymbol{\alpha}_1$的系数是 1, 自然不为零, 因此$\boldsymbol{\alpha}_1,\boldsymbol{\alpha}_2,\cdots,\boldsymbol{\alpha}_s$线性相关. 证毕.

推论 1.1　两个向量$\boldsymbol{\alpha},\boldsymbol{\beta}$构成的向量组线性相关的充要条件是存在数$\lambda$, 使得$\boldsymbol{\alpha}=\lambda\boldsymbol{\beta}$或$\boldsymbol{\beta}=\lambda\boldsymbol{\alpha}$, 即二向量的对应分量成比例.

此例结论的等价陈述即其逆否命题为“两个向量构成的向量组线性无关的充要条件是二向量的对应分量不成比例”.

定理 1.2　设矩阵$\boldsymbol{A}_{m\times n}$可经行初等变换化为$\boldsymbol{B}_{m\times n}$; 而$\boldsymbol{A}$, $\boldsymbol{B}$按列分块为

$$\boldsymbol{A}=(\boldsymbol{\alpha}_1,\boldsymbol{\alpha}_2,\cdots,\boldsymbol{\alpha}_n),\quad \boldsymbol{B}=(\boldsymbol{\beta}_1,\boldsymbol{\beta}_2,\cdots,\boldsymbol{\beta}_n)$$

则

(1) 向量组$\boldsymbol{\alpha}_i,\boldsymbol{\alpha}_j,\cdots,\boldsymbol{\alpha}_s$线性相关的充要条件是向量组$\boldsymbol{\beta}_i,\boldsymbol{\beta}_j,\cdots,\boldsymbol{\beta}_s$线性相关;

(2) 向量组$\boldsymbol{\alpha}_i,\boldsymbol{\alpha}_j,\cdots,\boldsymbol{\alpha}_s$线性无关的充要条件是向量组$\boldsymbol{\beta}_i,\boldsymbol{\beta}_j,\cdots,\boldsymbol{\beta}_s$线性无关;

(3) $\boldsymbol{\alpha}_k=\lambda_i\boldsymbol{\alpha}_i+\lambda_j\boldsymbol{\alpha}_j+\cdots+\lambda_s\boldsymbol{\alpha}_s$的充要条件是

$$\boldsymbol{\beta}_k=\lambda_i\boldsymbol{\beta}_i+\lambda_j\boldsymbol{\beta}_j+\cdots+\lambda_s\boldsymbol{\beta}_s,$$

其中 $\lambda_i, \lambda_j, \cdots, \lambda_s$ 是数，且 $\{i, j, \cdots, s\} \subseteq \{1, 2, \cdots, n\}$.

定理 1.2 证明见 3.4 节.

显然，定理 1.2 可简单地叙述为：对矩阵进行行初等变换不改变矩阵列向量间的线性关系.

推论 1.2 设 $\boldsymbol{A}$ 为 $m \times n$ 矩阵，那么，$\boldsymbol{A}$ 的列向量组线性无关的充要条件是 $R(\boldsymbol{A}) = n$；$\boldsymbol{A}$ 的列向量组线性相关的充要条件是 $R(\boldsymbol{A}) < n$.

证明 $\boldsymbol{A}$ 的列向量组线性无关 $\Leftrightarrow$ $\boldsymbol{A}$ 的最简梯矩阵的列向量组线性无关 $\Leftrightarrow$ $\boldsymbol{A}$ 的最简梯矩阵的 n 个列全是主列 $\Leftrightarrow$ $R(\boldsymbol{A}) = n$. 而后一结论是前一结论的逆否命题.

推论 1.3 对于列数大于行数的矩阵，其列向量组必为线性相关向量组；即，向量个数大于维数的向量组必为线性相关向量组；特别有，$n+1$ 个 n 维向量必线性相关.

这是因为列数大于行数的矩阵，其秩数必然小于列数，从而其列向量组必为线性相关向量组.

例 1.5 判定下列向量组的线性相关性.

(1) $\boldsymbol{\alpha}_1 = \begin{pmatrix} 2 \\ -1 \\ 3 \\ 1 \end{pmatrix}$，$\boldsymbol{\alpha}_2 = \begin{pmatrix} 4 \\ -2 \\ 5 \\ 4 \end{pmatrix}$，$\boldsymbol{\alpha}_3 = \begin{pmatrix} -3 \\ 2 \\ -1 \\ -2 \end{pmatrix}$；

(2) $\boldsymbol{\beta}_1 = \begin{pmatrix} -1 \\ 0 \\ 0 \\ -3 \end{pmatrix}$，$\boldsymbol{\beta}_2 = \begin{pmatrix} 1 \\ 0 \\ 2 \\ -1 \end{pmatrix}$，$\boldsymbol{\beta}_3 = \begin{pmatrix} 3 \\ 0 \\ 4 \\ 1 \end{pmatrix}$，$\boldsymbol{\beta}_4 = \begin{pmatrix} 2 \\ 0 \\ 2 \\ 2 \end{pmatrix}$.

解 (1) 做矩阵

$$\boldsymbol{A} = (\boldsymbol{\alpha}_1, \boldsymbol{\alpha}_2, \boldsymbol{\alpha}_3) = \begin{pmatrix} 2 & 4 & -3 \\ -1 & -2 & 2 \\ 3 & 5 & -1 \\ 1 & 4 & -2 \end{pmatrix},$$

对 $\boldsymbol{A}$ 进行行初等变换将其化为梯矩阵，

$$\boldsymbol{A} = \begin{pmatrix} 2 & 4 & -3 \\ -1 & -2 & 2 \\ 3 & 5 & -1 \\ 1 & 4 & -2 \end{pmatrix} \to \begin{pmatrix} -1 & -2 & 2 \\ 0 & 0 & 1 \\ 0 & -1 & 5 \\ 0 & 2 & 0 \end{pmatrix} \to \begin{pmatrix} -1 & -2 & 2 \\ 0 & -1 & 5 \\ 0 & 0 & 1 \\ 0 & 0 & 10 \end{pmatrix} \to \begin{pmatrix} -1 & -2 & 2 \\ 0 & -1 & 5 \\ 0 & 0 & 1 \\ 0 & 0 & 0 \end{pmatrix}.$$

由于 $R(\boldsymbol{A})=3$，因此向量组 $\boldsymbol{\alpha}_1,\boldsymbol{\alpha}_2,\boldsymbol{\alpha}_3$ 线性无关.

(2) 做矩阵 $\boldsymbol{B}=(\boldsymbol{\beta}_1,\boldsymbol{\beta}_2,\boldsymbol{\beta}_3,\boldsymbol{\beta}_4)$，对 $\boldsymbol{B}$ 作行初等变换将其化为梯矩阵

$$\boldsymbol{B}=\begin{pmatrix}-1&1&3&2\\0&0&0&0\\0&2&4&2\\-3&-1&1&2\end{pmatrix}\to\begin{pmatrix}-1&1&3&2\\0&0&0&0\\0&2&4&2\\0&-4&-8&-4\end{pmatrix}\to\begin{pmatrix}-1&1&3&2\\0&0&0&0\\0&2&4&2\\0&0&0&0\end{pmatrix}\to\begin{pmatrix}-1&1&3&2\\0&2&4&2\\0&0&0&0\\0&0&0&0\end{pmatrix}.$$

由于 $R(\boldsymbol{B})=2$，因此 $\boldsymbol{\beta}_1,\boldsymbol{\beta}_2,\boldsymbol{\beta}_3,\boldsymbol{\beta}_4$ 线性相关.

推论 1.4　设 $\boldsymbol{\alpha}_1,\boldsymbol{\alpha}_2,\cdots,\boldsymbol{\alpha}_n$ 都是 n 维向量，则 $\boldsymbol{\alpha}_1,\boldsymbol{\alpha}_2,\cdots,\boldsymbol{\alpha}_n$ 线性无关的充要条件是行列式 $|\boldsymbol{\alpha}_1\ \ \boldsymbol{\alpha}_2\ \ \cdots\ \ \boldsymbol{\alpha}_n|\neq 0$；$\boldsymbol{\alpha}_1,\boldsymbol{\alpha}_2,\cdots,\boldsymbol{\alpha}_n$ 线性相关的充要条件是行列式 $|\boldsymbol{\alpha}_1\ \ \boldsymbol{\alpha}_2\ \ \cdots\ \ \boldsymbol{\alpha}_n|=0$.

此由推论 1.2 及 $|\boldsymbol{\alpha}_1\ \ \boldsymbol{\alpha}_2\ \ \cdots\ \ \boldsymbol{\alpha}_n|\neq 0\Leftrightarrow R(\boldsymbol{\alpha}_1,\boldsymbol{\alpha}_2,\cdots,\boldsymbol{\alpha}_n)=n$ 即知.

例 1.6　讨论下列向量组的线性相关性.

(1) $\boldsymbol{\alpha}_1=\begin{pmatrix}1\\-2\\3\end{pmatrix}$，$\boldsymbol{\alpha}_2=\begin{pmatrix}-1\\1\\2\end{pmatrix}$，$\boldsymbol{\alpha}_3=\begin{pmatrix}-1\\2\\-5\end{pmatrix}$；

(2) $\boldsymbol{\beta}_1=\begin{pmatrix}2\\0\\0\\0\end{pmatrix}$，$\boldsymbol{\beta}_2=\begin{pmatrix}4\\-2\\0\\0\end{pmatrix}$，$\boldsymbol{\beta}_3=\begin{pmatrix}3\\9\\8\\0\end{pmatrix}$，$\boldsymbol{\beta}_4=\begin{pmatrix}-1\\3\\5\\0\end{pmatrix}$.

解　(1) 由于 $|\boldsymbol{\alpha}_1\ \ \boldsymbol{\alpha}_2\ \ \boldsymbol{\alpha}_3|=\begin{vmatrix}1&-1&-1\\-2&1&2\\3&2&-5\end{vmatrix}=2$，根据推论 1.4 可知，$\boldsymbol{\alpha}_1,\boldsymbol{\alpha}_2,\boldsymbol{\alpha}_3$ 线性无关.

(2) 由于 $|\boldsymbol{\beta}_1\ \ \boldsymbol{\beta}_2\ \ \boldsymbol{\beta}_3\ \ \boldsymbol{\beta}_4|=\begin{vmatrix}2&4&3&-1\\0&-2&9&3\\0&0&8&5\\0&0&0&0\end{vmatrix}=0$，根据推论 1.4 可知，$\boldsymbol{\beta}_1,\boldsymbol{\beta}_2,\boldsymbol{\beta}_3,\boldsymbol{\beta}_4$ 线性相关.

定理 1.3　设 $\boldsymbol{\alpha}_1,\boldsymbol{\alpha}_2,\cdots,\boldsymbol{\alpha}_s$ 线性相关，则向量组 $\boldsymbol{\alpha}_1,\boldsymbol{\alpha}_2,\cdots,\boldsymbol{\alpha}_s$，$\boldsymbol{\beta}_1,\boldsymbol{\beta}_2$，…，$\boldsymbol{\beta}_t$ 也线性相关.

证明　因 $\boldsymbol{\alpha}_1,\boldsymbol{\alpha}_2,\cdots,\boldsymbol{\alpha}_s$ 线性相关，故有不全为零的数 $k_1,k_2,\cdots,k_s$，使

$$k_1\boldsymbol{\alpha}_1+k_2\boldsymbol{\alpha}_2+\cdots+k_s\boldsymbol{\alpha}_s=\boldsymbol{0}.$$

令 $\lambda_1=\lambda_2=\cdots=\lambda_t=0$, 则有

$$k_1\boldsymbol{\alpha}_1+k_2\boldsymbol{\alpha}_2+\cdots+k_s\boldsymbol{\alpha}_s+\lambda_1\boldsymbol{\beta}_1+\lambda_2\boldsymbol{\beta}_2+\cdots+\lambda_t\boldsymbol{\beta}_t=\mathbf{0},$$

且 $k_1,k_2,\cdots,k_s$, $\lambda_1,\lambda_2,\cdots,\lambda_t$ 不全为零, 由定义 1.2 知向量组 $\boldsymbol{\alpha}_1,\boldsymbol{\alpha}_2,\cdots,\boldsymbol{\alpha}_s,\boldsymbol{\beta}_1,\boldsymbol{\beta}_2,\cdots,\boldsymbol{\beta}_t$ 线性相关.

由此定理, 再利用例 1.4 与定理 1.1 之推论的结论可得:

(1) 含有零向量的向量组必为线性相关的向量组;

(2) 若向量组有两个向量的对应分量成比例, 则该向量组必为线性相关的向量组.

定理 1.3 的逆否命题为"若向量组 $\boldsymbol{\alpha}_1,\boldsymbol{\alpha}_2,\cdots,\boldsymbol{\alpha}_s,\boldsymbol{\beta}_1,\boldsymbol{\beta}_2,\cdots,\boldsymbol{\beta}_t$ 线性无关, 则向量组 $\boldsymbol{\alpha}_1,\boldsymbol{\alpha}_2,\cdots,\boldsymbol{\alpha}_s$ 也线性无关". 定理 1.3 与其逆否命题可简单地叙述成: 线性相关向量组的扩大组仍线性相关; 线性无关向量组的部分组仍线性无关.

定理 1.4 设 $\boldsymbol{\alpha}_1,\boldsymbol{\alpha}_2,\cdots,\boldsymbol{\alpha}_s$ 线性无关, 而 $\boldsymbol{\alpha},\boldsymbol{\alpha}_1,\boldsymbol{\alpha}_2,\cdots,\boldsymbol{\alpha}_s$ 线性相关, 则 $\boldsymbol{\alpha}$ 必可唯一地表示为 $\boldsymbol{\alpha}_1,\boldsymbol{\alpha}_2,\cdots,\boldsymbol{\alpha}_s$ 的线性组合.

证明 因 $\boldsymbol{\alpha},\boldsymbol{\alpha}_1,\boldsymbol{\alpha}_2,\cdots,\boldsymbol{\alpha}_s$ 线性相关, 故有不全零的数 $k,k_1,k_2,\cdots,k_s$ 使得

$$k\boldsymbol{\alpha}+k_1\boldsymbol{\alpha}_1+k_2\boldsymbol{\alpha}_2+\cdots+k_s\boldsymbol{\alpha}_s=\mathbf{0}.$$

断言 $k\neq 0$, 否则就有 $k_1,k_2,\cdots,k_s$ 不全为零, 且

$$k_1\boldsymbol{\alpha}_1+k_2\boldsymbol{\alpha}_2+\cdots+k_s\boldsymbol{\alpha}_s=\mathbf{0},$$

此与 $\boldsymbol{\alpha}_1,\boldsymbol{\alpha}_2,\cdots,\boldsymbol{\alpha}_s$ 线性无关矛盾. 于是由前式可得

$$\boldsymbol{\alpha}=-\frac{k_1}{k}\boldsymbol{\alpha}_1-\frac{k_2}{k}\boldsymbol{\alpha}_2-\cdots-\frac{k_s}{k}\boldsymbol{\alpha}_s.$$

这就证明了 $\boldsymbol{\alpha}$ 可表示为 $\boldsymbol{\alpha}_1,\boldsymbol{\alpha}_2,\cdots,\boldsymbol{\alpha}_s$ 的线性组合.

再证唯一性. 设有

$$\boldsymbol{\alpha}=\lambda_1\boldsymbol{\alpha}_1+\lambda_2\boldsymbol{\alpha}_2+\cdots+\lambda_s\boldsymbol{\alpha}_s,$$

$$\boldsymbol{\alpha}=\mu_1\boldsymbol{\alpha}_1+\mu_2\boldsymbol{\alpha}_2+\cdots+\mu_s\boldsymbol{\alpha}_s.$$

二式相减得

$$(\lambda_1-\mu_1)\boldsymbol{\alpha}_1+(\lambda_2-\mu_2)\boldsymbol{\alpha}_2+\cdots+(\lambda_s-\mu_s)\boldsymbol{\alpha}_s=\mathbf{0},$$

而因 $\boldsymbol{\alpha}_1,\boldsymbol{\alpha}_2,\cdots,\boldsymbol{\alpha}_s$ 线性无关, 故必有

$$\lambda_1-\mu_1=\lambda_2-\mu_2=\cdots=\lambda_s-\mu_s=0,$$

即

$$\lambda_1=\mu_1,\quad \lambda_2=\mu_2,\quad \cdots,\quad \lambda_s=\mu_s.$$

唯一性得证.

习题 3.1

习题 3.1 解答

1. 设 $3(\boldsymbol{\alpha}_1-\boldsymbol{\alpha})+2(\boldsymbol{\alpha}_2+\boldsymbol{\alpha})=5(\boldsymbol{\alpha}_3+\boldsymbol{\alpha})$，求 $\boldsymbol{\alpha}$，其中

$\boldsymbol{\alpha}_1=(2,5,1,3)^{\mathrm{T}}$，$\boldsymbol{\alpha}_2=(10,1,5,10)^{\mathrm{T}}$，$\boldsymbol{\alpha}_3=(4,1,-1,1)^{\mathrm{T}}$.

2. 设向量组 $\boldsymbol{\alpha}_1,\boldsymbol{\alpha}_2,\boldsymbol{\alpha}_3$ 线性无关. 证明向量组 $\boldsymbol{\alpha}_1$，$\boldsymbol{\alpha}_1+\boldsymbol{\alpha}_2$，$\boldsymbol{\alpha}_1+\boldsymbol{\alpha}_2+\boldsymbol{\alpha}_3$ 也线性无关.

3. 设

$$\boldsymbol{\alpha}_1=\begin{pmatrix}a_1\\a_2\\a_3\\a_4\\a_5\end{pmatrix},\quad \boldsymbol{\alpha}_2=\begin{pmatrix}b_1\\b_2\\b_3\\b_4\\b_5\end{pmatrix},\quad \boldsymbol{\alpha}_3=\begin{pmatrix}c_1\\c_2\\c_3\\c_4\\c_5\end{pmatrix},\quad \boldsymbol{\beta}_1=\begin{pmatrix}a_3\\a_4\\a_5\end{pmatrix},\quad \boldsymbol{\beta}_2=\begin{pmatrix}b_3\\b_4\\b_5\end{pmatrix},\quad \boldsymbol{\beta}_3=\begin{pmatrix}c_3\\c_4\\c_5\end{pmatrix}.$$

证明若 $\boldsymbol{\beta}_1,\boldsymbol{\beta}_2,\boldsymbol{\beta}_3$ 线性无关，则 $\boldsymbol{\alpha}_1,\boldsymbol{\alpha}_2,\boldsymbol{\alpha}_3$ 也线性无关；若 $\boldsymbol{\alpha}_1,\boldsymbol{\alpha}_2,\boldsymbol{\alpha}_3$ 线性相关，则 $\boldsymbol{\beta}_1,\boldsymbol{\beta}_2,\boldsymbol{\beta}_3$ 也线性相关.

4. 讨论下列向量组的线性相关性.

（1）$\boldsymbol{\alpha}_1=\begin{pmatrix}1\\-1\\2\end{pmatrix}$，$\boldsymbol{\alpha}_2=\begin{pmatrix}-2\\3\\6\end{pmatrix}$，$\boldsymbol{\alpha}_3=\begin{pmatrix}-1\\2\\3\end{pmatrix}$；

（2）$\boldsymbol{\beta}_1=\begin{pmatrix}1\\3\\1\\3\end{pmatrix}$，$\boldsymbol{\beta}_2=\begin{pmatrix}2\\12\\-2\\12\end{pmatrix}$，$\boldsymbol{\beta}_3=\begin{pmatrix}2\\-3\\8\\2\end{pmatrix}$；

（3）$\boldsymbol{\alpha}_1=\begin{pmatrix}1\\2\\3\\4\end{pmatrix}$，$\boldsymbol{\alpha}_2=\begin{pmatrix}2\\3\\4\\5\end{pmatrix}$，$\boldsymbol{\alpha}_3=\begin{pmatrix}3\\4\\5\\6\end{pmatrix}$，$\boldsymbol{\alpha}_4=\begin{pmatrix}4\\5\\6\\7\end{pmatrix}$.

5. 设向量组

$$\boldsymbol{\alpha}_1=\begin{pmatrix}0\\1\\2\\3\end{pmatrix},\quad \boldsymbol{\alpha}_2=\begin{pmatrix}2\\3\\a\\1\end{pmatrix},\quad \boldsymbol{\alpha}_3=\begin{pmatrix}3\\1\\0\\2\end{pmatrix},\quad \boldsymbol{\alpha}_4=\begin{pmatrix}0\\1\\3\\2\end{pmatrix}$$

线性相关，求 a.

6. 设 $\boldsymbol{A}$ 是 $m\times n$ 矩阵，$\boldsymbol{B}$ 是 $n\times m$ 矩阵，且 $\boldsymbol{AB}$ 为可逆矩阵. 证明 $\boldsymbol{B}$ 的列向量组是线性无关

的向量组.

3.2 极大无关组与矩阵的列秩数

本节要讨论矩阵与其列向量组间的内在联系.

定义 2.1 设 T 是含有非零向量的向量集合. $\boldsymbol{\alpha}_1,\boldsymbol{\alpha}_2,\cdots,\boldsymbol{\alpha}_r\in T$，如果 $\boldsymbol{\alpha}_1,\boldsymbol{\alpha}_2,\cdots,\boldsymbol{\alpha}_r$ 满足下述二条件:

(1) $\boldsymbol{\alpha}_1,\boldsymbol{\alpha}_2,\cdots,\boldsymbol{\alpha}_r$ 线性无关;

(2) T 中任意向量 $\boldsymbol{\alpha}$ 均可表示为 $\boldsymbol{\alpha}_1,\boldsymbol{\alpha}_2,\cdots,\boldsymbol{\alpha}_r$ 的线性组合.

则称 $\boldsymbol{\alpha}_1,\boldsymbol{\alpha}_2,\cdots,\boldsymbol{\alpha}_r$ 为向量集 T 的一个**极大线性无关组**, 简称**极大无关组**.

因为 $\boldsymbol{\alpha}_1,\boldsymbol{\alpha}_2,\cdots,\boldsymbol{\alpha}_r$ 中任一向量 $\boldsymbol{\alpha}_j(1\leqslant j\leqslant r)$ 都可表示为 $\boldsymbol{\alpha}_1,\boldsymbol{\alpha}_2,\cdots,\boldsymbol{\alpha}_r$ 的线性组合，即 $\boldsymbol{\alpha}_j=0\cdot\boldsymbol{\alpha}_1+\cdots+1\cdot\boldsymbol{\alpha}_j+\cdots+0\cdot\boldsymbol{\alpha}_r$，所以上述定义条件(2)中, 只要 T 中任意其余向量 $\boldsymbol{\alpha}$ 均可表示为 $\boldsymbol{\alpha}_1,\boldsymbol{\alpha}_2,\cdots,\boldsymbol{\alpha}_r$ 的线性组合即可. 例如, 由 2.3 节知, 任意最简梯矩阵的所有主列就是其列向量集的一个极大无关组.

再如, 设 T 是由

$$\boldsymbol{\alpha}_1=\begin{pmatrix}1\\0\end{pmatrix},\quad \boldsymbol{\alpha}_2=\begin{pmatrix}0\\1\end{pmatrix},\quad \boldsymbol{\alpha}_3=\begin{pmatrix}2\\0\end{pmatrix}$$

所构成的向量组. 由于这三个向量线性相关, 而 $\boldsymbol{\alpha}_1,\boldsymbol{\alpha}_2$ 线性无关, 且 $\boldsymbol{\alpha}_3=2\boldsymbol{\alpha}_1+0\boldsymbol{\alpha}_2$，故 $\boldsymbol{\alpha}_1,\boldsymbol{\alpha}_2$ 就是 T 的一个极大无关组. 不仅如此, $\boldsymbol{\alpha}_2,\boldsymbol{\alpha}_3$ 也线性无关, 且 $\boldsymbol{\alpha}_1=0\boldsymbol{\alpha}_2+\dfrac{1}{2}\boldsymbol{\alpha}_3$，因此 $\boldsymbol{\alpha}_2,\boldsymbol{\alpha}_3$ 也是 T 的一个极大无关组. 故此例不仅说明向量集合 T 存在极大无关组, 同时表明向量集合的极大无关组不是唯一的.

3.1 节定理 1.2 指出, 对矩阵实施行初等变换不改变矩阵的列向量组的线性关系. 以此为依据, 并利用最简梯矩阵的性质, 可求得一向量集的一个极大无关组.

例 2.1 求向量集

$$\boldsymbol{\alpha}_1=\begin{pmatrix}1\\-1\\0\\0\end{pmatrix},\quad \boldsymbol{\alpha}_2=\begin{pmatrix}-1\\2\\1\\-1\end{pmatrix},\quad \boldsymbol{\alpha}_3=\begin{pmatrix}0\\1\\1\\-1\end{pmatrix},\quad \boldsymbol{\alpha}_4=\begin{pmatrix}-1\\3\\2\\1\end{pmatrix},\quad \boldsymbol{\alpha}_5=\begin{pmatrix}-2\\6\\4\\2\end{pmatrix}$$

的一个极大无关组, 并把其余向量表示成为所求极大无关组的线性组合.

解 做矩阵 $\boldsymbol{A}=(\boldsymbol{\alpha}_1,\boldsymbol{\alpha}_2,\boldsymbol{\alpha}_3,\boldsymbol{\alpha}_4,\boldsymbol{\alpha}_5)$，并用行初等变换将其化为最简梯矩阵.

$$A=\begin{pmatrix}1&-1&0&-1&-2\\-1&2&1&3&6\\0&1&1&2&4\\0&-1&-1&1&2\end{pmatrix}\xrightarrow{r_2+r_1}\begin{pmatrix}1&-1&0&-1&-2\\0&1&1&2&4\\0&1&1&2&4\\0&-1&-1&1&2\end{pmatrix}$$

$$\xrightarrow{r_3-r_2,r_4+r_2}\begin{pmatrix}1&-1&0&-1&-2\\0&1&1&2&4\\0&0&0&0&0\\0&0&0&3&6\end{pmatrix}\xrightarrow{\frac{1}{3}r_4,r_3\leftrightarrow r_4}\begin{pmatrix}1&-1&0&-1&-2\\0&1&1&2&4\\0&0&0&1&2\\0&0&0&0&0\end{pmatrix}$$

$$\xrightarrow{r_1+r_3,r_2-2r_3}\begin{pmatrix}1&-1&0&0&0\\0&1&1&0&0\\0&0&0&1&2\\0&0&0&0&0\end{pmatrix}\xrightarrow{r_1+r_2}\begin{pmatrix}1&0&1&0&0\\0&1&1&0&0\\0&0&0&1&2\\0&0&0&0&0\end{pmatrix}.$$

由此可知，$\boldsymbol{\alpha}_1,\boldsymbol{\alpha}_2,\boldsymbol{\alpha}_4$ 为该向量集的一个极大无关组，且 $\boldsymbol{\alpha}_3=\boldsymbol{\alpha}_1+\boldsymbol{\alpha}_2,\boldsymbol{\alpha}_5=2\boldsymbol{\alpha}_4$.

定理 2.1 设 $\boldsymbol{A}=(\boldsymbol{\alpha}_1,\boldsymbol{\alpha}_2,\cdots,\boldsymbol{\alpha}_n)$，且 $R(\boldsymbol{A})=r$，则 $\boldsymbol{A}$ 的列向量集 $\boldsymbol{\alpha}_1,\boldsymbol{\alpha}_2,\cdots,\boldsymbol{\alpha}_n$ 的任意极大无关组中所含向量个数都等于 r .

证明 设 $\boldsymbol{A}$ 的列向量集有一个由 t 个向量构成的极大无关组，不妨设其为前 t 列 $\boldsymbol{\alpha}_1,\boldsymbol{\alpha}_2,\cdots,\boldsymbol{\alpha}_t$，则由定义 2.1 中的(2)，存在数 $k_1,k_2,\cdots,k_t$，使得

$$\boldsymbol{\alpha}_{t+1}=k_1\boldsymbol{\alpha}_1+k_2\boldsymbol{\alpha}_2+\cdots+k_t\boldsymbol{\alpha}_t.$$

将 $\boldsymbol{A}$ 的第 1 列的 $(-k_1)$ 倍，第 2 列的 $(-k_2)$ 倍，直到第 t 列的 $(-k_t)$ 倍加到第 $t+1$ 列，则 $t+1$ 列被化为零列，类似地可将第 $t+2,\cdots,n$ 列全化为零列，由初等变换不改变矩阵的秩数有

$$\begin{aligned}r=R(\boldsymbol{A})&=R(\boldsymbol{\alpha}_1,\cdots,\boldsymbol{\alpha}_t,\mathbf{0},\cdots,\mathbf{0})\\&=R(\boldsymbol{\alpha}_1,\cdots,\boldsymbol{\alpha}_t)=t,\end{aligned}$$

上面的最后一个等号是根据：矩阵的秩数等于矩阵的列数当且仅当其列向量组线性无关.

推论 2.1 设 T 是含有非零向量的向量集，则其任意两个极大无关组中所含向量个数相同.

定义 2.2 设 T 是向量集合. 若 T 只含零向量，则称 T 的秩数为零；若 T 含有非零向量，则称 T 的任意极大无关组中所含向量个数为 T 的秩数，记为 $R(T)$.

由推论 2.1 知 T 的秩数被 T 唯一确定.

定义 2.3 矩阵 $\boldsymbol{A}$ 的列向量组的秩数称为 $\boldsymbol{A}$ 的列秩数，记为列 $R(\boldsymbol{A})$.

对此，我们有以下定理.

定理 2.2　对于任意矩阵 $\boldsymbol{A}$，都有 $R(\boldsymbol{A})$=列 $R(\boldsymbol{A})$.

证明　当 $\boldsymbol{A}$ 为零矩阵时，$R(\boldsymbol{A})$ 与列 $R(\boldsymbol{A})$ 均为零；当 $\boldsymbol{A}$ 不为零矩阵时，$\boldsymbol{A}$ 的列秩数与秩数都等于 $\boldsymbol{A}$ 的最简梯矩阵中主列的个数，故有 $R(\boldsymbol{A})$=列 $R(\boldsymbol{A})$.

我们知道，$R(\boldsymbol{A})$ 与列 $R(\boldsymbol{A})$ 是分别利用 $\boldsymbol{A}$ 的子式及 $\boldsymbol{A}$ 的列向量组的线性相关性来定义的，它们之间有着相当大的“距离”．但定理 2.2 指出二者是相等的. 因此，这是一个较为深刻的结论，它揭示了矩阵的子式与列向量组的线性相关性间的内在联系.

本节与 3.1 节我们只针对列向量进行了讨论. 由于行向量与列向量互为转置，因此，针对列向量所引入的概念与所得的结论只要把对“列”的陈述改成对“行”的陈述，把关于“列”的式子改成关于“行”的式子，便完全适用于行向量. 例如，3.1 节定理 1.2 的推论 1.2 关于“行”的陈述为：设 $\boldsymbol{A}$ 为 $m\times n$ 矩阵，那么，$\boldsymbol{A}$ 的行向量组线性无关的充要条件是 $R(\boldsymbol{A})=m$；$\boldsymbol{A}$ 的行向量组线性相关的充要条件是 $R(\boldsymbol{A})<m$.

习题 3.2

习题 3.2 解答

1. 求下列向量集的秩数.

(1) $\boldsymbol{\alpha}_1=\begin{pmatrix}1\\2\\-1\\5\end{pmatrix},\boldsymbol{\alpha}_2=\begin{pmatrix}2\\-1\\1\\1\end{pmatrix},\boldsymbol{\alpha}_3=\begin{pmatrix}4\\3\\0\\11\end{pmatrix}$;

(2) $\boldsymbol{\alpha}_1=\begin{pmatrix}1\\0\\1\\2\end{pmatrix},\boldsymbol{\alpha}_2=\begin{pmatrix}1\\1\\2\\3\end{pmatrix},\boldsymbol{\alpha}_3=\begin{pmatrix}2\\1\\3\\-1\end{pmatrix},\boldsymbol{\alpha}_4=\begin{pmatrix}3\\-4\\-1\\-1\end{pmatrix}$.

2. 求下列向量集的一个极大无关组，并将其余向量表示成该极大无关组的线性组合.

(1) $\boldsymbol{\alpha}_1=\begin{pmatrix}1\\-2\\5\end{pmatrix},\boldsymbol{\alpha}_2=\begin{pmatrix}3\\2\\-1\end{pmatrix},\boldsymbol{\alpha}_3=\begin{pmatrix}3\\10\\-17\end{pmatrix}$;

(2) $\boldsymbol{\alpha}_1=\begin{pmatrix}2\\1\\1\\1\end{pmatrix},\boldsymbol{\alpha}_2=\begin{pmatrix}-1\\1\\7\\10\end{pmatrix},\boldsymbol{\alpha}_3=\begin{pmatrix}3\\1\\-1\\-2\end{pmatrix},\boldsymbol{\alpha}_4=\begin{pmatrix}8\\5\\9\\11\end{pmatrix}$;

(3) $\boldsymbol{\alpha}_1=\begin{pmatrix}1\\1\\2\\0\end{pmatrix},\boldsymbol{\alpha}_2=\begin{pmatrix}1\\2\\3\\1\end{pmatrix},\boldsymbol{\alpha}_3=\begin{pmatrix}0\\1\\1\\1\end{pmatrix},\boldsymbol{\alpha}_4=\begin{pmatrix}2\\-1\\1\\-3\end{pmatrix},\boldsymbol{\alpha}_5=\begin{pmatrix}-1\\2\\1\\3\end{pmatrix}$.

*3.3 向量空间

本节先引入向量空间的定义，而后对其进行一般性的讨论.

定义 3.1 设 V 是由维数相同的向量构成的非空集合，如果 $\forall \boldsymbol{u},\boldsymbol{v}\in V$，以及任意的数 a，都有 $\boldsymbol{u}+\boldsymbol{v}\in V, a\boldsymbol{u}\in V$（即 V 对向量的加法与数乘向量两个运算封闭)，则称 V 是一个**向量空间**.

例如，所有的 n 维向量构成的集合就是一个向量空间，记为 V^n；单独一个零向量构成的集合也是一个向量空间. 后者通常称为**零空间**. 再如，设 $\boldsymbol{\alpha}_1,\boldsymbol{\alpha}_2,\cdots,\boldsymbol{\alpha}_s$ 是维数相同的向量，则不难验证，所有形如

$$a_1\boldsymbol{\alpha}_1+a_2\boldsymbol{\alpha}_2+\cdots+a_s\boldsymbol{\alpha}_s$$

的向量构成的集合也是一个向量空间，称为由向量 $\boldsymbol{\alpha}_1,\boldsymbol{\alpha}_2,\cdots,\boldsymbol{\alpha}_s$ 张成的**向量空间**. 这里 $a_1,a_2,\cdots,a_s$ 自然都是数.

设 V 是一个非零向量空间，那么 V 作为向量集合必有极大无关组与秩数. 而有

定义 3.2 非零向量空间 V 的极大无关组称为 V 的**基底**；其秩数称为 V 的**维数**. 维数为 r 的向量空间称为 r 维**向量空间**，并规定零空间的维数为零，V 的维数记为 $\dim V$.

例如

$$\boldsymbol{e}_1=\begin{pmatrix}1\\0\\\vdots\\0\end{pmatrix},\quad \boldsymbol{e}_2=\begin{pmatrix}0\\1\\\vdots\\0\end{pmatrix},\quad \cdots,\quad \boldsymbol{e}_n=\begin{pmatrix}0\\0\\\vdots\\1\end{pmatrix}$$

就是 V^n 的一个极大无关组，因而是一基底，故 V^n 便是一个 n 维向量空间，即 $\dim V^n=n$.

再如，由所有形如 $\begin{pmatrix}0\\a\\b\end{pmatrix}$ 的三维向量构成的集合是一个 2 维向量空间. 因为向量

$$\begin{pmatrix}0\\1\\0\end{pmatrix},\quad \begin{pmatrix}0\\0\\1\end{pmatrix}$$

为其一基底.

与此相反，所有形如$\begin{pmatrix}1\\a\\b\end{pmatrix}$的三维向量构成的集合不是向量空间. 因其对向量加法运算不封闭.

例 3.1　求由向量

$$\boldsymbol{\alpha}_1=\begin{pmatrix}1\\2\\3\end{pmatrix},\quad \boldsymbol{\alpha}_2=\begin{pmatrix}2\\3\\5\end{pmatrix},\quad \boldsymbol{\alpha}_3=\begin{pmatrix}1\\-2\\-1\end{pmatrix}$$

张成的向量空间 V 的一个基底和维数.

解　对以 $\boldsymbol{\alpha}_1,\boldsymbol{\alpha}_2,\boldsymbol{\alpha}_3$ 作为列的矩阵进行行的初等变换得

$$\begin{pmatrix}1&2&1\\2&3&-2\\3&5&-1\end{pmatrix}\to\begin{pmatrix}1&2&1\\0&-1&-4\\0&-1&-4\end{pmatrix}\to\begin{pmatrix}1&0&-7\\0&-1&-4\\0&0&0\end{pmatrix}\to\begin{pmatrix}1&0&-7\\0&1&4\\0&0&0\end{pmatrix}$$

可知 $\boldsymbol{\alpha}_1,\boldsymbol{\alpha}_2$ 线性无关且 $\boldsymbol{\alpha}_3=-7\boldsymbol{\alpha}_1+4\boldsymbol{\alpha}_2$. 由于 V 的任意向量都可表示为 $\boldsymbol{\alpha}_1,\boldsymbol{\alpha}_2,\boldsymbol{\alpha}_3$ 的线性组合，从而也能表示为 $\boldsymbol{\alpha}_1,\boldsymbol{\alpha}_2$ 的线性组合. 因此 $\boldsymbol{\alpha}_1,\boldsymbol{\alpha}_2$ 是 V 的一个极大无关组，即 V 的一个基底，且 $\dim V=2$.

以下设 V 是一个 s 维向量空间，$\boldsymbol{u}_1,\boldsymbol{u}_2,\cdots,\boldsymbol{u}_s$ 为其一基底. 则 V 中任意向量 $\boldsymbol{u}$ 都可唯一地表示为 $\boldsymbol{u}_1,\boldsymbol{u}_2,\cdots,\boldsymbol{u}_s$ 的线性组合. 即 $\boldsymbol{u}$ 有形式

$$\boldsymbol{u}=a_1\boldsymbol{u}_1+a_2\boldsymbol{u}_2+\cdots+a_s\boldsymbol{u}_s.$$

称向量

$$\begin{pmatrix}a_1\\a_2\\\vdots\\a_s\end{pmatrix}\text{或}(a_1,a_2,\cdots,a_s)$$

为 $\boldsymbol{u}$ 在基底 $\boldsymbol{u}_1,\boldsymbol{u}_2,\cdots,\boldsymbol{u}_s$ 下的**坐标向量**，简称为**坐标**. 由 $\boldsymbol{u}$ 表示法的唯一性知其坐标也是唯一的. 进一步，还有

定理 3.1　V 中向量间的线性关系与其坐标间的线性关系完全一致. 即若向量 $\boldsymbol{v},\boldsymbol{v}_1,\boldsymbol{v}_2,\cdots,\boldsymbol{v}_t$ 的坐标为 $\boldsymbol{\alpha},\boldsymbol{\alpha}_1,\boldsymbol{\alpha}_2,\cdots,\boldsymbol{\alpha}_t$，则有

(1) $\boldsymbol{v}_1,\boldsymbol{v}_2,\cdots,\boldsymbol{v}_t$ 线性相关当且仅当 $\boldsymbol{\alpha}_1,\boldsymbol{\alpha}_2,\cdots,\boldsymbol{\alpha}_t$ 线性相关;

(2) $\boldsymbol{v}_1,\boldsymbol{v}_2,\cdots,\boldsymbol{v}_t$ 线性无关当且仅当 $\boldsymbol{\alpha}_1,\boldsymbol{\alpha}_2,\cdots,\boldsymbol{\alpha}_t$ 线性无关;

(3) $\boldsymbol{v}=\lambda_1\boldsymbol{v}_1+\lambda_2\boldsymbol{v}_2+\cdots+\lambda_t\boldsymbol{v}_t$ 当且仅当 $\boldsymbol{\alpha}=\lambda_1\boldsymbol{\alpha}_1+\lambda_2\boldsymbol{\alpha}_2+\cdots+\lambda_t\boldsymbol{\alpha}_t$.

证明 由条件有

$$\boldsymbol{v}=(\boldsymbol{u}_1,\boldsymbol{u}_2,\cdots,\boldsymbol{u}_s)\boldsymbol{\alpha},$$

$$(\boldsymbol{v}_1,\boldsymbol{v}_2,\cdots,\boldsymbol{v}_t)=(\boldsymbol{u}_1,\boldsymbol{u}_2,\cdots,\boldsymbol{u}_s)(\boldsymbol{\alpha}_1,\boldsymbol{\alpha}_2,\cdots,\boldsymbol{\alpha}_t). \tag{1}$$

若 $\boldsymbol{v}_1,\boldsymbol{v}_2,\cdots,\boldsymbol{v}_t$ 线性相关, 则有不全为零的数 $k_1,k_2,\cdots,k_t$ 使得

$$(\boldsymbol{v}_1,\boldsymbol{v}_2,\cdots,\boldsymbol{v}_t)\begin{pmatrix}k_1\\k_2\\\vdots\\k_t\end{pmatrix}=\boldsymbol{0},$$

从而

$$(\boldsymbol{u}_1,\boldsymbol{u}_2,\cdots,\boldsymbol{u}_s)(\boldsymbol{\alpha}_1,\boldsymbol{\alpha}_2,\cdots,\boldsymbol{\alpha}_t)\begin{pmatrix}k_1\\k_2\\\vdots\\k_t\end{pmatrix}=\boldsymbol{0},$$

但由 $\boldsymbol{u}_1,\boldsymbol{u}_2,\cdots,\boldsymbol{u}_s$ 线性无关, 进一步得

$$(\boldsymbol{\alpha}_1,\boldsymbol{\alpha}_2,\cdots,\boldsymbol{\alpha}_t)\begin{pmatrix}k_1\\k_2\\\vdots\\k_t\end{pmatrix}=\boldsymbol{0},$$

知 $\boldsymbol{\alpha}_1,\boldsymbol{\alpha}_2,\cdots,\boldsymbol{\alpha}_t$ 线性相关.

反之, 若 $\boldsymbol{\alpha}_1,\boldsymbol{\alpha}_2,\cdots,\boldsymbol{\alpha}_t$ 线性相关, 则有不全为零的数 $k_1,k_2,\cdots,k_t$ 使上式成立. 于是(1)式两边右乘 $\begin{pmatrix}k_1\\k_2\\\vdots\\k_t\end{pmatrix}$, 便得 $(\boldsymbol{v}_1,\boldsymbol{v}_2,\cdots,\boldsymbol{v}_t)\begin{pmatrix}k_1\\k_2\\\vdots\\k_t\end{pmatrix}=\boldsymbol{0}$.
表明 $\boldsymbol{v}_1,\boldsymbol{v}_2,\cdots,\boldsymbol{v}_t$ 线性相关.

类似地可证(3). 至于(2), 显然是(1)的逆否命题, 故自然成立.

例 3.2 设 $\boldsymbol{\alpha}_1,\boldsymbol{\alpha}_2,\cdots,\boldsymbol{\alpha}_n$ 线性无关, 讨论 $\boldsymbol{\beta}_1=\boldsymbol{\alpha}_1+\boldsymbol{\alpha}_2,\boldsymbol{\beta}_2=\boldsymbol{\alpha}_2+\boldsymbol{\alpha}_3,\cdots$, $\boldsymbol{\beta}_{n-1}=\boldsymbol{\alpha}_{n-1}+\boldsymbol{\alpha}_n$, $\boldsymbol{\beta}_n=\boldsymbol{\alpha}_n+\boldsymbol{\alpha}_1$ 的线性相关性.

解 考虑由 $\boldsymbol{\alpha}_1,\boldsymbol{\alpha}_2,\cdots,\boldsymbol{\alpha}_n$ 张成的向量空间 V, 显然 $\boldsymbol{\alpha}_1,\boldsymbol{\alpha}_2,\cdots,\boldsymbol{\alpha}_n$ 是 V 的一个基底,

则 $\boldsymbol{\beta}_1,\boldsymbol{\beta}_2,\cdots,\boldsymbol{\beta}_n$ 在此基底下的坐标依次为

$$\begin{pmatrix}1\\1\\0\\\vdots\\0\\0\end{pmatrix},\quad\begin{pmatrix}0\\1\\1\\\vdots\\0\\0\end{pmatrix},\quad\cdots,\quad\begin{pmatrix}0\\0\\0\\\vdots\\1\\1\end{pmatrix},\quad\begin{pmatrix}1\\0\\0\\\vdots\\0\\1\end{pmatrix}.$$

对于这些坐标形成的行列式, 从第一行开始依次把前一行各元素的 (-1) 倍加到下一行的对应元素上, 得

$$D=\begin{vmatrix}1&0&\cdots&0&1\\1&1&\cdots&0&0\\0&1&\cdots&0&0\\\vdots&\vdots&&\vdots&\vdots\\0&0&\cdots&1&0\\0&0&\cdots&1&1\end{vmatrix}=\begin{vmatrix}1&0&\cdots&0&1\\0&1&\cdots&0&-1\\0&0&\cdots&0&(-1)^2\\\vdots&\vdots&&\vdots&\vdots\\0&0&\cdots&1&(-1)^{n-2}\\0&0&\cdots&0&1+(-1)^{n-1}\end{vmatrix}=1+(-1)^{n-1}.$$

可知当 n 为奇数时, $D=2\neq0$, 当 n 为偶数时, $D=0$. 从而当 n 为奇数时 $\boldsymbol{\beta}_1,\boldsymbol{\beta}_2,\cdots,\boldsymbol{\beta}_n$ 的坐标向量线性无关, 当 n 为偶数时 $\boldsymbol{\beta}_1,\boldsymbol{\beta}_2,\cdots,\boldsymbol{\beta}_n$ 的坐标向量线性相关, 因此, 当 n 为奇数时 $\boldsymbol{\beta}_1,\boldsymbol{\beta}_2,\cdots,\boldsymbol{\beta}_n$ 线性无关; 当 n 为偶数时 $\boldsymbol{\beta}_1,\boldsymbol{\beta}_2,\cdots,\boldsymbol{\beta}_n$ 线性相关.

以下设 V 是一个 n 维向量空间, 我们来讨论 V 的两个基底间的关系, 以及同一个向量在两个基底下的坐标向量间的关系. 首先, 在已知 $\dim V=n$ 的条件下有

(1) V 中任意 n 个线性无关的向量均构成 V 的一个基底;

(2) 若 V 中任意向量均可表示为 V 中某 n 个向量的线性组合, 则此 n 个向量也构成 V 的一个基底.

以此便可证明

定理 3.2 设 $\boldsymbol{u}_1,\boldsymbol{u}_2,\cdots,\boldsymbol{u}_n$ 是 V 的一个基底, $\boldsymbol{v}_1,\boldsymbol{v}_2,\cdots,\boldsymbol{v}_n$ 是 V 中的 n 个向量. 那么 $\boldsymbol{v}_1,\boldsymbol{v}_2,\cdots,\boldsymbol{v}_n$ 也是 V 的一个基底当且仅当存在可逆矩阵 $\boldsymbol{P}$, 使得

$$(\boldsymbol{v}_1,\boldsymbol{v}_2,\cdots,\boldsymbol{v}_n)=(\boldsymbol{u}_1,\boldsymbol{u}_2,\cdots,\boldsymbol{u}_n)\boldsymbol{P}.\tag{2}$$

证明 设 $\boldsymbol{v}_1,\boldsymbol{v}_2,\cdots,\boldsymbol{v}_n$ 也是 V 的一个基底, $\boldsymbol{P}$ 是 $\boldsymbol{v}_1,\boldsymbol{v}_2,\cdots,\boldsymbol{v}_n$ 在基底 $\boldsymbol{u}_1,\boldsymbol{u}_2,\cdots,\boldsymbol{u}_n$ 下的坐标依次作为列形成的矩阵. 则 $\boldsymbol{P}$ 是 n 阶方阵, 且(2)式成立. 又由定理 3.1, $\boldsymbol{P}$ 的 n 个列向量线性无关, 从而 $\boldsymbol{P}$ 还是可逆矩阵, 必要性得证.

反之, 若存在可逆矩阵 $\boldsymbol{P}$ 使(2)式成立, 表明 $\boldsymbol{P}$ 的 n 个列向量依次是 $\boldsymbol{v}_1,\boldsymbol{v}_2,\cdots,\boldsymbol{v}_n$ 在基底 $\boldsymbol{u}_1,\boldsymbol{u}_2,\cdots,\boldsymbol{u}_n$ 下的坐标. 因 $\boldsymbol{P}$ 可逆, 故 $\boldsymbol{P}$ 的 n 个列向量线性无关,

同样由定理 3.1 知 $\boldsymbol{v}_1,\boldsymbol{v}_2,\cdots,\boldsymbol{v}_n$ 线性无关, 因此, $\boldsymbol{v}_1,\boldsymbol{v}_2,\cdots,\boldsymbol{v}_n$ 是 V 的一个基底.

当 $\boldsymbol{v}_1,\boldsymbol{v}_2,\cdots,\boldsymbol{v}_n$ 是基底时, 定理中的可逆矩阵 $\boldsymbol{P}$ 称为**由基底 $\boldsymbol{u}_1,\boldsymbol{u}_2,\cdots,\boldsymbol{u}_n$ 到基底 $\boldsymbol{v}_1,\boldsymbol{v}_2,\cdots,\boldsymbol{v}_n$ 的过渡矩阵.**

定理 3.3 设 $\boldsymbol{u}_1,\boldsymbol{u}_2,\cdots,\boldsymbol{u}_n$ 与 $\boldsymbol{v}_1,\boldsymbol{v}_2,\cdots,\boldsymbol{v}_n$ 是 V 的两个基底, 向量 $\boldsymbol{u}$ 在这两个基底下的坐标向量分别为

$$\boldsymbol{\alpha}=\begin{pmatrix}x_1\\x_2\\\vdots\\x_n\end{pmatrix},\quad \boldsymbol{\beta}=\begin{pmatrix}y_1\\y_2\\\vdots\\y_n\end{pmatrix},$$

由基底 $\boldsymbol{u}_1,\boldsymbol{u}_2,\cdots,\boldsymbol{u}_n$ 到基底 $\boldsymbol{v}_1,\boldsymbol{v}_2,\cdots,\boldsymbol{v}_n$ 的过渡矩阵为 $\boldsymbol{P}$, 则

$$\begin{pmatrix}x_1\\x_2\\\vdots\\x_n\end{pmatrix}=\boldsymbol{P}\begin{pmatrix}y_1\\y_2\\\vdots\\y_n\end{pmatrix}.$$

证明 因此时(2)式成立, 故有

$$\begin{aligned}\boldsymbol{u}&=(\boldsymbol{v}_1,\boldsymbol{v}_2,\cdots,\boldsymbol{v}_n)\boldsymbol{\beta}\\&=[(\boldsymbol{u}_1,\boldsymbol{u}_2,\cdots,\boldsymbol{u}_n)\boldsymbol{P}]\boldsymbol{\beta},\\&=(\boldsymbol{u}_1,\boldsymbol{u}_2,\cdots,\boldsymbol{u}_n)(\boldsymbol{P}\boldsymbol{\beta}),\end{aligned}$$

另一方面又有

$$\boldsymbol{u}=(\boldsymbol{u}_1,\boldsymbol{u}_2,\cdots,\boldsymbol{u}_n)\boldsymbol{\alpha},$$

从而由 $\boldsymbol{u}$ 在基底 $\boldsymbol{u}_1,\boldsymbol{u}_2,\cdots,\boldsymbol{u}_n$ 下坐标的唯一性得 $\boldsymbol{\alpha}=\boldsymbol{P}\boldsymbol{\beta}$, 即

$$\begin{pmatrix}x_1\\x_2\\\vdots\\x_n\end{pmatrix}=\boldsymbol{P}\begin{pmatrix}y_1\\y_2\\\vdots\\y_n\end{pmatrix}.$$

例 3.3 设 V 是 4 维向量空间, $\boldsymbol{u}_1,\boldsymbol{u}_2,\boldsymbol{u}_3,\boldsymbol{u}_4$ 是 V 的一个基底. $\boldsymbol{v}_1=\boldsymbol{u}_1+\boldsymbol{u}_2$, $\boldsymbol{v}_2=\boldsymbol{u}_2+\boldsymbol{u}_3$, $\boldsymbol{v}_3=\boldsymbol{u}_3+\boldsymbol{u}_4$, $\boldsymbol{v}_4=\boldsymbol{u}_4$.

(1) 证明 $\boldsymbol{v}_1,\boldsymbol{v}_2,\boldsymbol{v}_3,\boldsymbol{v}_4$ 也是 V 的一个基底;

(2) 写出由基底 $\boldsymbol{u}_1,\boldsymbol{u}_2,\boldsymbol{u}_3,\boldsymbol{u}_4$ 到基底 $\boldsymbol{v}_1,\boldsymbol{v}_2,\boldsymbol{v}_3,\boldsymbol{v}_4$ 的过渡矩阵 $\boldsymbol{P}$;

(3) 已知向量 $\boldsymbol{u}$ 在基底 $\boldsymbol{u}_1,\boldsymbol{u}_2,\boldsymbol{u}_3,\boldsymbol{u}_4$ 下的坐标为 $\boldsymbol{\alpha}=(1,2,3,4)^{\mathrm{T}}$, 求 $\boldsymbol{u}$ 在基底

$\boldsymbol{v}_1,\boldsymbol{v}_2,\boldsymbol{v}_3,\boldsymbol{v}_4$ 下的坐标向量 $\boldsymbol{\beta}$.

解 (1) 仿例 3.2 可证.

(2) 因 $\boldsymbol{P}$ 是由 $\boldsymbol{v}_1,\boldsymbol{v}_2,\boldsymbol{v}_3,\boldsymbol{v}_4$ 在基底 $\boldsymbol{u}_1,\boldsymbol{u}_2,\boldsymbol{u}_3,\boldsymbol{u}_4$ 下的坐标向量形成的矩阵, 故

$$\boldsymbol{P}=\begin{pmatrix}1&0&0&0\\1&1&0&0\\0&1&1&0\\0&0&1&1\end{pmatrix}.$$

(3) 由定理 3.3, $\boldsymbol{\alpha}=\boldsymbol{P\beta}$, 从而

$$\boldsymbol{\beta}=\boldsymbol{P}^{-1}\boldsymbol{\alpha}=\begin{pmatrix}1&0&0&0\\1&1&0&0\\0&1&1&0\\0&0&1&1\end{pmatrix}^{-1}\begin{pmatrix}1\\2\\3\\4\end{pmatrix}=\begin{pmatrix}1&0&0&0\\-1&1&0&0\\1&-1&1&0\\-1&1&-1&1\end{pmatrix}\begin{pmatrix}1\\2\\3\\4\end{pmatrix}=\begin{pmatrix}1\\1\\2\\2\end{pmatrix}.$$

习题 3.3

1. 求由向量

习题 3.3 解答

$$\begin{pmatrix}1\\2\\-1\end{pmatrix},\quad\begin{pmatrix}3\\1\\4\end{pmatrix},\quad\begin{pmatrix}5\\5\\2\end{pmatrix}$$

张成的向量空间 V 的一个基底和维数.

2. 已知 $\boldsymbol{u}_1,\boldsymbol{u}_2,\boldsymbol{u}_3,\boldsymbol{u}_4$ 为 4 维向量空间 V 的一个基底,

$$\boldsymbol{v}_1=\boldsymbol{u}_1,\quad \boldsymbol{v}_2=2\boldsymbol{u}_1+\boldsymbol{u}_2,\quad \boldsymbol{v}_3=-3\boldsymbol{u}_1-2\boldsymbol{u}_2+\boldsymbol{u}_3,\quad \boldsymbol{v}_4=4\boldsymbol{u}_1-\boldsymbol{u}_2+3\boldsymbol{u}_3+\boldsymbol{u}_4.$$

(1) 证明 $\boldsymbol{v}_1,\boldsymbol{v}_2,\boldsymbol{v}_3,\boldsymbol{v}_4$ 是 V 的一个基底;

(2) 写出由基底 $\boldsymbol{u}_1,\boldsymbol{u}_2,\boldsymbol{u}_3,\boldsymbol{u}_4$ 到基底 $\boldsymbol{v}_1,\boldsymbol{v}_2,\boldsymbol{v}_3,\boldsymbol{v}_4$ 的过渡矩阵;

(3) 已知向量 $\boldsymbol{u}$ 在基底 $\boldsymbol{u}_1,\boldsymbol{u}_2,\boldsymbol{u}_3,\boldsymbol{u}_4$ 下的坐标为 $\boldsymbol{\alpha}=(4,-2,4,1)^{\mathrm{T}}$, 求 $\boldsymbol{u}$ 在基底 $\boldsymbol{v}_1,\boldsymbol{v}_2,\boldsymbol{v}_3,\boldsymbol{v}_4$ 的坐标.

3.4 定理补充证明与典型例题解析

一、定理补充证明

定理 1.2 设矩阵 $\boldsymbol{A}_{m\times n}$ 可经行初等变换化为 $\boldsymbol{B}_{m\times n}$; 而 $\boldsymbol{A},\boldsymbol{B}$ 按列分块为

$$\boldsymbol{A}=(\boldsymbol{\alpha}_1,\boldsymbol{\alpha}_2,\cdots,\boldsymbol{\alpha}_n),\quad \boldsymbol{B}=(\boldsymbol{\beta}_1,\boldsymbol{\beta}_2,\cdots,\boldsymbol{\beta}_n),$$

则

(1) 向量组 $\boldsymbol{\alpha}_i,\boldsymbol{\alpha}_j,\cdots,\boldsymbol{\alpha}_s$ 线性相关的充要条件是向量组 $\boldsymbol{\beta}_i,\boldsymbol{\beta}_j,\cdots,\boldsymbol{\beta}_s$ 线性相关;

(2) 向量组 $\boldsymbol{\alpha}_i,\boldsymbol{\alpha}_j,\cdots,\boldsymbol{\alpha}_s$ 线性无关的充要条件是向量组 $\boldsymbol{\beta}_i,\boldsymbol{\beta}_j,\cdots,\boldsymbol{\beta}_s$ 线性无关;

(3) $\boldsymbol{\alpha}_k=\lambda_i\boldsymbol{\alpha}_i+\lambda_j\boldsymbol{\alpha}_j+\cdots+\lambda_s\boldsymbol{\alpha}_s$ 的充要条件是

$$\boldsymbol{\beta}_k=\lambda_i\boldsymbol{\beta}_i+\lambda_j\boldsymbol{\beta}_j+\cdots+\lambda_s\boldsymbol{\beta}_s,$$

其中 $\lambda_i,\lambda_j,\cdots,\lambda_s$ 是数, 且 $\{i,j,\cdots,s\}\subseteq\{1,2,\cdots,n\}$.

证明 因矩阵 $\boldsymbol{A}$ 可经行初等变换化为 $\boldsymbol{B}$, 故有可逆矩阵 $\boldsymbol{P}$, 使得 $\boldsymbol{PA}=\boldsymbol{B}$, 即

$$\boldsymbol{P}(\boldsymbol{\alpha}_1,\ \boldsymbol{\alpha}_2,\ \cdots,\ \boldsymbol{\alpha}_n)=(\boldsymbol{\beta}_1,\boldsymbol{\beta}_2,\ \cdots,\boldsymbol{\beta}_n),$$

从而

$$(\boldsymbol{P\alpha}_1,\boldsymbol{P\alpha}_2,\ \cdots,\boldsymbol{P\alpha}_n)=(\boldsymbol{\beta}_1,\boldsymbol{\beta}_2,\ \cdots,\boldsymbol{\beta}_n),$$

于是

$$\boldsymbol{P\alpha}_1=\boldsymbol{\beta}_1,\quad \boldsymbol{P\alpha}_2=\boldsymbol{\beta}_2,\quad \cdots,\quad \boldsymbol{P\alpha}_n=\boldsymbol{\beta}_n.$$

设向量组 $\boldsymbol{\alpha}_i,\boldsymbol{\alpha}_j,\cdots,\boldsymbol{\alpha}_s$ 线性相关, 则有不全为零的数 $k_i,k_j,\cdots,k_s$, 使得

$$k_i\boldsymbol{\alpha}_i+k_j\boldsymbol{\alpha}_j+\cdots+k_s\boldsymbol{\alpha}_s=\mathbf{0},$$

两边左乘 $\boldsymbol{P}$, 并计算得

$$k_i\boldsymbol{P\alpha}_i+k_j\boldsymbol{P\alpha}_j+\cdots+k_s\boldsymbol{P\alpha}_s=\boldsymbol{P}\mathbf{0},$$

此即

$$k_i\boldsymbol{\beta}_i+k_j\boldsymbol{\beta}_j+\cdots+k_s\boldsymbol{\beta}_s=\mathbf{0}.$$

由于 $k_i,k_j,\cdots,k_s$ 不全为零, 表明 $\boldsymbol{\beta}_i,\boldsymbol{\beta}_j,\cdots,\boldsymbol{\beta}_s$ 也线性相关.

反之, 若 $\boldsymbol{\beta}_i,\boldsymbol{\beta}_j,\cdots,\boldsymbol{\beta}_s$ 线性相关, 则同样有不全为零的数 $k_i,k_j,\cdots,k_s$, 使

$$k_i\boldsymbol{\beta}_i+k_j\boldsymbol{\beta}_j+\cdots+k_s\boldsymbol{\beta}_s=\mathbf{0},$$

仿上, 两边左乘 $\boldsymbol{P}^{-1}$, 便有

$$k_i\boldsymbol{\alpha}_i+k_j\boldsymbol{\alpha}_j+\cdots+k_s\boldsymbol{\alpha}_s=\mathbf{0}.$$

知 $\boldsymbol{\alpha}_i,\boldsymbol{\alpha}_j,\cdots,\boldsymbol{\alpha}_s$ 线性相关. 即(1)得证.

类似地可证(3). 至于(2), 显然是(1)的逆否命题, 故自然成立.

二、典型例题解析

例 4.1 设$\boldsymbol{\alpha}_1,\boldsymbol{\alpha}_2,\cdots,\boldsymbol{\alpha}_s$与$\boldsymbol{\beta}_1,\boldsymbol{\beta}_2,\cdots,\boldsymbol{\beta}_t$是两个 n 维向量组, 以其作为列组成的$n\times s$与$n\times t$矩阵分别记为$\boldsymbol{A},\boldsymbol{B}$, 即

$$\boldsymbol{A}=(\boldsymbol{\alpha}_1,\boldsymbol{\alpha}_2,\cdots,\boldsymbol{\alpha}_s),\quad \boldsymbol{B}=(\boldsymbol{\beta}_1,\boldsymbol{\beta}_2,\cdots,\boldsymbol{\beta}_t).$$

证明: $\boldsymbol{\alpha}_1,\boldsymbol{\alpha}_2,\cdots,\boldsymbol{\alpha}_s$均可表为$\boldsymbol{\beta}_1,\boldsymbol{\beta}_2,\cdots,\boldsymbol{\beta}_t$的线性组合的充要条件是有矩阵$\boldsymbol{C}=(c_{ij})_{t\times s}$, 使得$\boldsymbol{A}=\boldsymbol{BC}$.

证明 如果有$\boldsymbol{C}=(c_{ij})_{t\times s}$, 使得$\boldsymbol{A}=\boldsymbol{BC}$, 即

$$(\boldsymbol{\alpha}_1,\boldsymbol{\alpha}_2,\cdots,\boldsymbol{\alpha}_s)=(\boldsymbol{\beta}_1,\boldsymbol{\beta}_2,\cdots,\boldsymbol{\beta}_t)\begin{pmatrix} c_{11} & c_{12} & \cdots & c_{1s} \\ c_{21} & c_{22} & \cdots & c_{2s} \\ \vdots & \vdots & & \vdots \\ c_{t1} & c_{t2} & \cdots & c_{ts} \end{pmatrix},$$

那么, 利用矩阵的分块乘法及矩阵相等的定义, 得

$$\begin{gathered}\boldsymbol{\alpha}_1=c_{11}\boldsymbol{\beta}_1+c_{21}\boldsymbol{\beta}_2+\cdots+c_{t1}\boldsymbol{\beta}_t,\\ \boldsymbol{\alpha}_2=c_{12}\boldsymbol{\beta}_1+c_{22}\boldsymbol{\beta}_2+\cdots+c_{t2}\boldsymbol{\beta}_t,\\ \cdots\cdots\\ \boldsymbol{\alpha}_s=c_{1s}\boldsymbol{\beta}_1+c_{2s}\boldsymbol{\beta}_2+\cdots+c_{ts}\boldsymbol{\beta}_t.\end{gathered}$$

可知$\boldsymbol{\alpha}_1,\boldsymbol{\alpha}_2,\cdots,\boldsymbol{\alpha}_s$均可表示为$\boldsymbol{\beta}_1,\boldsymbol{\beta}_2,\cdots,\boldsymbol{\beta}_t$的线性组合.

反之, 若$\boldsymbol{\alpha}_1,\boldsymbol{\alpha}_2,\cdots,\boldsymbol{\alpha}_s$均可表示为$\boldsymbol{\beta}_1,\boldsymbol{\beta}_2,\cdots,\boldsymbol{\beta}_t$的线性组合, 则有数$c_{ij}(i=1,2,\cdots,t;j=1,2,\cdots,s)$使上面这组等式成立, 进而有$\boldsymbol{C}=(c_{ij})_{t\times s}$使得$\boldsymbol{A}=\boldsymbol{BC}$.

若把向量组$\boldsymbol{\alpha}_1,\boldsymbol{\alpha}_2,\cdots,\boldsymbol{\alpha}_s$记为Ⅰ, 向量组$\boldsymbol{\beta}_1,\boldsymbol{\beta}_2,\cdots,\boldsymbol{\beta}_t$记为Ⅱ, 则“$\boldsymbol{\alpha}_1,\boldsymbol{\alpha}_2,\cdots,\boldsymbol{\alpha}_s$均可表示为$\boldsymbol{\beta}_1,\boldsymbol{\beta}_2,\cdots,\boldsymbol{\beta}_t$的线性组合”可简单地说成“向量组Ⅰ可由向量组Ⅱ线性表示”.

由例 4.1 得, 向量组Ⅰ可由向量组Ⅱ线性表示当且仅当有$\boldsymbol{C}$, 使得

$$(\boldsymbol{\alpha}_1,\boldsymbol{\alpha}_2,\cdots,\boldsymbol{\alpha}_s)=(\boldsymbol{\beta}_1,\boldsymbol{\beta}_2,\cdots,\boldsymbol{\beta}_t)\boldsymbol{C}$$

成立. 特别地, 向量$\boldsymbol{\alpha}$可表示为$\boldsymbol{\beta}_1,\boldsymbol{\beta}_2,\cdots,\boldsymbol{\beta}_t$的线性组合当且仅当有向量$\boldsymbol{\xi}$, 使得$\boldsymbol{\alpha}=(\boldsymbol{\beta}_1,\boldsymbol{\beta}_2,\cdots,\boldsymbol{\beta}_t)\boldsymbol{\xi}$成立; $\boldsymbol{\beta}_1,\boldsymbol{\beta}_2,\cdots,\boldsymbol{\beta}_t$线性相关当且仅当有非零向量$\boldsymbol{\xi}$, 使$(\boldsymbol{\beta}_1,\boldsymbol{\beta}_2,\cdots,\boldsymbol{\beta}_t)\boldsymbol{\xi}=0$成立.

以后, 我们时常要利用这种表示方法, 因为它会给讨论带来很大的方便.

例 4.2 设有向量组Ⅰ: $\boldsymbol{\alpha}_1,\boldsymbol{\alpha}_2,\cdots,\boldsymbol{\alpha}_s$与Ⅱ: $\boldsymbol{\beta}_1,\boldsymbol{\beta}_2,\cdots,\boldsymbol{\beta}_t$, 且向量组Ⅰ可由向量

组Ⅱ线性表示. 那么, 若 $s>t$, 则 $\boldsymbol{\alpha}_1,\boldsymbol{\alpha}_2,\cdots,\boldsymbol{\alpha}_s$ 线性相关.

证明　由条件按上面的讨论有 $\boldsymbol{C}=(c_{ij})_{t\times s}$, 使得

$$(\boldsymbol{\alpha}_1,\boldsymbol{\alpha}_2,\cdots,\boldsymbol{\alpha}_s)=(\boldsymbol{\beta}_1,\boldsymbol{\beta}_2,\cdots,\boldsymbol{\beta}_t)\boldsymbol{C}.$$

但由于 $\boldsymbol{C}$ 的列数 s 大于行数 t, 故由 3.1 节定理 1.2 的推论 1.2 知 $\boldsymbol{C}$ 的列向量组线性相关, 进而有非零向量 $\boldsymbol{\xi}$, 使 $\boldsymbol{C\xi}=\boldsymbol{0}$. 于是得

$$(\boldsymbol{\alpha}_1,\boldsymbol{\alpha}_2,\cdots,\boldsymbol{\alpha}_s)\boldsymbol{\xi}=(\boldsymbol{\beta}_1,\boldsymbol{\beta}_2,\cdots,\boldsymbol{\beta}_t)\boldsymbol{C\xi}=0,$$

这表明 $\boldsymbol{\alpha}_1,\boldsymbol{\alpha}_2,\cdots,\boldsymbol{\alpha}_s$ 线性相关.

此例的结论也可叙述成: 设有向量组Ⅰ: $\boldsymbol{\alpha}_1,\boldsymbol{\alpha}_2,\cdots,\boldsymbol{\alpha}_s$ 与Ⅱ: $\boldsymbol{\beta}_1,\boldsymbol{\beta}_2,\cdots,\boldsymbol{\beta}_t$, 且向量组Ⅰ可由向量组Ⅱ线性表示. 那么, 若 $\boldsymbol{\alpha}_1,\boldsymbol{\alpha}_2,\cdots,\boldsymbol{\alpha}_s$ 线性无关, 则 $s\leqslant t$.

由上述结论易得, 设 T 是一个含有非零向量的向量集(T 是有限或无限), $\boldsymbol{\alpha}_1,\boldsymbol{\alpha}_2,\cdots,\boldsymbol{\alpha}_s$ 和 $\boldsymbol{\beta}_1,\boldsymbol{\beta}_2,\cdots,\boldsymbol{\beta}_t$ 是它的两个极大无关组, 则必有 $s=t$.

例 4.3　设 $\boldsymbol{A}$ 为 $n\times r$ 矩阵, 若 $R(\boldsymbol{A})=r$, 则称 $\boldsymbol{A}$ 是**列满秩矩阵**, 证明下述条件等价:

(1) $\boldsymbol{A}$ 的列向量组是线性无关向量组;

(2) $\boldsymbol{A}$ 是列满秩矩阵;

(3) $\boldsymbol{A}$ 有 r 个行构成可逆矩阵;

(4) $\boldsymbol{A}$ 可经行初等变换化为形如 $\begin{pmatrix}\boldsymbol{E}_r\\ \boldsymbol{O}\end{pmatrix}$ 的矩阵;

(5) 有可逆矩阵 $\boldsymbol{P}$, 使得 $\boldsymbol{PA}=\begin{pmatrix}\boldsymbol{E}_r\\ \boldsymbol{O}\end{pmatrix}$;

(6) 有 $n\times(n-r)$ 矩阵 $\boldsymbol{B}$, 使得 $(\boldsymbol{A},\boldsymbol{B})$ 为可逆矩阵.

证明　用循环证法. (1)$\Rightarrow$(2) 由于 $\boldsymbol{A}$ 的列向量组是线性无关向量组, 故也是自身的极大线性无关向量组, 从而 $R(\boldsymbol{A})=$ 列 $R(\boldsymbol{A})=r$, $\boldsymbol{A}$ 是列满秩矩阵.

(2)$\Rightarrow$(3)　由于 $R(\boldsymbol{A})=r$, 故 $\boldsymbol{A}$ 有 r 阶非零子式, 又因 $\boldsymbol{A}$ 仅有 r 个列, 可知此 r 阶非零子式是由 $\boldsymbol{A}$ 的 r 个行所构成. 进而得此 r 个行构成可逆矩阵.

(3)$\Rightarrow$(4) 不妨设 $\boldsymbol{A}$ 的前 r 个行构成可逆矩阵. 先用行初等变换将 $\boldsymbol{A}$ 的前 r 个行化为 $\boldsymbol{E}_r$, 然后再用若干次第二种行初等变换便可将 $\boldsymbol{A}$ 化为矩阵 $\begin{pmatrix}\boldsymbol{E}_r\\ \boldsymbol{O}\end{pmatrix}$.

(4)$\Rightarrow$(5) 显然.

(5)$\Rightarrow$(6) 此时有 $\boldsymbol{A}=\boldsymbol{P}^{-1}\begin{pmatrix}\boldsymbol{E}_r\\ \boldsymbol{O}\end{pmatrix}$, 令 $\boldsymbol{B}=\boldsymbol{P}^{-1}\begin{pmatrix}\boldsymbol{O}\\ \boldsymbol{E}_{n-r}\end{pmatrix}$, 则 $\boldsymbol{B}$ 为 $n\times(n-r)$ 矩阵, 且由

$$(\boldsymbol{A},\boldsymbol{B})=\left(\boldsymbol{P}^{-1}\begin{pmatrix}\boldsymbol{E}_r\\ \boldsymbol{O}\end{pmatrix},\boldsymbol{P}^{-1}\begin{pmatrix}\boldsymbol{O}\\ \boldsymbol{E}_{n-r}\end{pmatrix}\right)$$

$$=\boldsymbol{P}^{-1}\begin{pmatrix}\boldsymbol{E}_r & \boldsymbol{O}\\ \boldsymbol{O} & \boldsymbol{E}_{n-r}\end{pmatrix}=\boldsymbol{P}^{-1}\boldsymbol{E}_r=\boldsymbol{P}^{-1},$$

自然是可逆矩阵.

(6)$\Rightarrow$(1) 此时$(\boldsymbol{A},\boldsymbol{B})$的列向量组是线性无关向量组, 而$\boldsymbol{A}$的列向量组作为线性无关向量组的部分组当然也是线性无关向量组.

例 4.4　如果Ⅰ: $\boldsymbol{\alpha}_1,\boldsymbol{\alpha}_2,\cdots,\boldsymbol{\alpha}_s$, Ⅱ: $\boldsymbol{\beta}_1,\boldsymbol{\beta}_2,\cdots,\boldsymbol{\beta}_t$是两个向量组, 且向量组Ⅰ可由向量组Ⅱ线性表示. 那么必有$R(\text{I})\leqslant R(\text{II})$.

证明　只对列的情形来证明. 令$\boldsymbol{A}=(\boldsymbol{\alpha}_1,\boldsymbol{\alpha}_2,\cdots,\boldsymbol{\alpha}_s)$, $\boldsymbol{B}=(\boldsymbol{\beta}_1,\boldsymbol{\beta}_2,\cdots,\boldsymbol{\beta}_t)$, 由于向量组Ⅰ可由向量组Ⅱ线性表示, 故存在$t\times s$矩阵$\boldsymbol{C}$, 使得$\boldsymbol{A}=\boldsymbol{BC}$. 由 2.5 节定理 5.1 得$R(\boldsymbol{A})\leqslant R(\boldsymbol{B})$, 再由 3.2 节定理 2.2 便有$R(\text{I})\leqslant R(\text{II})$.

例 4.5　设Ⅰ: $\boldsymbol{\alpha}_1,\boldsymbol{\alpha}_2,\cdots,\boldsymbol{\alpha}_s$, Ⅱ: $\boldsymbol{\beta}_1,\boldsymbol{\beta}_2,\cdots,\boldsymbol{\beta}_t$是两个向量组, 如果Ⅰ与Ⅱ可互相线性表示, 则称向量组Ⅰ与Ⅱ**等价**. 则由例 4.4 的结论立得: 等价向量组的秩数相等. 可以证明: 向量组的等价关系具有

(1) 反身性: 任意向量组都与自身等价;

(2) 对称性: 若向量组Ⅰ与Ⅱ等价, 则Ⅱ与Ⅰ也等价;

(3) 传递性: 若向量组Ⅰ与Ⅱ等价, Ⅱ与Ⅲ等价, 则Ⅰ与Ⅲ也等价.

证明留作练习.

3.5　数学模型与实验

实验目的和意义

1. 理解向量、向量的线性组合与线性表示、向量组的线性相关与线性无关、极大线性无关组的概念;

2. 掌握向量组的线性相关和线性无关的有关性质及判别法;

3. 掌握向量组的极大线性无关组和秩的性质和求法;

4. 通过调味品配制问题理解上述知识点在实际中的应用.

向量是代数学的基本概念之一, 也是一种重要的数学工具, 在物理学、工程科学等方面也有着广泛的应用. 在实际问题中, 经常会遇到一些需要用多个实数来表示的量, 这样的量可以写成一个n维向量, 可以看作几何向量的推广. 我们经常利用向量的运算来解决许多实际问题. 向量组的线性相关性来自于几何学中平面向量的共线和空间向量的共面问题. 向量组的极大无关组是向量空间的基在向量集上的推广.

本节通过引入调味品配制问题，来介绍这些代数概念在实际生活中的应用，为研究产品的相似性和不可替代性以及开发新的品种提供了理论基础.

例 5.1 求 $\boldsymbol{a}_1=\begin{pmatrix}1\\-1\\0\\0\end{pmatrix}$，$\boldsymbol{a}_2=\begin{pmatrix}-1\\2\\1\\-1\end{pmatrix}$，$\boldsymbol{a}_3=\begin{pmatrix}0\\1\\1\\-1\end{pmatrix}$，$\boldsymbol{a}_4=\begin{pmatrix}-1\\3\\2\\1\end{pmatrix}$，$\boldsymbol{a}_5=\begin{pmatrix}-2\\6\\4\\2\end{pmatrix}$的一个极大无关组及秩，并将其余向量表示为该极大无关组的线性组合.

解 输入命令:

```
>> a1=[1 -1 0 0]';
>> a2=[-1 2 1 -1]';
>> a3=[0 1 1 -1]';
>> a4=[-1 3 2 1]';
>> a5=[-2 6 4 2]';
>> A=[a1 a2 a3 a4 a5]
A =
 1    -1     0    -1    -2
-1     2     1     3     6
 0     1     1     2     4
 0    -1    -1     1     2
>> [A0, jb]=rref(A)        %求 A 的行最简梯矩阵和一个极大无关组
A0 =
1     0     1     0     0
0     1     1     0     0
0     0     0     1     2
0     0     0     0     0
jb =
1     2     4     %a1, a2, a4 是一个极大无关组
```

为了将 $\boldsymbol{a}_3$ 和 $\boldsymbol{a}_5$ 用该极大无关组线性表示，可分别求解线性方程组

$$(\boldsymbol{a}_1,\boldsymbol{a}_2,\boldsymbol{a}_4)\boldsymbol{x}_3=\boldsymbol{a}_3 \text{ 和 } (\boldsymbol{a}_1,\boldsymbol{a}_2,\boldsymbol{a}_4)\boldsymbol{x}_5=\boldsymbol{a}_5 .$$

令 $\boldsymbol{B}=(\boldsymbol{a}_1,\boldsymbol{a}_2,\boldsymbol{a}_4)$，则

```
>> B=[a1 a2 a4];
>> x3=B\a3
x3 =
1.0000
1.0000
```

```
-0.0000
>> x5=B\a5
x5 =
-0.0000
-0.0000
2.0000
```

例 5.2 某调料有限公司用 7 种成分来制造多种调味制品. 表 3.5.1 列出了 6 种调味制品 A, B, C, D, E, F 每包所需各成分的量.

表 3.5.1 每包调味品所需调味品各成分的量

成分	调味品					
	A	B	C	D	E	F
红辣椒	4.5	1.5	3	7.5	9	4.5
姜黄	0	4	2	8	1	6
胡椒	0	2	1	4	2	3
欧莳萝	0	2	1	4	1	3
大蒜粉	0	1	0.5	2	2	1.5
盐	0	1	0.5	2	2	1.5
丁香油	0	0.5	0.25	2	1	0.75

一个顾客为了避免购买全部 6 种调味制品, 他可以只购买其中一部分并用它们配制出其余几种调味制品. 为了能调配出其余几种调味品, 这位顾客必须购买的最少调味品的种类是多少? 写出所需最少的调味品的集合, 并写出配制其余调味品所需该组调味品的包数.

解 把每一种调味品含有的成分看作一个 7 维的列向量, 6 种调味品分别对应 6 个列向量:

$$\boldsymbol{a}_1,\boldsymbol{a}_2,\boldsymbol{a}_3,\boldsymbol{a}_4,\boldsymbol{a}_5,\boldsymbol{a}_6,$$

顾客必须购买的最少调味品的种类即为向量组的一个极大无关组. 当然, 这里还必须考虑问题的实际意义, 即将其余向量用该极大无关组线性表示时, 系数不能为负数. 否则, 适当调整向量的次序, 使得线性表示的系数非负.

令 $\boldsymbol{A}=(\boldsymbol{a}_1,\boldsymbol{a}_2,\boldsymbol{a}_3,\boldsymbol{a}_4,\boldsymbol{a}_5,\boldsymbol{a}_6)$, 则

输入命令:

```
>> a1=[4.5 0 0 0 0 0 0]';
>> a2=[1.5 4 2 2 1 1 0.5]';
>> a3=[3 2 1 1 0.5 0.5 0.25]';
```

```
>> a4=[7.5 8 4 4 2 2 2]';
>> a5=[9 1 2 1 2 2 1]';
>> a6=[4.5 6 3 3 1.5 1.5 0.75]';
>> A=[a1 a2 a3 a4 a5 a6];
>> [A0, jb]=rref(A)              %求 A 的行最简梯矩阵和一个极大无关组
A0 =
1.0000        0    0.5000         0         0    0.5000
0        1.0000    0.5000         0         0    1.5000
0             0         0    1.0000         0         0
0             0         0         0    1.0000         0
0             0         0         0         0         0
0             0         0         0         0         0
0             0         0         0         0         0
jb =
1     2     4     5                %a1, a2, a4, a5 是一个极大无关组
```

因此, 顾客最少需要买 A, B, D, E 四种调味品.

为了将 $\boldsymbol{a}_3$ 和 $\boldsymbol{a}_6$ 用该极大无关组表示, 可分别求解线性方程组

$$(\boldsymbol{a}_1,\boldsymbol{a}_2,\boldsymbol{a}_4,\boldsymbol{a}_5)\boldsymbol{x}_3=\boldsymbol{a}_3 \text{ 和 } (\boldsymbol{a}_1,\boldsymbol{a}_2,\boldsymbol{a}_4,\boldsymbol{a}_5)\boldsymbol{x}_6=\boldsymbol{a}_6 .$$

令 $\boldsymbol{B}=(\boldsymbol{a}_1,\boldsymbol{a}_2,\boldsymbol{a}_4,\boldsymbol{a}_5)$, 则

```
>> B=[a1 a2 a4 a5];
>> x3=B\a3
x3 =
0.5000
0.5000
0.0000
-0.0000
```

即配制 C 调味品需要 0.5 包 A 和 0.5 包 B 调味品.

```
>> x6=B\a6
x6 =
0.5000
1.5000
0.0000
-0.0000
```

即配制 F 调味品需要 0.5 包 A 和 1.5 包 B 调味品.

习题 3.5

1. 求 $\boldsymbol{\alpha}_1=\begin{pmatrix}1\\1\\2\\0\end{pmatrix}$, $\boldsymbol{\alpha}_2=\begin{pmatrix}1\\2\\3\\1\end{pmatrix}$, $\boldsymbol{\alpha}_3=\begin{pmatrix}0\\1\\1\\1\end{pmatrix}$, $\boldsymbol{\alpha}_4=\begin{pmatrix}2\\-1\\1\\-3\end{pmatrix}$, $\boldsymbol{\alpha}_5=\begin{pmatrix}-1\\2\\1\\3\end{pmatrix}$ 的一个极大无关组及秩, 并将其余向量表示为该极大无关组的线性组合.

2. 某中药厂用 9 种中草药 A～I, 根据不同的比例配制成了 7 种特效药, 各用量成分见表 3.5.2. 医院为了避免购买全部 7 种特效药, 可以只购买其中一部分并用它们配制出其余几种特效药. 为了能配制出其余几种特效药, 必须购买的最少特效药的种类是多少？写出所需最少的特效药的集合, 并写出配制其余特效药所需该组特效药的包数.

表 3.5.2　7 种特效药的成分　　(单位:克)

中药	1 号成药	2 号成药	3 号成药	4 号成药	5 号成药	6 号成药	7 号成药
A	10	2	14	12	20	38	100
B	12	0	12	25	35	60	55
C	5	3	11	0	5	14	0
D	7	9	25	5	15	47	35
E	0	1	2	25	5	33	6
F	25	5	35	5	35	55	50
G	9	4	17	25	2	39	25
H	6	5	16	10	10	35	10
I	8	2	12	0	2	6	20

第 3 章习题

第 3 章习题解答

1. 设向量 $\boldsymbol{\alpha}_1,\boldsymbol{\alpha}_2,\boldsymbol{\alpha}_3$ 线性相关, $\boldsymbol{\alpha}_2,\boldsymbol{\alpha}_3,\boldsymbol{\alpha}_4$ 线性无关. 证明 $\boldsymbol{\alpha}_1$ 可以由 $\boldsymbol{\alpha}_2,\boldsymbol{\alpha}_3$ 线性表示.

2. 设向量 $\boldsymbol{\alpha}_1,\boldsymbol{\alpha}_2,\boldsymbol{\alpha}_3$ 线性相关, $\boldsymbol{\alpha}_2,\boldsymbol{\alpha}_3,\boldsymbol{\alpha}_4$ 线性无关. 证明 $\boldsymbol{\alpha}_4$ 不能由 $\boldsymbol{\alpha}_1,\boldsymbol{\alpha}_2,\boldsymbol{\alpha}_3$ 线性表示.

3. 设向量组 $\boldsymbol{\alpha}_1,\boldsymbol{\alpha}_2,\cdots,\boldsymbol{\alpha}_s$ 线性无关, $\boldsymbol{\beta}=\boldsymbol{\alpha}_1+\boldsymbol{\alpha}_2+\cdots+\boldsymbol{\alpha}_s$. 证明向量组 $\boldsymbol{\beta}-\boldsymbol{\alpha}_1$, $\boldsymbol{\beta}-\boldsymbol{\alpha}_2,\cdots,\boldsymbol{\beta}-\boldsymbol{\alpha}_s$ 线性无关 $(s>1)$.

4. 设向量 $\boldsymbol{\beta}$ 可以由向量 $\boldsymbol{\alpha}_1,\boldsymbol{\alpha}_2,\cdots,\boldsymbol{\alpha}_s$ 线性表示, 但 $\boldsymbol{\beta}$ 不能由向量 $\boldsymbol{\alpha}_1,\boldsymbol{\alpha}_2,\cdots,\boldsymbol{\alpha}_{s-1}$ 线性表示, 证明 $\boldsymbol{\alpha}_s$ 可以由向量 $\boldsymbol{\alpha}_1,\boldsymbol{\alpha}_2,\cdots,\boldsymbol{\alpha}_{s-1},\boldsymbol{\beta}$ 线性表示.

5. 证明可逆矩阵的列向量组必为线性无关向量组.

6. 设 $\boldsymbol{A}$ 是 $m\times n$ 矩阵, $\boldsymbol{B}$ 是 $n\times m$ 矩阵, 且 $\boldsymbol{AB}$ 为可逆矩阵. 证明 $\boldsymbol{A}$ 的行向量组是线性无关的向量组.

7. 设向量集 T 的秩数为 r, $\boldsymbol{\alpha}_1,\boldsymbol{\alpha}_2,\cdots,\boldsymbol{\alpha}_r\in T$. 证明, 若 $\boldsymbol{\alpha}_1,\boldsymbol{\alpha}_2,\cdots,\boldsymbol{\alpha}_r$ 线性无关, 则 $\boldsymbol{\alpha}_1,\boldsymbol{\alpha}_2,\cdots,\boldsymbol{\alpha}_r$ 是 T 的一个极大无关组.

8. 设向量集 T 的秩数为 r, $\boldsymbol{\alpha}_1,\boldsymbol{\alpha}_2,\cdots,\boldsymbol{\alpha}_r\in T$. 证明, 若 T 中任意向量都可表示为

$\boldsymbol{\alpha}_1,\boldsymbol{\alpha}_2,\cdots,\boldsymbol{\alpha}_r$ 线性组合，则 $\boldsymbol{\alpha}_1,\boldsymbol{\alpha}_2,\cdots,\boldsymbol{\alpha}_r$ 是 T 的一个极大无关组.

9. 设 T 是一个向量组，$\boldsymbol{\alpha}_1,\boldsymbol{\alpha}_2,\cdots,\boldsymbol{\alpha}_r \in T$，若 T 中任何向量都可由 $\boldsymbol{\alpha}_1,\boldsymbol{\alpha}_2,\cdots,\boldsymbol{\alpha}_r$ 唯一线性表示，证明 $\boldsymbol{\alpha}_1,\boldsymbol{\alpha}_2,\cdots,\boldsymbol{\alpha}_r$ 为 T 的一个极大无关组.

10. 设向量 $\boldsymbol{\alpha}=\boldsymbol{\alpha}_1+\boldsymbol{\alpha}_2+\cdots+\boldsymbol{\alpha}_s(s>1)$，而 $\boldsymbol{\beta}_1=\boldsymbol{\alpha}-\boldsymbol{\alpha}_1,\boldsymbol{\beta}_2=\boldsymbol{\alpha}-\boldsymbol{\alpha}_2,\cdots,\boldsymbol{\beta}_s=\boldsymbol{\alpha}-\boldsymbol{\alpha}_s$. 证明：$R(\boldsymbol{\alpha}_1,\boldsymbol{\alpha}_2,\cdots,\boldsymbol{\alpha}_s)=R(\boldsymbol{\beta}_1,\boldsymbol{\beta}_2,\cdots,\boldsymbol{\beta}_s)$.

11. 已知向量组

$$\boldsymbol{\alpha}_1=\begin{pmatrix}1\\2\\-3\end{pmatrix},\boldsymbol{\alpha}_2=\begin{pmatrix}3\\0\\1\end{pmatrix},\boldsymbol{\alpha}_3=\begin{pmatrix}9\\6\\-7\end{pmatrix} \text{与} \boldsymbol{\beta}_1=\begin{pmatrix}0\\1\\-1\end{pmatrix},\boldsymbol{\beta}_2=\begin{pmatrix}a\\2\\1\end{pmatrix},\boldsymbol{\beta}_3=\begin{pmatrix}b\\1\\0\end{pmatrix}$$

有相同的秩，且 $\boldsymbol{\beta}_3$ 可由 $\boldsymbol{\alpha}_1,\boldsymbol{\alpha}_2,\boldsymbol{\alpha}_3$ 线性表示，求 a,b 的值.

12. 设向量组 $\boldsymbol{\alpha}_1,\boldsymbol{\alpha}_2,\cdots,\boldsymbol{\alpha}_m$ 的秩为 r，证明向量组 $\boldsymbol{\alpha}_1,\boldsymbol{\alpha}_2,\cdots,\boldsymbol{\alpha}_m,\boldsymbol{\beta}$ 的秩仍为 r 的充分必要条件是 $\boldsymbol{\beta}$ 可由 $\boldsymbol{\alpha}_1,\boldsymbol{\alpha}_2,\cdots,\boldsymbol{\alpha}_m$ 线性表示.

13. 证明任意含有非零向量的向量集与其极大无关组等价.

14. 验证 $\boldsymbol{u}_1=(1,\ -1,\ 0)^{\mathrm{T}},\boldsymbol{u}_2=(2,1,3)^{\mathrm{T}},\boldsymbol{u}_3=(3,1,2)^{\mathrm{T}}$ 是 3 维向量空间 V 的一个基底，并把 $\boldsymbol{v}_1=(5,0,7)^{\mathrm{T}},\boldsymbol{v}_2=(-9,-8,-13)^{\mathrm{T}}$ 用这个基底线性表示.

15. 已知 3 维向量空间 V 的任意向量 $\boldsymbol{u}$ 在基

$$\boldsymbol{u}_1=(1,-2,1)^{\mathrm{T}},\quad \boldsymbol{u}_2=(0,1,1)^{\mathrm{T}},\quad \boldsymbol{u}_3=(3,2,1)^{\mathrm{T}}$$

下的坐标 $(x_1,x_2,x_3)^{\mathrm{T}}$ 与 $\boldsymbol{u}$ 在基 $\boldsymbol{v}_1,\boldsymbol{v}_2,\boldsymbol{v}_3$ 下的坐标 $(y_1,y_2,y_3)^{\mathrm{T}}$ 具有关系

$$y_1=x_1-x_2-x_3,\quad y_2=-x_1+x_2,\quad y_3=x_1+2x_3.$$

(1) 求由基底 $\boldsymbol{u}_1,\boldsymbol{u}_2,\boldsymbol{u}_3$ 到基底 $\boldsymbol{v}_1,\boldsymbol{v}_2,\boldsymbol{v}_3$ 的过渡矩阵;

(2) 求基底 $\boldsymbol{v}_1,\boldsymbol{v}_2,\boldsymbol{v}_3$.

16. 已知 3 维向量空间 V 的两个基底:

(Ⅰ) $\boldsymbol{u}_1=(a,1,1)^{\mathrm{T}},\boldsymbol{u}_2=(0,b,1)^{\mathrm{T}},\boldsymbol{u}_3=(0,0,c)^{\mathrm{T}}$,

(Ⅱ) $\boldsymbol{v}_1=(-1,-1,x)^{\mathrm{T}},\boldsymbol{v}_2=(y,-1,1)^{\mathrm{T}},\boldsymbol{v}_3=(-1,z,1)^{\mathrm{T}}$;

且由基底 $\boldsymbol{u}_1,\boldsymbol{u}_2,\boldsymbol{u}_3$ 到基底 $\boldsymbol{v}_1,\boldsymbol{v}_2,\boldsymbol{v}_3$ 的过渡矩阵为

$$\begin{pmatrix}-1&1&-1\\0&1&2\\0&2&0\end{pmatrix}.$$

求 a,b,c,x,y,z 的值.

第 4 章　线性方程组

线性方程组的系统研究早在 17 世纪中叶就已经开始. 1750 年 Cramer 创立了解线性方程组的 Cramer 法则, 1849 年 Gauss 提出了解线性方程组的 Gauss 消元法. 但二者都有很大的局限性, 前者仅适用于方程个数与未知数的个数相等且系数行列式不为零的方程组, 同时由于计算的复杂性使其只具有理论上的意义; 后者虽给出了方程组的普遍可行的解法, 但并未解决解的结构问题. 其一般理论一直到矩阵秩数概念产生后, 以其为工具, 于 19 世纪末才最后完成.

研究线性方程组主要是解决下面三个问题:

(1) 给定的线性方程组是否有解, 即解的存在性问题;

(2) 在线性方程组有解的情况下, 究竟有多少个解, 解与解之间又有什么关系, 即解的结构问题;

(3) 解法问题.

本章就围绕这三个问题进行讨论.

4.1　线性方程组解的存在性

由 n 个未知数 $x_1, x_2, \cdots, x_n$, m 个方程构成的线性方程组的**一般形式**是

$$\begin{cases} a_{11}x_1 + a_{12}x_2 + \cdots + a_{1n}x_n = b_1, \\ a_{21}x_1 + a_{22}x_2 + \cdots + a_{2n}x_n = b_2, \\ \quad\cdots\cdots \\ a_{m1}x_1 + a_{m2}x_2 + \cdots + a_{mn}x_n = b_m, \end{cases} \tag{1}$$

矩阵

$$\begin{pmatrix} a_{11} & a_{12} & \cdots & a_{1n} \\ a_{21} & a_{22} & \cdots & a_{2n} \\ \vdots & \vdots & & \vdots \\ a_{m1} & a_{m2} & \cdots & a_{mn} \end{pmatrix} \text{与} \left(\begin{array}{cccc:c} a_{11} & a_{12} & \cdots & a_{1n} & b_1 \\ a_{21} & a_{22} & \cdots & a_{2n} & b_2 \\ \vdots & \vdots & & \vdots & \vdots \\ a_{m1} & a_{m2} & \cdots & a_{mn} & b_m \end{array}\right)$$

分别称为方程组的**系数矩阵**与**增广矩阵**.

第 2 章已指出, 如果令

$$A=\begin{pmatrix} a_{11} & a_{12} & \cdots & a_{1n} \\ a_{21} & a_{22} & \cdots & a_{2n} \\ \vdots & \vdots & & \vdots \\ a_{m1} & a_{m2} & \cdots & a_{mn} \end{pmatrix},\quad X=\begin{pmatrix} x_1 \\ x_2 \\ \vdots \\ x_n \end{pmatrix},\quad b=\begin{pmatrix} b_1 \\ b_2 \\ \vdots \\ b_m \end{pmatrix},$$

则利用矩阵的乘法与相等的定义，方程组(1)可表示为

$$\boldsymbol{AX}=\boldsymbol{b}. \tag{2}$$

如果再令

$$\boldsymbol{\alpha}_1=\begin{pmatrix} a_{11} \\ a_{21} \\ \vdots \\ a_{m1} \end{pmatrix},\quad \boldsymbol{\alpha}_2=\begin{pmatrix} a_{12} \\ a_{22} \\ \vdots \\ a_{m2} \end{pmatrix},\quad \cdots,\quad \boldsymbol{\alpha}_n=\begin{pmatrix} a_{1n} \\ a_{2n} \\ \vdots \\ a_{mn} \end{pmatrix},$$

则利用向量的线性运算与相等的定义，方程组(1)还可表示为

$$\boldsymbol{\alpha}_1x_1+\boldsymbol{\alpha}_2x_2+\cdots+\boldsymbol{\alpha}_nx_n=\boldsymbol{b}. \tag{3}$$

(2)式称为方程组的**矩阵形式**；(3)式称为方程组的**向量形式**. 在不同的条件下应用适当的形式会给讨论带来一些方便.

当 $b_i(i=1,2,\cdots,m)$ 全为零时，方程组的三种形式分别为

$$\begin{cases} a_{11}x_1+a_{12}x_2+\cdots+a_{1n}x_n=0, \\ a_{21}x_1+a_{22}x_2+\cdots+a_{2n}x_n=0, \\ \qquad\cdots\cdots \\ a_{m1}x_1+a_{m2}x_2+\cdots+a_{mn}x_n=0, \end{cases} \tag{1°}$$

$$\boldsymbol{AX}=\boldsymbol{0}, \tag{2°}$$

$$\boldsymbol{\alpha}_1x_1+\boldsymbol{\alpha}_2x_2+\cdots+\boldsymbol{\alpha}_nx_n=\boldsymbol{0}, \tag{3°}$$

称为**齐次线性方程组**，相应地，称(1)，(2)，(3)式为**非齐次线性方程组**.

如果 $x_1=a_1,x_2=a_2,\cdots,x_n=a_n$ 是线性方程组的一组解，我们常把它写成向量形式

$$\begin{pmatrix} a_1 \\ a_2 \\ \vdots \\ a_n \end{pmatrix},$$

并称为**解向量**，或更简单地称为**解**.

定义 1.1 设 $\boldsymbol{AX}=\boldsymbol{b}$ 与 $\boldsymbol{CX}=\boldsymbol{d}$ 都是以 $x_1,x_2,\cdots,x_n$ 为未知数的线性方程组. 如果 $\boldsymbol{AX}=\boldsymbol{b}$ 的每一个解都是 $\boldsymbol{CX}=\boldsymbol{d}$ 的解，$\boldsymbol{CX}=\boldsymbol{d}$ 的每一个解也都是 $\boldsymbol{AX}=\boldsymbol{b}$ 的解. 则称 $\boldsymbol{AX}=\boldsymbol{b}$ 与 $\boldsymbol{CX}=\boldsymbol{d}$ 是两个**同解方程组**.

在中学我们就已经知道，下面对方程组的三种演变所得的新方程组必与原方程组同解:

(1) 把某个方程的两边都乘以非零的数 α；

(2) 把某个方程的若干倍加到另一个方程上;

(3) 互换某两个方程的位置.

不难看出，这三种演变恰好就是对方程组的增广矩阵所进行的三种行初等变换. 因此有

命题 1.1 如果线性方程组 $\boldsymbol{AX}=\boldsymbol{b}$ 的增广矩阵 $(\boldsymbol{A},\boldsymbol{d})$ 能够经行初等变换化为 $\boldsymbol{CX}=\boldsymbol{d}$ 的增广矩阵 $(\boldsymbol{C},\boldsymbol{d})$，则 $\boldsymbol{AX}=\boldsymbol{b}$ 与 $\boldsymbol{CX}=\boldsymbol{d}$ 是两个同解方程组.

下面我们就来讨论线性方程组解的存在性问题. 齐次线性方程组 $\boldsymbol{AX}=\boldsymbol{0}$ 总是有解的，因零向量便是其一个解，称之为**零解**. 故关于 $\boldsymbol{AX}=\boldsymbol{0}$，我们关心的是何时有非零解.

定理 1.1 齐次线性方程组 $\boldsymbol{AX}=\boldsymbol{0}$ 有非零解当且仅当 $\boldsymbol{A}$ 的列向量 $\boldsymbol{\alpha}_1,\boldsymbol{\alpha}_2,\cdots,\boldsymbol{\alpha}_n$ 线性相关，当且仅当 $R(\boldsymbol{A})<n$.

证明 利用方程组的向量形式 (3°)，并注意 $\boldsymbol{A}$ 的列数为 n，立得 $\boldsymbol{AX}=\boldsymbol{0}$ 有非零解当且仅当有不全为零的数 $k_1,k_2,\cdots,k_n$，使得 $k_1\boldsymbol{\alpha}_1+k_2\boldsymbol{\alpha}_2+\cdots+k_n\boldsymbol{\alpha}_n=\boldsymbol{0}$，当且仅当 $\boldsymbol{\alpha}_1,\boldsymbol{\alpha}_2,\cdots,\boldsymbol{\alpha}_n$ 线性相关，当且仅当 $R(\boldsymbol{A})<n$.

推论 1.1 $\boldsymbol{AX}=\boldsymbol{0}$ 只有零解当且仅当 $\boldsymbol{\alpha}_1,\boldsymbol{\alpha}_2,\cdots,\boldsymbol{\alpha}_n$ 线性无关; 当且仅当 $R(\boldsymbol{A})=n$.

推论 1.2 若 $\boldsymbol{A}$ 是方阵,则 $\boldsymbol{AX}=\boldsymbol{0}$ 有非零解当且仅当 $|\boldsymbol{A}|=0$；$\boldsymbol{AX}=\boldsymbol{0}$ 只有零解当且仅当 $|\boldsymbol{A}|\neq 0$.

定理 1.2 非齐次线性方程组 $\boldsymbol{AX}=\boldsymbol{b}$ 有解的充分必要条件是其增广矩阵 $(\boldsymbol{A},\boldsymbol{b})$ 与系数矩阵 $\boldsymbol{A}$ 的秩数相同.

注 定理 1.2 的证明见 3.4 节.

例 1.1 判断齐次线性方程组

$$\begin{cases}2x_1+4x_2+2x_3-3x_4=0,\\-x_1-2x_2-x_3+2x_4=0,\\3x_1+5x_2+2x_3-x_4=0,\\x_1+4x_2+3x_3-2x_4=0\end{cases}$$

是否有非零解.

解　对方程组的系数矩阵进行行初等变换得

$$\boldsymbol{A}=\begin{pmatrix}2&4&2&-3\\-1&-2&-1&2\\3&5&2&-1\\1&4&3&-2\end{pmatrix}\to\begin{pmatrix}1&4&3&-2\\-1&-2&-1&2\\3&5&2&-1\\2&4&2&-3\end{pmatrix}$$
$$\to\begin{pmatrix}1&4&3&-2\\0&2&2&0\\0&-7&-7&5\\0&-4&-4&1\end{pmatrix}\to\begin{pmatrix}1&4&3&-2\\0&1&1&0\\0&0&0&1\\0&0&0&0\end{pmatrix}.$$

因为 $R(\boldsymbol{A})=3<4$，故方程组有非零解.

例 1.2　判断非齐次线性方程组

$$\begin{cases}x_1+x_2+2x_3+3x_4=1,\\x_2+x_3-4x_4=1,\\x_1+2x_2+3x_3-x_4=4,\\2x_1+3x_2-x_3-x_4=-6\end{cases}$$

是否有解.

解　对方程组的增广矩阵进行行初等变换得

$$(\boldsymbol{A},\boldsymbol{b})=\left(\begin{array}{cccc:c}1&1&2&3&1\\0&1&1&-4&1\\1&2&3&-1&4\\2&3&-1&-1&-6\end{array}\right)\to\left(\begin{array}{cccc:c}1&1&2&3&1\\0&1&1&-4&1\\0&1&1&-4&3\\0&1&-5&-7&-8\end{array}\right)$$
$$\to\left(\begin{array}{cccc:c}1&1&2&3&1\\0&1&1&-4&1\\0&0&0&0&2\\0&0&-6&-3&-9\end{array}\right)\to\left(\begin{array}{cccc:c}1&1&2&3&1\\0&1&1&-4&1\\0&0&6&3&9\\0&0&0&0&2\end{array}\right).$$

因为 $R(\boldsymbol{A})=3$，$R(\boldsymbol{A},\boldsymbol{b})=4$，$R(\boldsymbol{A},\boldsymbol{b})\neq R(\boldsymbol{A})$，所以方程组无解.

习题 4.1

习题 4.1 解答

1. 判断下列齐次线性方程组是否有非零解.

(1) $\begin{cases} x_1+x_2+x_3=0, \\ 2x_1-x_2+x_3=0, \\ 2x_1-3x_2-x_3=0, \\ 3x_1+6x_2+7x_3=0; \end{cases}$ (2) $\begin{cases} x_1+x_2+x_3+4x_4=0, \\ x_1+x_2-x_3-2x_4=0, \\ 2x_1+2x_2+x_3+5x_4=0, \\ 3x_1+3x_2+x_3+6x_4=0. \end{cases}$

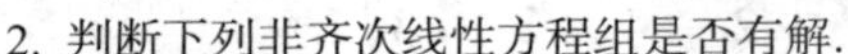
2. 判断下列非齐次线性方程组是否有解.

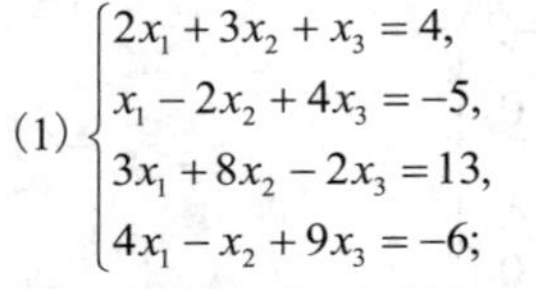
(1) $\begin{cases} 2x_1+3x_2+x_3=4, \\ x_1-2x_2+4x_3=-5, \\ 3x_1+8x_2-2x_3=13, \\ 4x_1-x_2+9x_3=-6; \end{cases}$

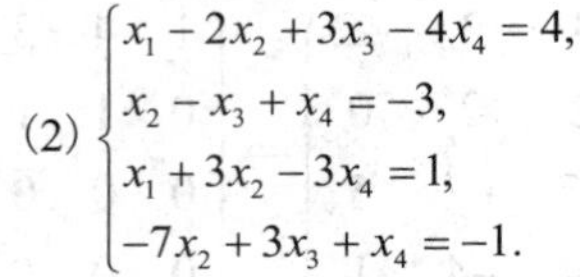
(2) $\begin{cases} x_1-2x_2+3x_3-4x_4=4, \\ x_2-x_3+x_4=-3, \\ x_1+3x_2-3x_4=1, \\ -7x_2+3x_3+x_4=-1. \end{cases}$

3. λ 为何值时, 方程组

$$\begin{cases} x_1+2x_2-2x_3=0, \\ 2x_1-x_2+\lambda x_3=0, \\ 3x_1+x_2-x_3=0 \end{cases}$$

只有零解, 有非零解?

4. λ 为何值时, 方程组

$$\begin{cases} -2x_1+x_2+x_3=-2, \\ x_1-2x_2+x_3=\lambda, \\ x_1+x_2-2x_3=\lambda^2 \end{cases}$$

有解? 无解?

4.2 齐次线性方程组

4.1 节已解决了线性方程组解的存在性问题. 本节讨论齐次线性方程 $\boldsymbol{AX}=\boldsymbol{0}$ 解的结构与解法. 仍沿用 4.1 节所设. 首先有

命题 2.1 若 $\boldsymbol{\alpha},\boldsymbol{\beta}$ 都是齐次线性方程组 $\boldsymbol{AX}=\boldsymbol{0}$ 的解, 则 $\boldsymbol{\alpha}+\boldsymbol{\beta}$ 与 $a\boldsymbol{\alpha}$ 也都是 $\boldsymbol{AX}=\boldsymbol{0}$ 的解, 这里 a 是任意常数.

由命题 2.1 易知, 若 $\boldsymbol{AX}=\boldsymbol{0}$ 有非零解, 则必有无穷多个非零解.

证明 因 $\boldsymbol{\alpha},\boldsymbol{\beta}$ 是 $\boldsymbol{AX}=\boldsymbol{0}$ 之解, 故有 $\boldsymbol{A\alpha}=\boldsymbol{0},\boldsymbol{A\beta}=\boldsymbol{0}$. 从而由

$$\boldsymbol{A}(\boldsymbol{\alpha}+\boldsymbol{\beta})=\boldsymbol{A\alpha}+\boldsymbol{A\beta}=\boldsymbol{0}+\boldsymbol{0}=\boldsymbol{0},$$

$$\boldsymbol{A}(a\boldsymbol{\alpha})=a(\boldsymbol{A\alpha})=a\boldsymbol{0}=\boldsymbol{0},$$

即知 $\boldsymbol{\alpha}+\boldsymbol{\beta}$ 与 $a\boldsymbol{\alpha}$ 都是 $\boldsymbol{AX}=\boldsymbol{0}$ 之解.

4.1 节我们已证明，当 $R(\boldsymbol{A})=n$ 时，$\boldsymbol{AX}=\boldsymbol{0}$ 只有零解．当 $R(\boldsymbol{A})<n$ 时又如何呢？为回答这个问题，我们先来看下面这个方程组：

$$\begin{cases} x_1+2x_2-x_3+3x_4+x_5=0, \\ 2x_1+5x_2-2x_3-x_4+2x_5=0, \\ x_1+3x_2-x_3-4x_4+x_5=0, \\ 3x_1+7x_2-3x_3+2x_4+3x_5=0, \end{cases} \tag{1}$$

为求方程组(1)的解，先对系数矩阵做行初等变换，将其化为最简梯矩阵

$$\begin{pmatrix} 1 & 2 & -1 & 3 & 1 \\ 2 & 5 & -2 & -1 & 2 \\ 1 & 3 & -1 & -4 & 1 \\ 3 & 7 & -3 & 2 & 3 \end{pmatrix} \to \begin{pmatrix} 1 & 2 & -1 & 3 & 1 \\ 0 & 1 & 0 & -7 & 0 \\ 0 & 1 & 0 & -7 & 0 \\ 0 & 1 & 0 & -7 & 0 \end{pmatrix}$$

$$\to \begin{pmatrix} 1 & 2 & -1 & 3 & 1 \\ 0 & 1 & 0 & -7 & 0 \\ 0 & 0 & 0 & 0 & 0 \\ 0 & 0 & 0 & 0 & 0 \end{pmatrix} \to \begin{pmatrix} 1 & 0 & -1 & 17 & 1 \\ 0 & 1 & 0 & -7 & 0 \\ 0 & 0 & 0 & 0 & 0 \\ 0 & 0 & 0 & 0 & 0 \end{pmatrix},$$

可知系数矩阵的秩数为 2，且由命题 1.1 得与原方程组同解的方程组

$$\begin{cases} x_1-x_3+17x_4+x_5=0, \\ x_2-7x_4=0, \end{cases} \tag{2}$$

其中，x_1,x_2 是以上面最后那个矩阵(即系数矩阵的最简梯矩阵)的主元为系数的未知数，可称为**主变元**，而其余的未知数 x_3,x_4,x_5 称为**自由变元**．把自由变元移到等号右边并令 $x_3=r,x_4=s,x_5=t$ 得

$$\begin{cases} x_1=r-17s-t, \\ x_2=7s, \\ x_3=r, \\ x_4=s, \\ x_5=t, \end{cases} \tag{3}$$

这表明原方程组的任意解向量都有下述形式

$$\begin{pmatrix} r-17s-t \\ 7s \\ r \\ s \\ t \end{pmatrix}.$$

反过来, 对于任意的数 r,s,t, 上面这个向量显然都是方程组(3)从而也都是方程组(2)及(1)的解. 我们将其称为原方程组(1)的**参数形式的解**, r,s,t 是**参数**.

进一步, 若 $\begin{pmatrix} r \\ s \\ t \end{pmatrix}$ 依次取 $\boldsymbol{E}_3$ 的三个列 $\begin{pmatrix} 1 \\ 0 \\ 0 \end{pmatrix},\begin{pmatrix} 0 \\ 1 \\ 0 \end{pmatrix},\begin{pmatrix} 0 \\ 0 \\ 1 \end{pmatrix}$, 则可得如下三个解:

$$\boldsymbol{\alpha}_1=\begin{pmatrix} 1 \\ 0 \\ 1 \\ 0 \\ 0 \end{pmatrix},\quad \boldsymbol{\alpha}_2=\begin{pmatrix} -17 \\ 7 \\ 0 \\ 1 \\ 0 \end{pmatrix},\quad \boldsymbol{\alpha}_3=\begin{pmatrix} -1 \\ 0 \\ 0 \\ 0 \\ 1 \end{pmatrix}.$$

易见 $\boldsymbol{\alpha}_1,\boldsymbol{\alpha}_2,\boldsymbol{\alpha}_3$ 线性无关. 其次, 原方程组的任意解 $\boldsymbol{\alpha}=\begin{pmatrix} k_1 \\ k_2 \\ k_3 \\ k_4 \\ k_5 \end{pmatrix}$ 都可由 $\boldsymbol{\alpha}_1,\boldsymbol{\alpha}_2,\boldsymbol{\alpha}_3$ 线性表示. 这只要注意到 $\boldsymbol{\alpha}$ 也是方程组(3)之解便可得到

$$k_1=k_3-17k_4-k_5,\quad k_2=7k_4,$$

进而便有

$$\boldsymbol{\alpha}=\begin{pmatrix} k_3-17k_4-k_5 \\ 7k_4 \\ k_3 \\ k_4 \\ k_5 \end{pmatrix}=\begin{pmatrix} k_3 \\ 0 \\ k_3 \\ 0 \\ 0 \end{pmatrix}+\begin{pmatrix} -17k_4 \\ 7k_4 \\ 0 \\ k_4 \\ 0 \end{pmatrix}+\begin{pmatrix} -k_5 \\ 0 \\ 0 \\ 0 \\ k_5 \end{pmatrix}$$

$$=k_3\begin{pmatrix} 1 \\ 0 \\ 1 \\ 0 \\ 0 \end{pmatrix}+k_4\begin{pmatrix} -17 \\ 7 \\ 0 \\ 1 \\ 0 \end{pmatrix}+k_5\begin{pmatrix} -1 \\ 0 \\ 0 \\ 0 \\ 1 \end{pmatrix}$$

$$=k_3\boldsymbol{\alpha}_1+k_4\boldsymbol{\alpha}_2+k_5\boldsymbol{\alpha}_5.$$

本例的结果具有一般性, 这就是下面的关于齐次线性方程组的解的结构定理.

定理 2.1 当 $R(\boldsymbol{A})=r<n$ 时, 齐次线性方程组 $\boldsymbol{AX}=\boldsymbol{0}$ 必有 $n-r$ 个解 $\boldsymbol{\alpha}_1,\boldsymbol{\alpha}_2,\cdots,\boldsymbol{\alpha}_{n-r}$ 具有性质:

(1) $\boldsymbol{\alpha}_1,\boldsymbol{\alpha}_2,\cdots,\boldsymbol{\alpha}_{n-r}$ 线性无关;

(2) $\boldsymbol{AX}=\boldsymbol{0}$ 的任何解 $\boldsymbol{\alpha}$ 都可表示为 $\boldsymbol{\alpha}_1,\boldsymbol{\alpha}_2,\cdots,\boldsymbol{\alpha}_{n-r}$ 的线性组合.

定理 2.1 的证明见 4.4 节.

定理中的 $\boldsymbol{\alpha}_1,\boldsymbol{\alpha}_2,\cdots,\boldsymbol{\alpha}_{n-r}$ 显然是 $\boldsymbol{AX}=\boldsymbol{0}$ 解集合的极大线性无关组, 称为 $\boldsymbol{AX}=\boldsymbol{0}$ 的**基础解系**. 定理中的(2)指出 $\boldsymbol{AX}=\boldsymbol{0}$ 的任何解 $\boldsymbol{\alpha}$ 都有形式

$$\boldsymbol{\alpha}=k_1\boldsymbol{\alpha}_1+k_2\boldsymbol{\alpha}_2+\cdots+k_{n-r}\boldsymbol{\alpha}_{n-r};$$

反之, 由命题 2.1, 凡是具有上述形式的向量也是 $\boldsymbol{AX}=\boldsymbol{0}$ 的解, 故把上述形式的解称为 $\boldsymbol{AX}=\boldsymbol{0}$ 的**通解**. 其中 $k_1,k_2,\cdots,k_{n-r}$ 是任意常数.

按定义, 前例中的 $\boldsymbol{\alpha}_1,\boldsymbol{\alpha}_2,\boldsymbol{\alpha}_3$ 就是给定方程组的基础解系. 由前例及基础解系的定义, 我们可以将齐次线性方程组 $\boldsymbol{AX}=\boldsymbol{0}$ 的基础解系的求法总结如下:

(1) $\boldsymbol{A}\xrightarrow{\text{行初等变换}}$ 最简梯矩阵;

(2) 设 $R(\boldsymbol{A})=r<n$, 则确定 $n-r$ 个自由变元;

(3) 令 $n-r$ 个自由变元分别取下列 $n-r$ 组数:

$$\begin{pmatrix}1\\0\\\vdots\\0\end{pmatrix},\quad\begin{pmatrix}0\\1\\\vdots\\0\end{pmatrix},\quad\cdots,\quad\begin{pmatrix}0\\0\\\vdots\\1\end{pmatrix},$$

可得 $\boldsymbol{AX}=\boldsymbol{0}$ 的 $n-r$ 个解, 它们就是方程组 $\boldsymbol{AX}=\boldsymbol{0}$ 的一个基础解系. 其中 n 是方程组所含未知数的个数.

例 2.1　求方程组

$$\begin{cases}x_1+x_2-x_3-x_4=0,\\2x_1-5x_2+3x_3+2x_4=0,\\7x_1-7x_2+3x_3+x_4=0\end{cases}$$

的基础解系与通解.

解　对系数矩阵 $\boldsymbol{A}$ 做行初等变换, 化为最简梯矩阵

$$\boldsymbol{A}=\begin{pmatrix}1&1&-1&-1\\2&-5&3&2\\7&-7&3&1\end{pmatrix}\to\begin{pmatrix}1&1&-1&-1\\0&-7&5&4\\0&-14&10&8\end{pmatrix}$$

$$\to\begin{pmatrix}1&1&-1&-1\\0&-7&5&4\\0&0&0&0\end{pmatrix}\to\begin{pmatrix}1&0&-2/7&-3/7\\0&1&-5/7&-4/7\\0&0&0&0\end{pmatrix},$$

可知 $R(\boldsymbol{A})=2$. 得原方程组的同解方程组

$$\begin{cases} x_1=\dfrac{2}{7}x_3+\dfrac{3}{7}x_4, \\ x_2=\dfrac{5}{7}x_3+\dfrac{4}{7}x_4 \end{cases} \quad (\text{其中 } x_3,x_4 \text{ 为自由变元}).$$

令 $\begin{pmatrix} x_3 \\ x_4 \end{pmatrix}$ 分别取 $\begin{pmatrix} 1 \\ 0 \end{pmatrix}$ 及 $\begin{pmatrix} 0 \\ 1 \end{pmatrix}$, 得一个基础解系

$$\boldsymbol{\alpha}_1=\begin{pmatrix} \dfrac{2}{7} \\ \dfrac{5}{7} \\ 1 \\ 0 \end{pmatrix}, \quad \boldsymbol{\alpha}_2=\begin{pmatrix} \dfrac{3}{7} \\ \dfrac{4}{7} \\ 0 \\ 1 \end{pmatrix}.$$

进一步, 方程组的通解为

$$\begin{pmatrix} x_1 \\ x_2 \\ x_3 \\ x_4 \end{pmatrix}=k_1\begin{pmatrix} \dfrac{2}{7} \\ \dfrac{5}{7} \\ 1 \\ 0 \end{pmatrix}+k_2\begin{pmatrix} \dfrac{3}{7} \\ \dfrac{4}{7} \\ 0 \\ 1 \end{pmatrix} \quad (k_1,k_2 \text{ 为任意常数}).$$

基础解系的求法中要求知道系数矩阵的秩数, 但由本例可看出, 求系数矩阵的秩数与方程组的基础解系可同时完成. 此外, 方程组中的后面那个方程可称为**多余方程**.

例 2.2　求方程组

$$\begin{cases} x_1+2x_2+x_3-2x_4=0, \\ x_1+2x_2+2x_3+x_4=0, \\ 2x_1+4x_2+3x_3-x_4=0 \end{cases}$$

的基础解系.

解　对方程组的系数矩阵进行初等变换得

$$\begin{pmatrix} 1 & 2 & 1 & -2 \\ 1 & 2 & 2 & 1 \\ 2 & 4 & 3 & -1 \end{pmatrix} \to \begin{pmatrix} 1 & 2 & 1 & -2 \\ 0 & 0 & 1 & 3 \\ 0 & 0 & 1 & 3 \end{pmatrix} \to \begin{pmatrix} 1 & 2 & 0 & -5 \\ 0 & 0 & 1 & 3 \\ 0 & 0 & 0 & 0 \end{pmatrix},$$

可知 $R(\boldsymbol{A})=2$．得原方程组的同解方程组

$$\begin{cases} x_1=-2x_2+5x_4, \\ x_3=-3x_4 \end{cases} \quad (\text{其中 } x_2,x_4 \text{ 为自由变元}).$$

令 $\begin{pmatrix} x_2 \\ x_4 \end{pmatrix}$ 分别取 $\begin{pmatrix} 1 \\ 0 \end{pmatrix}$ 及 $\begin{pmatrix} 0 \\ 1 \end{pmatrix}$，得一个基础解系

$$\boldsymbol{\alpha}_1=\begin{pmatrix} -2 \\ 1 \\ 0 \\ 0 \end{pmatrix}, \quad \boldsymbol{\alpha}_2=\begin{pmatrix} 5 \\ 0 \\ -3 \\ 1 \end{pmatrix}.$$

习题 4.2

习题 4.2 解答

1. 求下列方程组的基础解系与通解.

(1) $\begin{cases} 2x_1-x_2+3x_3+x_4=0, \\ 2x_1+2x_3+6x_4=0, \\ 4x_1+2x_2+2x_3+22x_4=0; \end{cases}$　　(2) $\begin{cases} x_1+x_2-x_3+x_4=0, \\ x_1-x_2+2x_3-x_4=0, \\ 3x_1+x_2+x_4=0. \end{cases}$

2. 求 $\boldsymbol{AX}=\boldsymbol{0}$ 的基础解系.

(1) $\boldsymbol{A}=\begin{pmatrix} 1 & 2 & 1 & -3 & 2 \\ 2 & 1 & 1 & 1 & -3 \\ 1 & 1 & 2 & 2 & -2 \\ 2 & 3 & -5 & -17 & 10 \end{pmatrix}$;

(2) $\boldsymbol{A}=\begin{pmatrix} 1 & 2 & -1 & -1 \\ 1 & 2 & 0 & 1 \\ -1 & -2 & 2 & 4 \end{pmatrix}$;

(3) $\boldsymbol{A}=\begin{pmatrix} 1 & -8 & 10 & 2 \\ 2 & 4 & 5 & -1 \\ 3 & 8 & 6 & -2 \end{pmatrix}$.

4.3　非齐次线性方程组

本节讨论非齐次线性方程组 $\boldsymbol{AX}=\boldsymbol{b}$ 解的结构与解法，自然假定方程组 $\boldsymbol{AX}=\boldsymbol{b}$ 有解，即设 $R(\boldsymbol{A},\boldsymbol{b})=R(\boldsymbol{A})$．仍沿用 4.1 节所设．首先有

命题 3.1　设 $\boldsymbol{\alpha},\boldsymbol{\beta}$ 是 $\boldsymbol{AX}=\boldsymbol{b}$ 的解，$\boldsymbol{\gamma}$ 是 $\boldsymbol{AX}=\boldsymbol{0}$ 的解，则

(1) $\boldsymbol{\alpha}-\boldsymbol{\beta}$ 必为 $\boldsymbol{AX}=\boldsymbol{0}$ 的解;

(2) $\boldsymbol{\alpha}+\boldsymbol{\gamma}$ 必为 $\boldsymbol{AX}=\boldsymbol{b}$ 的解.

证明 由条件有 $\boldsymbol{A\alpha}=\boldsymbol{b}, \boldsymbol{A\beta}=\boldsymbol{b}, \boldsymbol{A\gamma}=\boldsymbol{0}$. 于是由

$$\boldsymbol{A}(\boldsymbol{\alpha}-\boldsymbol{\beta})=\boldsymbol{A\alpha}-\boldsymbol{A\beta}=\boldsymbol{b}-\boldsymbol{b}=\boldsymbol{0},$$

知 $\boldsymbol{\alpha}-\boldsymbol{\beta}$ 为 $\boldsymbol{AX}=\boldsymbol{0}$ 的解; 由

$$\boldsymbol{A}(\boldsymbol{\alpha}+\boldsymbol{\gamma})=\boldsymbol{A\alpha}+\boldsymbol{A\gamma}=\boldsymbol{b}+\boldsymbol{0}=\boldsymbol{b}$$

知 $\boldsymbol{\alpha}+\boldsymbol{\gamma}$ 为 $\boldsymbol{AX}=\boldsymbol{b}$ 的解.

定理 3.1 若 $R(\boldsymbol{A},\boldsymbol{b})=R(\boldsymbol{A})=n$，则 $\boldsymbol{AX}=\boldsymbol{b}$ 只有一个解.

证明 不然，设 $\boldsymbol{\alpha},\boldsymbol{\beta}$ 是 $\boldsymbol{AX}=\boldsymbol{b}$ 的两个不同的解. 则由命题 3.1，$\boldsymbol{\alpha}-\boldsymbol{\beta}$ 为 $\boldsymbol{AX}=\boldsymbol{0}$ 的非零解. 此与 4.1 节定理 1.1 的推论 1.1 矛盾.

定理 3.2 若 $R(\boldsymbol{A},\boldsymbol{b})=R(\boldsymbol{A})=r<n$，$\boldsymbol{\alpha}_1,\boldsymbol{\alpha}_2,\cdots,\boldsymbol{\alpha}_{n-r}$ 是 $\boldsymbol{AX}=\boldsymbol{0}$ 的基础解系，$\boldsymbol{\eta}$ 是 $\boldsymbol{AX}=\boldsymbol{b}$ 的一个解，则 $\boldsymbol{AX}=\boldsymbol{b}$ 的任何解 $\boldsymbol{\alpha}$ 都有形式

$$\boldsymbol{\alpha}=k_1\boldsymbol{\alpha}_1+k_2\boldsymbol{\alpha}_2+\cdots+k_{n-r}\boldsymbol{\alpha}_{n-r}+\boldsymbol{\eta};$$

反之，凡是具有上述形式的向量 $\boldsymbol{\alpha}$ 也是 $\boldsymbol{AX}=\boldsymbol{b}$ 的解. 故把上述形式的解称为 $\boldsymbol{AX}=\boldsymbol{b}$ 的**通解**或**一般解**. 其中 $k_1,k_2,\cdots,k_{n-r}$ 是任意常数.

证明 设 $\boldsymbol{\alpha}$ 是 $\boldsymbol{AX}=\boldsymbol{b}$ 的解，由命题 3.1，$\boldsymbol{\alpha}-\boldsymbol{\eta}$ 是 $\boldsymbol{AX}=\boldsymbol{0}$ 的解，故 $\boldsymbol{\alpha}-\boldsymbol{\eta}$ 可表示为 $\boldsymbol{\alpha}_1,\boldsymbol{\alpha}_2,\cdots,\boldsymbol{\alpha}_{n-r}$ 的线性组合，即有数 $k_1,k_2,\cdots,k_{n-r}$ 使得

$$\boldsymbol{\alpha}-\boldsymbol{\eta}=k_1\boldsymbol{\alpha}_1+k_2\boldsymbol{\alpha}_2+\cdots+k_{n-r}\boldsymbol{\alpha}_{n-r},$$

进而有

$$\boldsymbol{\alpha}=k_1\boldsymbol{\alpha}_1+k_2\boldsymbol{\alpha}_2+\cdots+k_{n-r}\boldsymbol{\alpha}_{n-r}+\boldsymbol{\eta}.$$

另一方面，若向量 $\boldsymbol{\alpha}$ 有上述形式，则因 $\boldsymbol{\gamma}=k_1\boldsymbol{\alpha}_1+k_2\boldsymbol{\alpha}_2+\cdots+k_{n-r}\boldsymbol{\alpha}_{n-r}$ 是 $\boldsymbol{AX}=\boldsymbol{0}$ 的解，$\boldsymbol{\eta}$ 是 $\boldsymbol{AX}=\boldsymbol{b}$ 的解，知 $\boldsymbol{\alpha}$ 必为 $\boldsymbol{AX}=\boldsymbol{b}$ 的解. 其中 $k_1,k_2,\cdots,k_{n-r}$ 是任意常数. 证毕.

解方程组 $\boldsymbol{AX}=\boldsymbol{b}$ 就是求得它的通解，由此定理可知，须求得 $\boldsymbol{AX}=\boldsymbol{0}$ 的基础解系 $\boldsymbol{\alpha}_1,\boldsymbol{\alpha}_2,\cdots,\boldsymbol{\alpha}_{n-r}$ 与 $\boldsymbol{AX}=\boldsymbol{b}$ 的一个解 $\boldsymbol{\eta}$ (可称其为**特解**). 这两个任务可同时完成.

例 3.1 解非齐次线性方程组

$$\begin{cases}2x_1-x_2+3x_3=1,\\2x_1+2x_3=6,\\4x_1+2x_2+5x_3=1.\end{cases}$$

解　对方程组的增广矩阵做行初等变换得

$$\left(\begin{array}{ccc|c}2&-1&3&1\\2&0&2&6\\4&2&5&7\end{array}\right)\to\left(\begin{array}{ccc|c}2&-1&3&1\\0&1&-1&5\\0&4&-1&5\end{array}\right)\to\left(\begin{array}{ccc|c}2&0&2&6\\0&1&-1&5\\0&0&3&-15\end{array}\right)$$
$$\to\left(\begin{array}{ccc|c}1&0&1&3\\0&1&-1&5\\0&0&1&-5\end{array}\right)\to\left(\begin{array}{ccc|c}1&0&0&8\\0&1&0&0\\0&0&1&-5\end{array}\right),$$

可知增广矩阵与系数矩阵的秩数都等于未知数的个数 3，故原方程组有唯一解，并且与方程组

$$\begin{cases}x_1=8,\\x_2=0,\\x_3=-5\end{cases}$$

同解. 因此原方程组的解为

$$\begin{pmatrix}x_1\\x_2\\x_3\end{pmatrix}=\begin{pmatrix}8\\0\\-5\end{pmatrix}.$$

从前面这些例子可看出，解一个方程组的过程就是对方程组同解演变的过程.

例 3.2　解非齐次线性方程组 $\boldsymbol{AX}=\boldsymbol{b}$. 其中

(1) $(\boldsymbol{A},\boldsymbol{b})=\left(\begin{array}{ccc|c}1&2&-1&1\\2&3&4&-3\\3&5&3&1\end{array}\right)$;

(2) $(\boldsymbol{A},\boldsymbol{b})=\left(\begin{array}{cccc|c}1&2&-1&3&1\\2&3&-2&-1&3\\1&1&-1&-4&2\end{array}\right)$;

(3) $(\boldsymbol{A},\boldsymbol{b})=\left(\begin{array}{cccc|c}1&2&2&3&1\\1&2&3&-2&2\\2&4&5&1&3\end{array}\right)$.

解　(1) 对增广矩阵做行初等变换得

$$(\boldsymbol{A},\boldsymbol{b})=\left(\begin{array}{ccc:c}1&2&-1&1\\2&3&4&-3\\3&5&3&1\end{array}\right)\to\left(\begin{array}{ccc:c}1&2&-1&1\\0&-1&6&-5\\0&-1&6&-2\end{array}\right)$$

$$\to\left(\begin{array}{ccc:c}1&2&-1&1\\0&-1&6&-5\\0&0&0&3\end{array}\right).$$

初等变换可到此结束，因已明显看出增广矩阵的秩数为3，而系数矩阵的秩数为2，故原方程组无解.

(2) 对增广矩阵做行初等变换得

$$(\boldsymbol{A},\boldsymbol{b})=\left(\begin{array}{cccc:c}1&2&-1&3&1\\2&3&-2&-1&3\\1&1&-1&-4&2\end{array}\right)\to\left(\begin{array}{cccc:c}1&2&-1&3&1\\0&-1&0&-7&1\\0&-1&0&-7&1\end{array}\right)$$

$$\to\left(\begin{array}{cccc:c}1&2&-1&3&1\\0&-1&0&-7&1\\0&0&0&0&0\end{array}\right)\to\left(\begin{array}{cccc:c}1&0&-1&-11&3\\0&1&0&7&-1\\0&0&0&0&0\end{array}\right).$$

可知 $R(\boldsymbol{A},\boldsymbol{b})=R(\boldsymbol{A})=2$，故方程组有无穷多解. 令 $\begin{pmatrix}x_3\\x_4\end{pmatrix}$ 分别取 $\begin{pmatrix}1\\0\end{pmatrix}$ 及 $\begin{pmatrix}0\\1\end{pmatrix}$，可得 $\boldsymbol{AX}=\boldsymbol{0}$ 的一个基础解系

$$\begin{pmatrix}1\\0\\1\\0\end{pmatrix},\begin{pmatrix}11\\-7\\0\\1\end{pmatrix}.$$

为求特解 $\boldsymbol{\eta}$，看以最后那个矩阵为增广矩阵的同解方程组

$$\begin{cases}x_1-x_3-11x_4=3,\\x_2+7x_4=-1,\end{cases}$$

只需令 $x_3=0,x_4=0$，便可得到 $x_1=3,x_2=-1$，即 $\boldsymbol{\eta}=\begin{pmatrix}3\\-1\\0\\0\end{pmatrix}$ 为一特解. 于是得到原方程组的通解为

$$k_1\begin{pmatrix}1\\0\\1\\0\end{pmatrix}+k_2\begin{pmatrix}11\\-7\\0\\1\end{pmatrix}+\begin{pmatrix}3\\-1\\0\\0\end{pmatrix},\ k_1,k_2\text{是任意常数}.$$

不难看出，特解 $\boldsymbol{\eta}$ 其实就是最后那个矩阵最后那个列的 $\begin{pmatrix}3\\-1\end{pmatrix}$ 在后面又加上 $\begin{pmatrix}0\\0\end{pmatrix}$ 而已.

(3) 对增广矩阵做初等变换得

$$(\boldsymbol{A},\boldsymbol{b})=\left(\begin{array}{cccc|c}1&2&2&3&1\\1&2&3&-2&2\\2&4&5&1&3\end{array}\right)\to\left(\begin{array}{cccc|c}1&2&2&3&1\\0&0&1&-5&1\\0&0&1&-5&1\end{array}\right)$$
$$\to\left(\begin{array}{cccc|c}1&2&0&13&-1\\0&0&1&-5&1\\0&0&0&0&0\end{array}\right).$$

令 $\begin{pmatrix}x_2\\x_4\end{pmatrix}$ 分别取 $\begin{pmatrix}1\\0\end{pmatrix}$ 及 $\begin{pmatrix}0\\1\end{pmatrix}$，得 $\boldsymbol{AX}=\boldsymbol{0}$ 的一个基础解系

$$\begin{pmatrix}-2\\1\\0\\0\end{pmatrix},\ \begin{pmatrix}-13\\0\\5\\1\end{pmatrix}$$

令 $x_2=0$，$x_4=0$，便可得 $\boldsymbol{\eta}=\begin{pmatrix}-1\\0\\1\\0\end{pmatrix}$ 为一特解. 于是得到原方程组的通解为

$$\begin{pmatrix}x_1\\x_2\\x_3\\x_4\end{pmatrix}=k_1\begin{pmatrix}-2\\1\\0\\0\end{pmatrix}+k_2\begin{pmatrix}-13\\0\\5\\1\end{pmatrix}+\begin{pmatrix}-1\\0\\1\\0\end{pmatrix},\ k_1,k_2\text{是任意常数}.$$

定理 3.3　向量 $\boldsymbol{\beta}=\begin{pmatrix} b_1 \\ b_2 \\ \vdots \\ b_m \end{pmatrix}$ 可由向量组 $\boldsymbol{\alpha}_1=\begin{pmatrix} a_{11} \\ a_{21} \\ \vdots \\ a_{m1} \end{pmatrix},\boldsymbol{\alpha}_2=\begin{pmatrix} a_{12} \\ a_{22} \\ \vdots \\ a_{m2} \end{pmatrix},\cdots,\boldsymbol{\alpha}_n=\begin{pmatrix} a_{1n} \\ a_{2n} \\ \vdots \\ a_{mn} \end{pmatrix}$ 线性表示的充要条件是: 以 $\boldsymbol{\alpha}_1,\boldsymbol{\alpha}_2,\cdots\boldsymbol{\alpha}_n$ 为系数列向量, $\boldsymbol{\beta}$ 为常数列向量的 $m\times n$ 线性方程组

$$\begin{cases} a_{11}x_1+a_{12}x_2+\cdots+a_{1n}x_n=b_1, \\ a_{21}x_1+a_{22}x_2+\cdots+a_{2n}x_n=b_2, \\ \qquad\cdots\cdots \\ a_{m1}x_1+a_{m2}x_2+\cdots+a_{mn}x_n=b_m \end{cases}$$

有解. 且该方程组的解为 $x_1=k_1,x_2=k_2,\cdots,x_n=k_n$ 时, $\boldsymbol{\beta}$ 可由 $\boldsymbol{\alpha}_1,\boldsymbol{\alpha}_2,\cdots,\boldsymbol{\alpha}_n$ 线性表示为 $\boldsymbol{\beta}=k_1\boldsymbol{\alpha}_1+k_2\boldsymbol{\alpha}_2+\cdots+k_n\boldsymbol{\alpha}_n$.

定理 3.3 为我们提供了一个判断向量可否由向量组线性表示的方法.

例 3.3　已知向量

$$\boldsymbol{\beta}=\begin{pmatrix} 2 \\ -1 \\ 3 \\ 4 \end{pmatrix},\quad \boldsymbol{\alpha}_1=\begin{pmatrix} 1 \\ 2 \\ -3 \\ 1 \end{pmatrix},\quad \boldsymbol{\alpha}_2=\begin{pmatrix} 5 \\ -5 \\ 12 \\ 11 \end{pmatrix},\quad \boldsymbol{\alpha}_3=\begin{pmatrix} 1 \\ -3 \\ 6 \\ 3 \end{pmatrix}.$$

判断向量 $\boldsymbol{\beta}$ 能否由向量组 $\boldsymbol{\alpha}_1,\boldsymbol{\alpha}_2,\boldsymbol{\alpha}_3$ 线性表示, 若能够, 写出它的表示方式.

解　考虑以 $\boldsymbol{\alpha}_1,\boldsymbol{\alpha}_2,\boldsymbol{\alpha}_3$ 为系数列向量, 以 $\boldsymbol{\beta}$ 为常数列向量的线性方程组

$$\begin{cases} x_1+5x_2+x_3=2, \\ 2x_1-5x_2-3x_3=-1, \\ -3x_1+12x_2+6x_3=3, \\ x_1+11x_2+3x_3=4. \end{cases}$$

由

$$(\boldsymbol{A},\boldsymbol{b})=\left(\begin{array}{ccc|c} 1 & 5 & 1 & 2 \\ 2 & -5 & -3 & -1 \\ -3 & 12 & 6 & 3 \\ 1 & 11 & 3 & 4 \end{array}\right)\to\cdots\to\left(\begin{array}{ccc|c} 1 & 5 & 1 & 2 \\ 0 & 3 & 1 & 1 \\ 0 & 0 & 0 & 0 \\ 0 & 0 & 0 & 0 \end{array}\right)\to\left(\begin{array}{ccc|c} 1 & 0 & -\frac{2}{3} & \frac{1}{3} \\ 0 & 1 & \frac{1}{3} & \frac{1}{3} \\ 0 & 0 & 0 & 0 \\ 0 & 0 & 0 & 0 \end{array}\right).$$

令 $x_3=3$，可得 $\boldsymbol{AX}=\boldsymbol{0}$ 的一个基础解系 $\begin{pmatrix}2\\-1\\3\end{pmatrix}$，令 $x_3=1$，便可得 $\boldsymbol{AX}=\boldsymbol{b}$ 的一个特解 $\begin{pmatrix}1\\0\\1\end{pmatrix}$，于是得到原方程组的通解

$$\begin{pmatrix}x_1\\x_2\\x_3\end{pmatrix}=k\begin{pmatrix}2\\-1\\3\end{pmatrix}+\begin{pmatrix}1\\0\\1\end{pmatrix}=\begin{pmatrix}2k+1\\-k\\3k+1\end{pmatrix}，k\ 为任意常数.$$

由于方程组有解，所以向量 $\boldsymbol{\beta}$ 可以由向量组 $\boldsymbol{\alpha}_1,\boldsymbol{\alpha}_2,\boldsymbol{\alpha}_3$ 线性表示. 且由方程组有无穷多解知，向量 $\boldsymbol{\beta}$ 由向量组 $\boldsymbol{\alpha}_1,\boldsymbol{\alpha}_2,\boldsymbol{\alpha}_3$ 线性表示的方式有无穷多种，即 $\boldsymbol{\beta}=(2k+1)\boldsymbol{\alpha}_1-k\boldsymbol{\alpha}_2+(3k+1)\boldsymbol{\alpha}_3$.

例 3.4　设 3 维向量

$$\boldsymbol{\alpha}_1=\begin{pmatrix}1+\lambda\\1\\1\end{pmatrix},\quad \boldsymbol{\alpha}_2=\begin{pmatrix}1\\1+\lambda\\1\end{pmatrix},\quad \boldsymbol{\alpha}_3=\begin{pmatrix}1\\1\\1+\lambda\end{pmatrix},\quad \boldsymbol{\beta}=\begin{pmatrix}0\\\lambda\\\lambda^2\end{pmatrix}.$$

问 λ 取何值时

(1) $\boldsymbol{\beta}$ 可由 $\boldsymbol{\alpha}_1,\boldsymbol{\alpha}_2,\boldsymbol{\alpha}_3$ 线性表示，且表达式唯一；

(2) $\boldsymbol{\beta}$ 可由 $\boldsymbol{\alpha}_1,\boldsymbol{\alpha}_2,\boldsymbol{\alpha}_3$ 线性表示，表达式不唯一；

(3) $\boldsymbol{\beta}$ 不能由 $\boldsymbol{\alpha}_1,\boldsymbol{\alpha}_2,\boldsymbol{\alpha}_3$ 线性表示.

解　考虑以 $\boldsymbol{\alpha}_1,\boldsymbol{\alpha}_2,\boldsymbol{\alpha}_3$ 为系数列向量，以 $\boldsymbol{\beta}$ 为常数列向量的线性方程组

$$\begin{cases}(1+\lambda)x_1+x_2+x_3=0,\\x_1+(1+\lambda)x_2+x_3=\lambda,\\x_1+x_2+(1+\lambda)x_3=\lambda^2,\end{cases}$$

由

$$(\boldsymbol{A},\boldsymbol{b})=\left(\begin{array}{ccc|c}1+\lambda&1&1&0\\1&1+\lambda&1&\lambda\\1&1&1+\lambda&\lambda^2\end{array}\right)\to\left(\begin{array}{ccc|c}1&1&1+\lambda&\lambda^2\\1&1+\lambda&1&\lambda\\1+\lambda&1&1&0\end{array}\right)$$

$$\to\left(\begin{array}{ccc|c}1&1&1+\lambda&\lambda^2\\0&\lambda&-\lambda&\lambda-\lambda^2\\0&-\lambda&-\lambda^2-2\lambda&-\lambda^3-\lambda^2\end{array}\right)\to\left(\begin{array}{ccc|c}1&1&1+\lambda&\lambda^2\\0&\lambda&-\lambda&\lambda-\lambda^2\\0&0&-\lambda(\lambda+3)&-\lambda(\lambda^2+2\lambda-1)\end{array}\right).$$

(1) 当 $\lambda \neq 0$ 且 $\lambda \neq -3$ 时，$R(\boldsymbol{A}) = R(\boldsymbol{A},\boldsymbol{b}) = 3$，方程组有唯一解，因此 $\boldsymbol{\beta}$ 可由 $\boldsymbol{\alpha}_1,\boldsymbol{\alpha}_2,\boldsymbol{\alpha}_3$ 线性表示，且表达式唯一.

(2) 当 λ=0 时，$R(\boldsymbol{A}) = R(\boldsymbol{A},\boldsymbol{b}) = 1 < 3$，显然方程组有无穷多解，因此 $\boldsymbol{\beta}$ 可由 $\boldsymbol{\alpha}_1,\boldsymbol{\alpha}_2,\boldsymbol{\alpha}_3$ 线性表示，表达式不唯一.

(3) 当 λ= − 3 时，方程组的增广矩阵

$$(\boldsymbol{A},\boldsymbol{b})=\left(\begin{array}{ccc|c}-2 & 1 & 1 & 0\\ 1 & -2 & 1 & -3\\ 1 & 1 & -2 & 9\end{array}\right)\to\left(\begin{array}{ccc|c}1 & 1 & -2 & 9\\ 1 & -2 & 1 & -3\\ -2 & 1 & 1 & 0\end{array}\right)\to\left(\begin{array}{ccc|c}1 & 1 & -2 & 9\\ 0 & -3 & 3 & -12\\ 0 & 0 & 0 & 6\end{array}\right).$$

由于 $R(\boldsymbol{A}) = 2, R(\boldsymbol{A},\boldsymbol{b}) = 3, R(\boldsymbol{A},\boldsymbol{b}) \neq R(\boldsymbol{A})$，所以方程组无解，因此 $\boldsymbol{\beta}$ 不能由 $\boldsymbol{\alpha}_1,\boldsymbol{\alpha}_2,\boldsymbol{\alpha}_3$ 线性表示.

习题 4.3

1. 解非齐次线性方程组 $\boldsymbol{AX} = \boldsymbol{b}$. 其中

习题 4.3 解答

(1) $(\boldsymbol{A},\boldsymbol{b}) = \left(\begin{array}{cccc|c}1 & 2 & -1 & -1 & 0\\ 1 & 2 & 0 & 1 & 4\\ -1 & -2 & 2 & 4 & 5\end{array}\right)$;

(2) $(\boldsymbol{A},\boldsymbol{b}) = \left(\begin{array}{ccc|c}0 & 1 & 2 & 7\\ 1 & -2 & -6 & -18\\ 1 & -1 & -2 & -5\\ 2 & -5 & -15 & -46\end{array}\right)$;

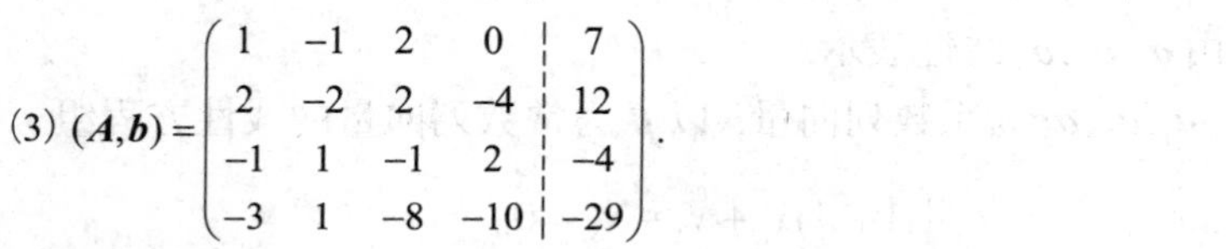

(3) $(\boldsymbol{A},\boldsymbol{b}) = \left(\begin{array}{cccc|c}1 & -1 & 2 & 0 & 7\\ 2 & -2 & 2 & -4 & 12\\ -1 & 1 & -1 & 2 & -4\\ -3 & 1 & -8 & -10 & -29\end{array}\right)$.

2. 已知方程组

$$\begin{pmatrix}1 & 2 & 1\\ 2 & 3 & a+2\\ 1 & a & -2\end{pmatrix}\begin{pmatrix}x_1\\ x_2\\ x_3\end{pmatrix}=\begin{pmatrix}1\\ 3\\ 0\end{pmatrix}$$

无解，求 a.

3. λ 取何值时方程组

$$\begin{cases}x_1 + x_2 + \lambda x_3 = 1,\\ x_1 + \lambda x_2 + x_3 = \lambda,\\ \lambda x_1 + x_2 + x_3 = \lambda^2\end{cases}$$

有唯一解，无解，有无穷多解？并在有无穷多解时求其通解.

4. 已知向量

$$\boldsymbol{\alpha}_1=\begin{pmatrix}1\\-1\\0\\3\end{pmatrix},\quad \boldsymbol{\alpha}_2=\begin{pmatrix}2\\1\\1\\-1\end{pmatrix},\quad \boldsymbol{\alpha}_3=\begin{pmatrix}0\\1\\2\\1\end{pmatrix},\quad \boldsymbol{\beta}=\begin{pmatrix}-1\\0\\3\\6\end{pmatrix},$$

判断向量$\boldsymbol{\beta}$能否由向量组$\boldsymbol{\alpha}_1,\boldsymbol{\alpha}_2,\boldsymbol{\alpha}_3$线性表示，若能够，写出它的表示方式.

4.4　定理补充证明与典型例题解析

一、定理补充证明

定理 1.2　非齐次线性方程组$\boldsymbol{AX}=\boldsymbol{b}$有解的充分必要条件是其增广矩阵$(\boldsymbol{A},\boldsymbol{b})$与系数矩阵$\boldsymbol{A}$的秩数相同.

证明　设$\boldsymbol{AX}=\boldsymbol{b}$有解$\boldsymbol{\alpha}$，即$\boldsymbol{A\alpha}=\boldsymbol{b}$. 由此立得

$$R(\boldsymbol{A},\boldsymbol{b})=R(\boldsymbol{A},\boldsymbol{A\alpha})=R\left[\boldsymbol{A}(\boldsymbol{E},\boldsymbol{\alpha})\right]\leqslant R(\boldsymbol{A})\leqslant R(\boldsymbol{A},\boldsymbol{b}),$$

即$R(\boldsymbol{A},\boldsymbol{b})=R(\boldsymbol{A})$.

反之，设$R(\boldsymbol{A},\boldsymbol{b})=R(\boldsymbol{A})=r$，则$\boldsymbol{A}$有$r$个列线性无关，不妨设$\boldsymbol{A}$的前$r$列$\boldsymbol{\alpha}_1,\boldsymbol{\alpha}_2,\cdots,\boldsymbol{\alpha}_r$线性无关. 因增广矩阵$(\boldsymbol{A},\boldsymbol{b})$的秩数也是$r$，故$(\boldsymbol{A},\boldsymbol{b})$的$r+1$个列$\boldsymbol{\alpha}_1,\boldsymbol{\alpha}_2,\cdots,\boldsymbol{\alpha}_r,\boldsymbol{b}$线性相关. 从而$\boldsymbol{b}$可表示为$\boldsymbol{\alpha}_1,\boldsymbol{\alpha}_2,\cdots,\boldsymbol{\alpha}_r$的线性组合，即有数$k_1,k_2,\cdots,k_r$使得

$$\boldsymbol{b}=k_1\boldsymbol{\alpha}_1+k_2\boldsymbol{\alpha}_2+\cdots+k_r\boldsymbol{\alpha}_r,$$

自然亦有$k_1\boldsymbol{\alpha}_1+k_2\boldsymbol{\alpha}_2+\cdots+k_r\boldsymbol{\alpha}_r+0\boldsymbol{\alpha}_{r+1}+0\boldsymbol{\alpha}_n=\boldsymbol{b}$. 于是由方程组$\boldsymbol{AX}=\boldsymbol{b}$的向量形式知，$(k_1,k_2,\cdots,k_r,0,\cdots,0)^{\mathrm{T}}$是$\boldsymbol{AX}=\boldsymbol{b}$的解向量，即$\boldsymbol{AX}=\boldsymbol{b}$有解.

定理 2.1　当$R(\boldsymbol{A})=r<n$时，齐次线性方程组$\boldsymbol{AX}=\boldsymbol{0}$必有$n-r$个解$\boldsymbol{\alpha}_1,\boldsymbol{\alpha}_2,\cdots,\boldsymbol{\alpha}_{n-r}$具有性质:

(1) $\boldsymbol{\alpha}_1,\boldsymbol{\alpha}_2,\cdots,\boldsymbol{\alpha}_{n-r}$线性无关;

(2) $\boldsymbol{AX}=\boldsymbol{0}$的任何解$\boldsymbol{\alpha}$都可表示为$\boldsymbol{\alpha}_1,\boldsymbol{\alpha}_2,\cdots,\boldsymbol{\alpha}_{n-r}$的线性组合.

证明　由$R(\boldsymbol{A})=r$知，$\boldsymbol{A}$在行初等变换下的标准形$\boldsymbol{D}$(即$\boldsymbol{A}$的最简梯矩阵)中的主列共有r个，不妨设其为前r列. 即

$$\boldsymbol{D}=\begin{pmatrix}\boldsymbol{E}_r & \boldsymbol{C}\\ \boldsymbol{O} & \boldsymbol{O}\end{pmatrix},$$

其中 $\boldsymbol{C}$ 为 $r\times(n-r)$ 矩阵. 由于 $\boldsymbol{D}$ 是 $\boldsymbol{A}$ 经行初等变换而得的矩阵, 故有可逆矩阵 $\boldsymbol{P}$, 使得 $\boldsymbol{PA}=\boldsymbol{D}$. 于是由 4.1 节命题 1.1, $\boldsymbol{AX}=\boldsymbol{0}$ 与 $\boldsymbol{DX}=\boldsymbol{0}$ 同解. 可是由

$$\boldsymbol{D}\begin{pmatrix}-\boldsymbol{C}\\ \boldsymbol{E}_{n-r}\end{pmatrix}=\begin{pmatrix}\boldsymbol{E}_r & \boldsymbol{C}\\ \boldsymbol{O} & \boldsymbol{O}\end{pmatrix}\begin{pmatrix}-\boldsymbol{C}\\ \boldsymbol{E}_{n-r}\end{pmatrix}=\boldsymbol{O}$$

知 $\begin{pmatrix}-\boldsymbol{C}\\ \boldsymbol{E}_{n-r}\end{pmatrix}$ 的 $n-r$ 个列 $\boldsymbol{\alpha}_1,\boldsymbol{\alpha}_2,\cdots,\boldsymbol{\alpha}_{n-r}$ 都是 $\boldsymbol{DX}=\boldsymbol{0}$ 的解, 从而也是 $\boldsymbol{AX}=\boldsymbol{0}$ 的解. 显然 $R\begin{pmatrix}-\boldsymbol{C}\\ \boldsymbol{E}_{n-r}\end{pmatrix}=n-r$, 从而 $\boldsymbol{\alpha}_1,\boldsymbol{\alpha}_2,\cdots,\boldsymbol{\alpha}_{n-r}$ 线性无关, 这就证明了(1).

设 $\boldsymbol{\alpha}=(k_1,\cdots,k_r,k_{r+1},\cdots,k_n)^{\mathrm{T}}$ 是 $\boldsymbol{AX}=\boldsymbol{0}$ 的任意解, 从而 $\boldsymbol{\alpha}$ 也是 $\boldsymbol{DX}=\boldsymbol{0}$ 的解, 即

$$\begin{pmatrix}\boldsymbol{E}_r & \boldsymbol{C}\\ \boldsymbol{O} & \boldsymbol{O}\end{pmatrix}\begin{pmatrix}k_1\\ \vdots\\ k_r\\ k_{r+1}\\ \vdots\\ k_n\end{pmatrix}=\boldsymbol{0}.$$

再设 $\boldsymbol{C}=(c_{ij})_{r\times(n-r)}$, 则有

$$\boldsymbol{\alpha}_1=\begin{pmatrix}-c_{11}\\ \vdots\\ -c_{r,r+1}\\ 1\\ \vdots\\ 0\end{pmatrix},\cdots,\boldsymbol{\alpha}_{n-r}=\begin{pmatrix}-c_{1,n-r}\\ \vdots\\ -c_{r,n-r}\\ 0\\ \vdots\\ 1\end{pmatrix}$$

以及

$$\begin{cases}k_1+c_{11}k_{r+1}+\cdots+c_{1,n-r}k_n=0,\\ \qquad\cdots\cdots\\ k_r+c_{r,r+1}k_{r+1}+\cdots+c_{r,n-r}k_n=0.\end{cases}$$

进一步得到

$$\begin{aligned}k_1&=-c_{11}k_{r+1}-\cdots-c_{1,n-r}k_n,\\ &\cdots\cdots\\ k_r&=-c_{r,r+1}k_{r+1}-\cdots-c_{r+1,n-r}k_n.\end{aligned}$$

于是便有

$$\boldsymbol{\alpha}=\begin{pmatrix}k_1\\ \vdots\\ k_r\\ k_{r+1}\\ \vdots\\ k_n\end{pmatrix}=\begin{pmatrix}-c_{11}k_{r+1}-\cdots-c_{1,n-r}k_n\\ \vdots\\ -c_{r,r+1}k_{r+1}-\cdots-c_{r+1,n-r}k_n\\ k_{r+1}\\ \vdots\\ k_n\end{pmatrix}=k_{r+1}\begin{pmatrix}-c_{11}\\ \vdots\\ -c_{r,r+1}\\ 1\\ \vdots\\ 0\end{pmatrix}+\cdots+k_n\begin{pmatrix}-c_{1,n-r}\\ \vdots\\ -c_{r,n-r}\\ 0\\ \vdots\\ 1\end{pmatrix}$$

$$=k_{r+1}\boldsymbol{\alpha}_1+\cdots+k_n\boldsymbol{\alpha}_{n-r}.$$

二、典型例题解析

例 4.1　设$\boldsymbol{\alpha}_1,\boldsymbol{\alpha}_2,\boldsymbol{\alpha}_3,\boldsymbol{\alpha}_4,\boldsymbol{\beta}$都是 4 维列向量，且$\boldsymbol{\alpha}_1,\boldsymbol{\alpha}_2,\boldsymbol{\alpha}_3$,线性无关，$\boldsymbol{\alpha}_1=\boldsymbol{\alpha}_2+2\boldsymbol{\alpha}_4$，$\boldsymbol{\beta}=\boldsymbol{\alpha}_1-2\boldsymbol{\alpha}_3+3\boldsymbol{\alpha}_4$，$\boldsymbol{A}=(\boldsymbol{\alpha}_1,\boldsymbol{\alpha}_2,\boldsymbol{\alpha}_3,\boldsymbol{\alpha}_4)$．求$\boldsymbol{AX}=\boldsymbol{\beta}$的通解.

解　首先由$\boldsymbol{\alpha}_1=\boldsymbol{\alpha}_2+2\boldsymbol{\alpha}_4$知$\boldsymbol{\alpha}_1,\boldsymbol{\alpha}_2,\boldsymbol{\alpha}_3,\boldsymbol{\alpha}_4$线性相关，再由$\boldsymbol{\alpha}_1,\boldsymbol{\alpha}_2,\boldsymbol{\alpha}_3$线性无关，得$R(\boldsymbol{A})=3$．故知$\boldsymbol{AX}=\boldsymbol{0}$的基础解系由一个解构成．最后由$\boldsymbol{\beta}=\boldsymbol{\alpha}_1-2\boldsymbol{\alpha}_3+3\boldsymbol{\alpha}_4$得

$$\boldsymbol{A}\begin{pmatrix}1\\0\\-2\\3\end{pmatrix}=(\boldsymbol{\alpha}_1,\boldsymbol{\alpha}_2,\boldsymbol{\alpha}_3,\boldsymbol{\alpha}_4)\begin{pmatrix}1\\0\\-2\\3\end{pmatrix}=\boldsymbol{\beta};$$

由$\boldsymbol{\alpha}_1=\boldsymbol{\alpha}_2+2\boldsymbol{\alpha}_4$，得

$$\boldsymbol{A}\begin{pmatrix}1\\-1\\0\\-2\end{pmatrix}=(\boldsymbol{\alpha}_1,\boldsymbol{\alpha}_2,\boldsymbol{\alpha}_3,\boldsymbol{\alpha}_4)\begin{pmatrix}1\\-1\\0\\-2\end{pmatrix}=\boldsymbol{0}.$$

知向量

$$\begin{pmatrix}1\\-1\\0\\-2\end{pmatrix}与\begin{pmatrix}1\\0\\-2\\3\end{pmatrix}$$

分别是$\boldsymbol{AX}=\boldsymbol{0}$的基础解系与$\boldsymbol{AX}=\boldsymbol{\beta}$的特解．因此，$\boldsymbol{AX}=\boldsymbol{\beta}$的通解为

$$k\begin{pmatrix}1\\-1\\0\\-2\end{pmatrix}+\begin{pmatrix}1\\0\\-2\\3\end{pmatrix},\quad k\text{是任意常数}.$$

4.5 数学模型与实验

实验目的和意义

1. 理解齐次线性方程组的基础解系及通解的概念;
2. 掌握齐次线性方程组的基础解系和通解的求法;
3. 理解非齐次线性方程组解的结构及通解的概念;
4. 掌握非齐次线性方程组的特解和通解的求法;
5. 通过交通网络流问题理解上述知识点在实际中的应用.

自然现象通常都是线性的, 或者当变量取值在合理范围内时近似于线性. 线性模型比复杂的非线性模型更易于用计算机进行计算, 因此, 对线性模型的研究就显得非常重要. 工程技术、自然科学以及社会经济等领域中的许多问题都可以归为线性模型. 例如, 网络流模型、人口迁移模型、电网模型、配平化学方程式等. 这些线性模型都可以用线性方程组来表示, 通常以向量或矩阵的形式来表示. 线性方程组也是线性代数的核心问题之一, 是将实际问题转化为数学问题过程中常用的数学工具.

本节通过交通网络流问题的求解, 介绍将实际问题转化为线性方程组的方法, 学习利用 Matlab 软件介绍求解线性方程组的一般步骤.

例 5.1 求齐次线性方程组 $\begin{cases}x_1+x_2-x_3-x_4=0,\\2x_1-5x_2+3x_3+2x_4=0,\\7x_1-7x_2+3x_3+x_4=0\end{cases}$ 的基础解系.

解 输入命令:

```
>> A=[1 1 -1 -1;2 -5 3 2;7 -7 3 1];  %输入系数矩阵A
>> rref(A)                            %求系数矩阵A的行最简梯矩阵

ans =
   1.0000        0  -0.2857  -0.4286
        0   1.0000  -0.7143  -0.5714
        0        0        0        0
```

或直接求解方程组的基础解系:

```
>> null(A,'r')
```

```
ans =
    0.2857    0.4286
    0.7143    0.5714
    1.0000         0
         0    1.0000
```

例 5.2　判断非齐次线性方程组

$$\begin{cases} x_1 + 2x_2 - x_3 - x_4 = 0, \\ x_1 + 2x_2 + x_4 = 4, \\ -x_1 - 2x_2 + 2x_3 + 4x_4 = 5 \end{cases}$$

是否有解, 若有解, 求方程组的一个特解.

解　输入系数矩阵和增广矩阵, 求系数矩阵和增广矩阵的秩, 确定方程组解的情况:

```
>> A=[1  2 -1 -1;
      1  2  0  1;
     -1 -2  2  4];
>> b=[0 4 5]';
>> rank(A)
ans =
     3
>> rank([A b])
ans =
     3
```

所以, $R(\boldsymbol{A}) = R(\boldsymbol{A},\boldsymbol{b}) = 3 < 4$, 方程组有无穷多解.

求方程组的一个特解:

```
>> x=A\b
x =
         0
    1.5000
    2.0000
    1.0000
```

例 5.3(交通网络流问题)　图 4.5.1 给出了某城市部分单行道的交通流量(每小时过车数).

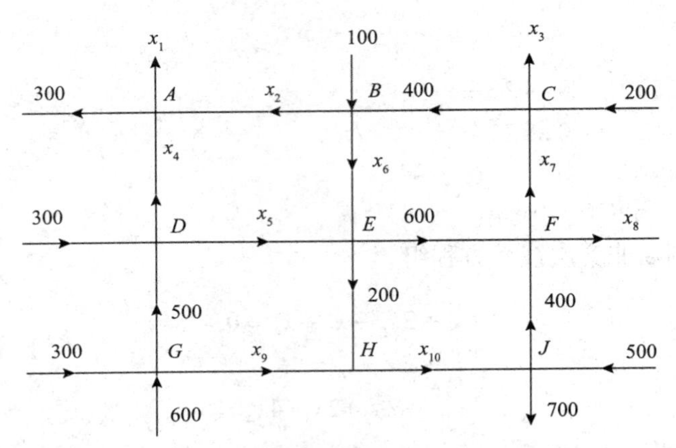

图 4.5.1　某城市部分单行道的交通流量图

假设:

(1) 流入网络的流量等于全部流出网络的流量;

(2) 全部流入一个节点的流量等于全部流出此节点的流量.

试确定该交通网络未知部分的具体流量.

解　图中各节点的流入量和流出量为表 4.5.1.

表 4.5.1

网络节点	流入量	流出量
A	x_2+x_4	x_1+300
B	100+400	x_2+x_6
C	x_7+200	x_3+400
D	300+500	x_4+x_5
E	x_5+x_6	200+600
F	400+600	x_7+x_8
G	300+600	x_9+500
H	x_9+200	x_{10}
J	$x_{10}+500$	400+700
整个系统	2000	$x_1+x_3+x_8+1000$

根据假设, 可得该网络流系统满足的线性方程组为

$$\begin{cases} -x_1+x_2+x_4=300, \\ x_2+x_6=500, \\ -x_3+x_7=200, \\ x_4+x_5=800, \\ x_5+x_6=800, \\ x_7+x_8=1000, \\ x_9=400, \\ x_{10}=600, \\ x_1+x_3+x_8=1000. \end{cases}$$

输入系数矩阵和增广矩阵，求系数矩阵和增广矩阵的秩，确定方程组解的情况：

```
>> A=[-1 1  0 1 0 0 0 0 0 0;
       0 1  0 0 0 1 0 0 0 0;
       0 0 -1 0 0 0 1 0 0 0;
       0 0  0 1 1 0 0 0 0 0;
       0 0  0 0 1 1 0 0 0 0;
       0 0  0 0 0 0 1 1 0 0;
       0 0  0 0 0 0 0 0 1 0;
       0 0  0 0 0 0 0 0 0 1;
       1 0  1 0 0 0 0 1 0 0];               %输入系数矩阵 A
>> rank(A)                                  %求系数矩阵 A 的秩
ans =
    8
>> B=[-1 1  0 1 0 0 0 0 0 0 300;
       0 1  0 0 0 1 0 0 0 0 500;
       0 0 -1 0 0 0 1 0 0 0 200;
       0 0  0 1 1 0 0 0 0 0 800;
       0 0  0 0 1 1 0 0 0 0 800;
       0 0  0 0 0 0 1 1 0 0 1000;
       0 0  0 0 0 0 0 0 1 0 400;
       0 0  0 0 0 0 0 0 0 1 600;
       1 0  1 0 0 0 0 1 0 0 1000];          %输入增广矩阵 B
>> rank(B)                                  %求增广矩阵 B 的秩
ans =
    8
```

由于 $R(\boldsymbol{A})=R(\boldsymbol{B})=8<10$，所以，方程组有无穷多解.

求非齐次线性方程组的特解:

```
>> x0=A\b
x0 =
  1.0e+003 *
    0.2000
    0.5000
    0.8000
    0.0000
    0.8000
         0
    1.0000
         0
    0.4000
    0.6000
```

即非齐次线性方程组的特解为

$$\boldsymbol{x}_0=(200,500,800,0,800,0,1000,0,400,600)^{\mathrm{T}}.$$

求原方程组对应的齐次线性方程组的基础解系和通解:

```
>> C=null(A,'r')          %对应的齐次线性方程组的基础解系
C =
     0     0
    -1     0
     0    -1
     1     0
    -1     0
     1     0
     0    -1
     0     1
     0     0
     0     0
```

将该基础解系分别记为 $\boldsymbol{\alpha}_1,\boldsymbol{\alpha}_2$，且从此结果分析，$\boldsymbol{x}_4,\boldsymbol{x}_8$ 为自由变元. 所以，原非齐次线性方程组的通解为

$$x = x_0 + x_4\alpha_1 + x_8\alpha_2 = \begin{pmatrix} 200 \\ 500 - x_4 \\ 800 - x_8 \\ x_4 \\ 800 - x_4 \\ x_4 \\ 1000 - x_8 \\ x_8 \\ 400 \\ 600 \end{pmatrix},$$

每个 x_4，x_8 的非负取值都确定了一个交通网络流.

例 5.4（3.5 节，例 5.2） 能否用所得最小调味品集合，按下列成分配制一种新调味品，如果能，请写出所需调味品的包数：

红辣椒: 18; 姜黄: 18; 胡椒: 9; 欧莳萝: 9; 大蒜粉: 4.5; 盐: 4.5; 丁香油: 3.25.

解 记 $\boldsymbol{b} = (18,18,9,9,4.5,4.5,3.25)^{\mathrm{T}}$，问题转化为 $\boldsymbol{b}$ 能否由 $\boldsymbol{a}_1,\boldsymbol{a}_2,\boldsymbol{a}_4,\boldsymbol{a}_5$ 线性表示以及求线性表示的系数. 令 $\boldsymbol{A} = (\boldsymbol{a}_1,\boldsymbol{a}_2,\boldsymbol{a}_4,\boldsymbol{a}_5)$，即判断非齐次方程组 $\boldsymbol{Ax} = \boldsymbol{b}$ 是否有解及求解.

输入系数矩阵和增广矩阵，求系数矩阵和增广矩阵的秩，确定方程组解的情况:

```
>> a1=[4.5  0  0  0  0  0  0]';
>> a2=[1.5  4  2  2  1  1  0.5]';
>> a4=[7.5  8  4  4  2  2  2]';
>> a5=[9  1  2  1  2  2  1]';
>> A=[a1  a2  a4  a5]
A =
    4.5000    1.5000    7.5000    9.0000
         0    4.0000    8.0000    1.0000
         0    2.0000    4.0000    2.0000
         0    2.0000    4.0000    1.0000
         0    1.0000    2.0000    2.0000
         0    1.0000    2.0000    2.0000
         0    0.5000    2.0000    1.0000
>> b=[18  18  9  9  4.5  4.5  3.25]';
>> rank(A)
ans =
```

```
        4
    >> rank([A b])
    ans =
        4
```

所以，$R(\boldsymbol{A})=R(\boldsymbol{A},\boldsymbol{b})=4$，方程组有唯一解.

求方程组的解：

```
    >> x=A\b
    x =
       1.5000
       2.5000
       1.0000
      -0.0000
```

即一包新调味品可由 1.5 包 A, 2.5 包 B 和 1 包 D 调味品制成.

习题 4.5

1. 求解方程组 $\boldsymbol{AX}=\boldsymbol{b}$，其中

$$(\boldsymbol{A},\boldsymbol{b})=\left(\begin{array}{cccc|c}1&2&-1&3&1\\2&3&-2&-1&3\\1&1&-1&-4&2\end{array}\right).$$

2. 图 4.5.2 中的网络是美国巴尔的摩市区一些单行道路在某个下午一段时间内(以每小时车辆数目计算)的交通流量，计算该网络的车流量.

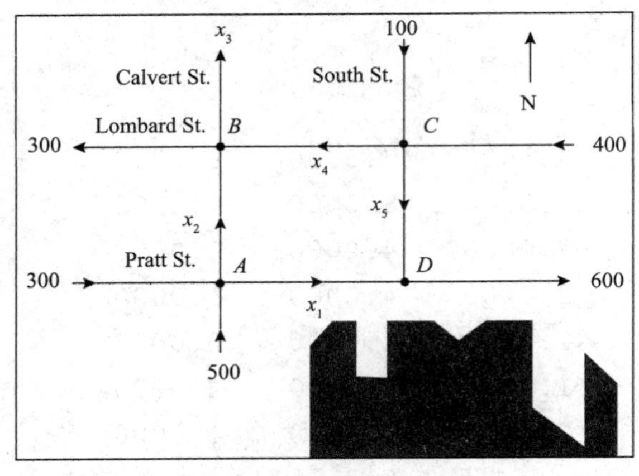

图 4.5.2　巴尔的摩街道

第 4 章习题

1. 设 $\boldsymbol{A}$ 为 n 阶实方阵，证明 $\boldsymbol{A}^{\mathrm{T}}\boldsymbol{AX}=\boldsymbol{0}$ 与 $\boldsymbol{AX}=\boldsymbol{0}$ 同解.

第 4 章习题解答

2. 设 $\boldsymbol{A}$ 为 $m\times n$ 矩阵，$\boldsymbol{B}$ 为 $n\times m$ 矩阵，且 $m>n$，证明 $\boldsymbol{ABX}=\boldsymbol{0}$ 有非零解.

3. 设 $\boldsymbol{A}=\left(a_{ij}\right)$ 为 n 阶方阵，且 $|\boldsymbol{A}|=0$，a_{11} 的代数余子式 $A_{11}\neq 0$，求 $\boldsymbol{AX}=\boldsymbol{0}$ 的通解.

4. 设 $\boldsymbol{\alpha}_1,\boldsymbol{\alpha}_2,\boldsymbol{\alpha}_3$ 是 $\boldsymbol{AX}=\boldsymbol{0}$ 的基础解系，证明 $\boldsymbol{\alpha}_1+\boldsymbol{\alpha}_2,\boldsymbol{\alpha}_2+\boldsymbol{\alpha}_3,\boldsymbol{\alpha}_3+\boldsymbol{\alpha}_1$ 也是 $\boldsymbol{AX}=\boldsymbol{0}$ 的基础解系.

5. 若方程组

$$\begin{cases} a_{11}x_1+a_{12}x_2+\cdots+a_{1n}x_n=0, \\ a_{21}x_1+a_{22}x_2+\cdots+a_{2n}x_n=0, \\ \quad\cdots\cdots \\ a_{m1}x_1+a_{m2}x_2+\cdots+a_{mn}x_n=0 \end{cases}$$

的任何解都是方程 $b_1x_1+b_2x_2+\cdots+b_nx_n=0$ 的解，证明向量 $\begin{pmatrix} b_1\\ b_2\\ \vdots\\ b_n \end{pmatrix}$ 可由向量 $\begin{pmatrix} a_{11}\\ a_{12}\\ \vdots\\ a_{1n} \end{pmatrix},\begin{pmatrix} a_{21}\\ a_{22}\\ \vdots\\ a_{2n} \end{pmatrix},\cdots,\begin{pmatrix} a_{m1}\\ a_{m2}\\ \vdots\\ a_{mn} \end{pmatrix}$ 线性表示.

6. 设 n 阶方阵 $\boldsymbol{A}$ 的伴随矩阵 $\boldsymbol{A}^*\neq\boldsymbol{O}$，$\xi_1$，$\xi_2$ 是 $\boldsymbol{AX}=\boldsymbol{b}$ 互不相等的解，求 $\boldsymbol{AX}=\boldsymbol{0}$ 的基础解系中解向量的个数.

7. 设 $\boldsymbol{A}$ 为 4 阶方阵，$|\boldsymbol{A}|=0$，$\boldsymbol{A}^*\neq\boldsymbol{O}$，$\boldsymbol{\alpha}_1,\boldsymbol{\alpha}_2,\boldsymbol{\alpha}_3$ 是 $\boldsymbol{AX}=\boldsymbol{b}$ 的 3 个解向量，其中

$$\boldsymbol{\alpha}_1=\begin{pmatrix} 2\\ 0\\ 0\\ 7 \end{pmatrix},\quad \boldsymbol{\alpha}_2+\boldsymbol{\alpha}_3=\begin{pmatrix} 2\\ 0\\ 0\\ 8 \end{pmatrix}.$$

求 $\boldsymbol{AX}=\boldsymbol{b}$ 的通解.

8. 设 $\boldsymbol{\alpha}_0,\boldsymbol{\alpha}_1,\boldsymbol{\alpha}_2,\cdots,\boldsymbol{\alpha}_{n-r}$ 是 $\boldsymbol{AX}=\boldsymbol{b}(\boldsymbol{b}\neq\boldsymbol{0})$ 的 $n-r+1$ 个线性无关的解，$R(\boldsymbol{A})=r$，证明 $\boldsymbol{\alpha}_1-\boldsymbol{\alpha}_0,\boldsymbol{\alpha}_2-\boldsymbol{\alpha}_0,\cdots,\boldsymbol{\alpha}_{n-r}-\boldsymbol{\alpha}_0$ 是 $\boldsymbol{AX}=\boldsymbol{0}$ 的基础解系.

9. 已知 4 阶方阵 $\boldsymbol{A}=\left(\boldsymbol{\alpha}_1,\boldsymbol{\alpha}_2,\boldsymbol{\alpha}_3,\boldsymbol{\alpha}_4\right)$，其中 $\boldsymbol{\alpha}_2,\boldsymbol{\alpha}_3,\boldsymbol{\alpha}_4$ 线性无关，$\boldsymbol{\alpha}_1=2\boldsymbol{\alpha}_2-\boldsymbol{\alpha}_3$，如果 $\boldsymbol{\beta}=2\boldsymbol{\alpha}_1-\boldsymbol{\alpha}_2+\boldsymbol{\alpha}_4$，求线性方程组 $\boldsymbol{AX}=\boldsymbol{\beta}$ 的通解.

第 5 章　方阵的特征值与特征向量

方阵的特征值与特征向量这两个概念最早产生于空间曲面方程的化简. 它也是研究抽象向量空间必不可少的工具. 本章主要讨论特征值与特征向量的基本性质及方阵的相似对角化问题.

5.1　方阵的特征值与特征向量

设 $\boldsymbol{A}=\begin{pmatrix} 1 & -1 \\ -8 & 3 \end{pmatrix}$, 则

$$|\lambda\boldsymbol{E}-\boldsymbol{A}|=\left|\begin{pmatrix} \lambda & 0 \\ 0 & \lambda \end{pmatrix}-\begin{pmatrix} 1 & -1 \\ -8 & 3 \end{pmatrix}\right|=\begin{vmatrix} \lambda-1 & 1 \\ 8 & \lambda-3 \end{vmatrix}=\lambda^2-4\lambda-5$$

是一个关于 λ 的二次多项式. 由此不难想到, 若 $\boldsymbol{A}$ 是 n 阶方阵, 则 $|\lambda\boldsymbol{E}-\boldsymbol{A}|$ 是一个关于 λ 的 n 次多项式, 对此我们有

定义 1.1　设 $\boldsymbol{A}$ 为 n 阶方阵, 则称关于未定元 λ 的 n 次多项式

$$f(\lambda)=|\lambda\boldsymbol{E}-\boldsymbol{A}|$$

为 $\boldsymbol{A}$ 的**特征多项式**, 其根称为 $\boldsymbol{A}$ 的**特征根**.

按此定义, $f(\lambda)=\lambda^2-4\lambda-5$ 就是 $\boldsymbol{A}=\begin{pmatrix} 1 & -1 \\ -8 & 3 \end{pmatrix}$ 的特征多项式, 5 与 -1 就是 $\boldsymbol{A}$ 的两个特征根. 一般地, 由**代数学基本定理**知 n 阶方阵有 n 个特征根(包括重复的在内). 进而, 若 $\boldsymbol{A}$ 为 n 阶三角形方阵, 则 $\boldsymbol{A}$ 的 n 个特征根恰为主对角线上的 n 个元素. 特别有零矩阵的特征根是 0, 单位矩阵的特征根是 1.

定义 1.2　设 $\boldsymbol{A}$ 为 n 阶方阵, λ_0 是数, $\boldsymbol{\xi}\neq\boldsymbol{0}$ 是 n 维向量. 若有 $\boldsymbol{A\xi}=\lambda_0\boldsymbol{\xi}$, 则称 λ_0 为 $\boldsymbol{A}$ 的**特征值**, $\boldsymbol{\xi}$ 为 $\boldsymbol{A}$ 的属于特征值 λ_0 的**特征向量**.

由定义 1.2 可知:

(1) $\boldsymbol{\xi}\neq\boldsymbol{0}$ 为 $\boldsymbol{A}$ 的属于特征值 λ_0 的特征向量当且仅当 $\boldsymbol{A\xi}=\lambda_0\boldsymbol{\xi}$, 当且仅当 $(\lambda_0\boldsymbol{E}-\boldsymbol{A})\boldsymbol{\xi}=\boldsymbol{0}$, 当且仅当 $\boldsymbol{\xi}$ 是齐次线性方程组 $(\lambda_0\boldsymbol{E}-\boldsymbol{A})\boldsymbol{X}=\boldsymbol{0}$ 的非零解. 由此可知, $\boldsymbol{A}$ 的属于特征值 λ_0 的全体特征向量与零向量构成的集合恰好是 $(\lambda_0\boldsymbol{E}-\boldsymbol{A})\boldsymbol{X}=\boldsymbol{0}$ 的解集合. 此解集合通常称为 λ_0 的**特征子空间**.

(2) λ_0 是 $\boldsymbol{A}$ 的特征值当且仅当有 $\boldsymbol{\xi}\neq\boldsymbol{0}$ 使 $\boldsymbol{A}\boldsymbol{\xi}=\lambda_0\boldsymbol{\xi}$，当且仅当有 $\boldsymbol{\xi}\neq\boldsymbol{0}$，使 $(\lambda_0\boldsymbol{E}-\boldsymbol{A})\boldsymbol{\xi}=\boldsymbol{0}$，当且仅当齐次线性方程组 $(\lambda_0\boldsymbol{E}-\boldsymbol{A})\boldsymbol{X}=\boldsymbol{0}$ 有非零解，当且仅当 $|\lambda_0\boldsymbol{E}-\boldsymbol{A}|=0$，当且仅当 λ_0 是 $\boldsymbol{A}$ 的特征根. 可见 $\boldsymbol{A}$ 的特征值就是 $\boldsymbol{A}$ 的特征根，故二者可不加区别.

上面的说明实际上给出了求已知方阵特征值与特征向量的方法.

例 1.1　求方阵 $\boldsymbol{A}=\begin{pmatrix}2&1&1\\1&2&1\\1&1&2\end{pmatrix}$ 的特征值与特征向量.

解　因 $\boldsymbol{A}$ 的特征多项式

$$|\lambda\boldsymbol{E}-\boldsymbol{A}|=\begin{pmatrix}\lambda-2&-1&-1\\-1&\lambda-2&-1\\-1&-1&\lambda-2\end{pmatrix}=(\lambda-4)(\lambda-1)^2,$$

所以 $\boldsymbol{A}$ 的特征值为 $\lambda_1=4$，$\lambda_2=\lambda_3=1$.

当 $\lambda_1=4$ 时，解方程组 $(4\boldsymbol{E}-\boldsymbol{A})\boldsymbol{X}=\boldsymbol{0}$，即

$$\begin{pmatrix}2&-1&-1\\-1&2&-1\\-1&-1&2\end{pmatrix}\begin{pmatrix}x_1\\x_2\\x_3\end{pmatrix}=\begin{pmatrix}0\\0\\0\end{pmatrix}$$

得基础解系 $\boldsymbol{\xi}_1=\begin{pmatrix}1\\1\\1\end{pmatrix}$，则属于 $\lambda_1=4$ 的全体特征向量为 $k_1\boldsymbol{\xi}_1(k_1\neq 0)$.

当 $\lambda_2=\lambda_3=1$ 时，解方程组 $(\boldsymbol{E}-\boldsymbol{A})\boldsymbol{X}=\boldsymbol{0}$，即

$$\begin{pmatrix}-1&-1&-1\\-1&-1&-1\\-1&-1&-1\end{pmatrix}\begin{pmatrix}x_1\\x_2\\x_3\end{pmatrix}=\begin{pmatrix}0\\0\\0\end{pmatrix}$$

得基础解系 $\boldsymbol{\xi}_2=\begin{pmatrix}-1\\1\\0\end{pmatrix}$，$\boldsymbol{\xi}_3=\begin{pmatrix}-1\\0\\1\end{pmatrix}$，则属于 $\lambda_2=\lambda_3=1$ 的全体特征向量为 $k_2\boldsymbol{\xi}_2+k_3\boldsymbol{\xi}_3$（$k_2$，$k_3$ 不同时为 0）.

例 1.2　设 $\boldsymbol{A}$ 为 n 阶方阵，λ_0 是 $\boldsymbol{A}$ 的特征根，证明 λ_0^2 是 $\boldsymbol{A}^2$ 的特征根.

证明　因 λ_0 是 $\boldsymbol{A}$ 的特征根，故有向量 $\boldsymbol{\xi}\neq\boldsymbol{0}$ 使 $\boldsymbol{A}\boldsymbol{\xi}=\lambda_0\boldsymbol{\xi}$. 左乘 $\boldsymbol{A}$ 得

$$A^2\xi = A(\lambda_0\xi) = \lambda_0(A\xi) = \lambda_0(\lambda_0\xi) = \lambda_0^2\xi,$$

因此 λ_0^2 是 A^2 的特征根.

由此例不难看出，若 λ_0 是 A 的特征根，则对任意的正整数 k，λ_0^k 必为 A^k 的特征根.

设 $f(x) = a_0x^m + a_1x^{m-1} + \cdots + a_{m-1}x + a_m$，$A$ 为 n 阶方阵，则

$$a_0A^m + a_1A^{m-1} + \cdots + a_{m-1}A + a_mE$$

仍为 n 阶方阵，记为 $f(A)$，即

$$f(A) = a_0A^m + a_1A^{m-1} + \cdots + a_{m-1}A + a_mE.$$

例 1.3 设 $f(x) = x^2 - 2x + 3$，A 为 n 阶方阵，若 λ_0 是 A 的特征根，证明：$f(\lambda_0)$ 必为 $f(A)$ 的特征根.

证明 因 λ_0 是 A 的特征根，故有向量 $\xi \neq 0$，使得

$$A\xi = \lambda_0\xi, \qquad A^2\xi = \lambda_0^2\xi,$$

从而

$$\begin{aligned} f(A)\xi &= (A^2 - 2A + 3E)\xi = A^2\xi - 2A\xi + 3E\xi \\ &= \lambda_0^2\xi - 2\lambda_0\xi + 3\xi = (\lambda_0^2 - 2\lambda_0 + 3)\xi \\ &= f(\lambda_0)\xi. \end{aligned}$$

因此 $f(\lambda_0)$ 必为 $f(A)$ 的特征根.

由此例可以看出，若 λ_0 是 A 的特征根，对于任意多项式 $f(x)$，$f(\lambda_0)$ 必为 $f(A)$ 的特征根.

例 1.4 求一般 2 阶方阵 $A = \begin{pmatrix} a_{11} & a_{12} \\ a_{21} & a_{22} \end{pmatrix}$ 的特征多项式 $f(\lambda)$.

解
$$\begin{aligned} f(\lambda) &= |\lambda E - A| \\ &= \left| \begin{pmatrix} \lambda & 0 \\ 0 & \lambda \end{pmatrix} - \begin{pmatrix} a_{11} & a_{12} \\ a_{21} & a_{22} \end{pmatrix} \right| = \begin{vmatrix} \lambda - a_{11} & -a_{12} \\ -a_{21} & \lambda - a_{22} \end{vmatrix} \\ &= \lambda^2 - (a_{11} + a_{22})\lambda + (a_{11}a_{22} - a_{12}a_{21}). \end{aligned}$$

如果 λ_1, λ_2 是 A 的两个特征根，则由 Vieta 定理知

$$\lambda_1 + \lambda_2 = a_{11} + a_{22}, \ \lambda_1\lambda_2 = a_{11}a_{22} - a_{12}a_{21} = |A|.$$

当 $\boldsymbol{A}=(a_{ij})_{n\times n}$ 为 n 阶方阵时，用同样的方法可以证明

（1）$\lambda_1+\lambda_2+\cdots+\lambda_n=a_{11}+a_{22}+\cdots+a_{nn}$；

（2）$\lambda_1\lambda_2\cdots\lambda_n=|\boldsymbol{A}|$.

其中 $\lambda_1,\lambda_2,\cdots,\lambda_n$ 是 $\boldsymbol{A}$ 的 n 个特征根. $a_{11}+a_{22}+\cdots+a_{nn}$ 称为 $\boldsymbol{A}$ 的**迹**，记为 $\mathrm{tr}\boldsymbol{A}$. 即 $\lambda_1+\lambda_2+\cdots+\lambda_n=a_{11}+a_{22}+\cdots+a_{nn}=\mathrm{tr}\boldsymbol{A}$.

例 1.5　设 $\boldsymbol{A}=(a_{ij})$ 是 3 阶方阵，已知 $\boldsymbol{A}$ 的两个特征根为 $\lambda_1=1$，$\lambda_2=2$，且 $a_{11}+a_{22}+a_{33}=0$，求 $\boldsymbol{A}+\boldsymbol{E}$ 的行列式.

解　设 $\boldsymbol{A}$ 的第三个特征根为 λ_3，因为

$$\lambda_1+\lambda_2+\lambda_3=1+2+\lambda_3=a_{11}+a_{22}+a_{33}=0,$$

故 $\lambda_3=-3$，由此得 $\boldsymbol{A}+\boldsymbol{E}$ 的三个特征根为 $\lambda_1'=2$，$\lambda_2'=3$，$\lambda_3'=-2$，从而

$$|\boldsymbol{A}+\boldsymbol{E}|=\lambda_1'\lambda_2'\lambda_3'=-12.$$

例 1.6　设 $\boldsymbol{A}$ 为 n 阶可逆矩阵，λ_0 是 $\boldsymbol{A}$ 的特征根，证明：$\lambda_0\neq 0$，并且 $\dfrac{1}{\lambda_0}$ 是 $\boldsymbol{A}^{-1}$ 的特征根；再求 $\boldsymbol{A}^*$ 的一个特征根.

解　因 $\boldsymbol{A}$ 为 n 阶可逆矩阵，设 $\boldsymbol{A}$ 的 n 个特征根为 $\lambda_1,\lambda_2,\cdots,\lambda_n$，则

$$\lambda_1\lambda_2\cdots\lambda_n=|\boldsymbol{A}|\neq 0,$$

知 $\boldsymbol{A}$ 的特征根都不等于零，因为 λ_0 是 $\boldsymbol{A}$ 的特征根，故 $\lambda_0\neq 0$，且有向量 $\boldsymbol{\xi}\neq\boldsymbol{0}$，使得 $\boldsymbol{A\xi}=\lambda_0\boldsymbol{\xi}$，两端左乘 $\boldsymbol{A}^{-1}$ 得

$$\boldsymbol{A}^{-1}\boldsymbol{A\xi}=\boldsymbol{A}^{-1}\lambda_0\boldsymbol{\xi}=\lambda_0(\boldsymbol{A}^{-1}\boldsymbol{\xi}),$$

即 $\boldsymbol{A}^{-1}\boldsymbol{\xi}=\dfrac{1}{\lambda_0}\boldsymbol{\xi}$，由此得 $\dfrac{1}{\lambda_0}$ 是 $\boldsymbol{A}^{-1}$ 的特征根.

在式 $\boldsymbol{A}^{-1}\boldsymbol{\xi}=\dfrac{1}{\lambda_0}\boldsymbol{\xi}$ 两端乘以 $|\boldsymbol{A}|$ 得

$$|\boldsymbol{A}|\boldsymbol{A}^{-1}\boldsymbol{\xi}=\frac{|\boldsymbol{A}|}{\lambda_0}\boldsymbol{\xi}，即\ \boldsymbol{A}^*\boldsymbol{\xi}=\frac{|\boldsymbol{A}|}{\lambda_0}\boldsymbol{\xi}.$$

由此知 $\dfrac{|\boldsymbol{A}|}{\lambda_0}$ 是 $\boldsymbol{A}^*$ 的一个特征根.

定理 1.1　设 $\boldsymbol{A}$ 为 n 阶方阵，则 $\boldsymbol{A}$ 的属于不同特征根的特征向量必线性无关.

习题 5.1

习题 5.1 解答

1. 求方阵 $\boldsymbol{A}$ 的特征值与特征向量.

(1) $\boldsymbol{A}=\begin{pmatrix}2 & -4\\ -3 & 3\end{pmatrix}$;　　(2) $\boldsymbol{A}=\begin{pmatrix}-4 & -10 & 0\\ 1 & 3 & 0\\ 3 & 6 & 1\end{pmatrix}$;

(3) $\boldsymbol{A}=\begin{pmatrix}1 & -3 & 3\\ 3 & -5 & 3\\ 6 & -6 & 4\end{pmatrix}$;　　(4) $\boldsymbol{A}=\begin{pmatrix}0 & 1 & 1 & -1\\ 1 & 0 & -1 & 1\\ 1 & -1 & 0 & 1\\ -1 & 1 & 1 & 0\end{pmatrix}$.

2. 设 $\boldsymbol{A}$ 为 n 阶方阵，λ_0 是 $\boldsymbol{A}$ 的特征根，证明 $2\lambda_0$ 是 $2\boldsymbol{A}$ 的特征根.

3. 设 $\boldsymbol{A}$ 为 3 阶方阵，且 $|2\boldsymbol{E}-\boldsymbol{A}|=|\boldsymbol{A}+3\boldsymbol{E}|=|2\boldsymbol{A}+\boldsymbol{E}|=0$，求 $|\boldsymbol{A}|$.

4. 设 $\boldsymbol{A}$ 的每行元素的和均为 3，求 $\boldsymbol{A}$ 的一个特征根及一个属于此特征根的特征向量.

5. 设 $\boldsymbol{A}$ 为 3 阶方阵，$\boldsymbol{A}$ 的三个特征根为 1, 2, 3，$\boldsymbol{B}=2\boldsymbol{A}-\boldsymbol{E}$，求 $|\boldsymbol{B}|$.

6. 设 $\boldsymbol{A}$ 为 n 阶方阵，λ_0 是 $\boldsymbol{A}$ 的特征根，证明若 $\boldsymbol{A}^2+3\boldsymbol{A}-2\boldsymbol{E}=\boldsymbol{O}$，则也有 $\lambda_0^2+3\lambda_0-2=0$.

5.2　相似矩阵

定义 2.1　设 $\boldsymbol{A},\boldsymbol{B}$ 均为 n 阶方阵，若有 n 阶可逆方阵 $\boldsymbol{P}$，使得 $\boldsymbol{P}^{-1}\boldsymbol{A}\boldsymbol{P}=\boldsymbol{B}$，则称 $\boldsymbol{A}$ **相似于** $\boldsymbol{B}$，记为 $\boldsymbol{A}\sim\boldsymbol{B}$；$\boldsymbol{P}$ 称为**相似变换矩阵**.

由定义 2.1 易知，若 $\boldsymbol{A}\sim\boldsymbol{B}$，则 $|\boldsymbol{A}|=|\boldsymbol{B}|$，$R(\boldsymbol{A})=R(\boldsymbol{B})$，此外还有

命题 2.1　相似关系具有

(1) 反身性：$\boldsymbol{A}\sim\boldsymbol{A}$；

(2) 对称性：若 $\boldsymbol{A}\sim\boldsymbol{B}$，则 $\boldsymbol{B}\sim\boldsymbol{A}$；

(3) 传递性：若 $\boldsymbol{A}\sim\boldsymbol{B}$，$\boldsymbol{B}\sim\boldsymbol{C}$，则 $\boldsymbol{A}\sim\boldsymbol{C}$.

命题的证明留作练习.

命题 2.2　相似矩阵的特征多项式相同，从而特征根也完全一致.

证明　设 $\boldsymbol{A}\sim\boldsymbol{B}$，则有 n 阶可逆方阵 $\boldsymbol{P}$，使得 $\boldsymbol{P}^{-1}\boldsymbol{A}\boldsymbol{P}=\boldsymbol{B}$，由此即得

$$\begin{aligned}|\lambda\boldsymbol{E}-\boldsymbol{B}|&=|\lambda\boldsymbol{E}-\boldsymbol{P}^{-1}\boldsymbol{A}\boldsymbol{P}|=|\boldsymbol{P}^{-1}(\lambda\boldsymbol{E}-\boldsymbol{A})\boldsymbol{P}|\\&=|\boldsymbol{P}^{-1}||\lambda\boldsymbol{E}-\boldsymbol{A}||\boldsymbol{P}|=|\lambda\boldsymbol{E}-\boldsymbol{A}|.\end{aligned}$$

即知 $\boldsymbol{A}$ 与 $\boldsymbol{B}$ 的特征多项式相同.

在很多与方阵 $\boldsymbol{A}$ 相关的问题中，如果用与 $\boldsymbol{A}$ 相似的矩阵 $\boldsymbol{B}$ 替换 $\boldsymbol{A}$ 进行讨论不会改变问题的本质. 在这种情况下，自然要寻求一个与 $\boldsymbol{A}$ 相似的最简单的矩阵

$\boldsymbol{B}$，一般来说对角矩阵就是最简单的矩阵. 因此, 下面就来讨论方阵相似于对角矩阵的条件, 首先有

定理 2.1　n 阶方阵 $\boldsymbol{A}$ 相似于对角矩阵的充分必要条件是 $\boldsymbol{A}$ 有 n 个线性无关的特征向量.

证明　设 $\boldsymbol{A}$ 相似于对角矩阵 $\boldsymbol{\Lambda}$，

$$\boldsymbol{\Lambda}=\begin{pmatrix}\lambda_1 & & & 0\\ & \lambda_2 & & \\ & & \ddots & \\ 0 & & & \lambda_n\end{pmatrix},$$

则有 n 阶可逆方阵 $\boldsymbol{P}$，使得 $\boldsymbol{P}^{-1}\boldsymbol{A}\boldsymbol{P}=\boldsymbol{\Lambda}$，即 $\boldsymbol{A}\boldsymbol{P}=\boldsymbol{P}\boldsymbol{\Lambda}$. 将 $\boldsymbol{P}$ 按列分块为 $\boldsymbol{P}=(\boldsymbol{\xi}_1,\boldsymbol{\xi}_2,\cdots,\boldsymbol{\xi}_n)$，则得

$$\boldsymbol{A}(\boldsymbol{\xi}_1,\boldsymbol{\xi}_2,\cdots,\boldsymbol{\xi}_n)=(\boldsymbol{\xi}_1,\boldsymbol{\xi}_2,\cdots,\boldsymbol{\xi}_n)\begin{pmatrix}\lambda_1 & & & 0\\ & \lambda_2 & & \\ & & \ddots & \\ 0 & & & \lambda_n\end{pmatrix}. \tag{1}$$

上式两边做分块乘法得

$$(\boldsymbol{A}\boldsymbol{\xi}_1,\boldsymbol{A}\boldsymbol{\xi}_2,\cdots,\boldsymbol{A}\boldsymbol{\xi}_n)=(\lambda_1\boldsymbol{\xi}_1,\lambda_2\boldsymbol{\xi}_2,\cdots,\lambda_n\boldsymbol{\xi}_n), \tag{2}$$

从而有 $\boldsymbol{A}\boldsymbol{\xi}_1=\lambda_1\boldsymbol{\xi}_1$，$\boldsymbol{A}\boldsymbol{\xi}_2=\lambda_2\boldsymbol{\xi}_2,\cdots,\boldsymbol{A}\boldsymbol{\xi}_n=\lambda_n\boldsymbol{\xi}_n$. 可知 $\boldsymbol{\xi}_1,\boldsymbol{\xi}_2,\cdots,\boldsymbol{\xi}_n$ 是 $\boldsymbol{A}$ 的 n 个特征向量, 又由于它们是可逆矩阵 $\boldsymbol{P}$ 的 n 个列, 故还是线性无关的.

反之, 若 $\boldsymbol{\xi}_1,\boldsymbol{\xi}_2,\cdots,\boldsymbol{\xi}_n$ 是 $\boldsymbol{A}$ 的 n 个线性无关的特征向量, 则以其为列的方阵 $\boldsymbol{P}=(\boldsymbol{\xi}_1,\boldsymbol{\xi}_2,\cdots,\boldsymbol{\xi}_n)$ 必为可逆方阵, 且有数 $\lambda_1,\lambda_2,\cdots,\lambda_n$ 使得

$$\boldsymbol{A}\boldsymbol{\xi}_1=\lambda_1\boldsymbol{\xi}_1,\quad \boldsymbol{A}\boldsymbol{\xi}_2=\lambda_2\boldsymbol{\xi}_2,\cdots,\boldsymbol{A}\boldsymbol{\xi}_n=\lambda_n\boldsymbol{\xi}_n.$$

于是依次可得(2)与(1)及 $\boldsymbol{P}^{-1}\boldsymbol{A}\boldsymbol{P}=\boldsymbol{\Lambda}$. 可知 $\boldsymbol{A}$ 相似于对角矩阵 $\boldsymbol{\Lambda}$.

$\boldsymbol{A}$ 相似于对角矩阵, 也称 $\boldsymbol{A}$ **可对角化**.

由此定理及上节定理 1.1 立得

推论 2.1　若 n 阶方阵 $\boldsymbol{A}$ 的 n 个特征根互异, 则 $\boldsymbol{A}$ 必可对角化.

当 n 阶方阵 $\boldsymbol{A}$ 有相同的特征根时, 为得到 $\boldsymbol{A}$ 可对角化的条件, 还须引入两个新概念.

设 $f(\lambda)$ 是 $\boldsymbol{A}$ 的特征多项式, 若

$$f(\lambda)=|\lambda \boldsymbol{E}-\boldsymbol{A}|=(\lambda-\lambda_0)^r h(\lambda),$$

并且$\lambda-\lambda_0$不是$h(\lambda)$的因子, 则称λ_0为$\boldsymbol{A}$的r**重特征根**, 或称r为λ_0的**代数重数**, 代数重数为 1 的特征根也称为**单特征根**; 而称$(\lambda_0\boldsymbol{E}-\boldsymbol{A})\boldsymbol{X}=\boldsymbol{0}$的基础解系中所含向量的个数$s$(即$(\lambda_0\boldsymbol{E}-\boldsymbol{A})\boldsymbol{X}=\boldsymbol{0}$的解空间的维数)为$\lambda_0$的**几何重数**.

命题 2.3 n阶方阵$\boldsymbol{A}$任意特征根λ_0的几何重数s不大于代数重数r, 即$s\leqslant r$.

设n阶方阵$\boldsymbol{A}$有t个不同的特征根$\lambda_1,\lambda_2,\cdots,\lambda_t$. 向量组

$$\boldsymbol{\xi}_{11},\boldsymbol{\xi}_{12},\cdots,\boldsymbol{\xi}_{1n_1};\boldsymbol{\xi}_{21},\boldsymbol{\xi}_{22},\cdots,\boldsymbol{\xi}_{2n_2};\cdots;\boldsymbol{\xi}_{t1},\boldsymbol{\xi}_{t2},\cdots,\boldsymbol{\xi}_{tn_t} \tag{3}$$

依次是$(\lambda_1\boldsymbol{E}-\boldsymbol{A})\boldsymbol{X}=\boldsymbol{0},(\lambda_2\boldsymbol{E}-\boldsymbol{A})\boldsymbol{X}=\boldsymbol{0},\cdots,(\lambda_t\boldsymbol{E}-\boldsymbol{A})\boldsymbol{X}=\boldsymbol{0}$的基础解系. 称上面这些向量全体构成的向量组为$\boldsymbol{A}$的**特征向量系**. 由 5.1 节定理 1.1, 易得

命题 2.4 n阶方阵$\boldsymbol{A}$的特征向量系必线性无关.

命题 2.4 的证明留作练习.

显然, $\boldsymbol{A}$的每个特征向量都可表示为(3)中向量的线性组合, 故由此命题可知, 向量组(3)就是$\boldsymbol{A}$的特征向量集的一个极大无关组. 因此, 一般情况下, $\boldsymbol{A}$的特征向量系所含向量个数不多于n, 若恰好等于n, 则称$\boldsymbol{A}$的特征向量系是完全的, 由定理 2.1, 此时$\boldsymbol{A}$必可对角化.

定理 2.2 n阶方阵$\boldsymbol{A}$可对角化的充分必要条件是$\boldsymbol{A}$的每一个特征根的几何重数与其代数重数相等.

证明 由于$\boldsymbol{A}$的全部特征根的代数重数之和为n, 故若$\boldsymbol{A}$的每一个特征根的几何重数与其代数重数相等, 则$\boldsymbol{A}$的全部特征根的几何重数之和也为n, 即此时$\boldsymbol{A}$的特征向量系是完全的, 因此, $\boldsymbol{A}$可对角化.

反之, 若$\boldsymbol{A}$有某特征根的几何重数与其代数重数不等, 则其几何重数必小于其代数重数. 因而$\boldsymbol{A}$的特征向量系不是完全的, 即$\boldsymbol{A}$没有n个线性无关的特征向量. 由定理 2.1, $\boldsymbol{A}$不能对角化.

由于当$\boldsymbol{A}$的某特征根的代数重数为 1 时, 由命题 2.3 知其几何重数也必为 1. 因此在利用定理 2.2 判断$\boldsymbol{A}$是否可对角化时, 只需考虑那些代数重数不为 1 的特征根.

例 2.1 判断下列矩阵是否可对角化, 若可对角化, 则求出其相应的对角矩阵与相似变换矩阵.

(1) $\boldsymbol{A}=\begin{pmatrix}1&1&0\\0&3&0\\1&-1&2\end{pmatrix}$; (2) $\boldsymbol{A}=\begin{pmatrix}2&1&1\\1&2&1\\1&1&2\end{pmatrix}$; (3) $\boldsymbol{A}=\begin{pmatrix}0&0&1\\1&1&-3\\1&0&0\end{pmatrix}$.

解 (1) $\boldsymbol{A}$的特征多项式为

$$|\lambda \boldsymbol{E}-\boldsymbol{A}|=\begin{vmatrix}\lambda-1 & -1 & 0\\ 0 & \lambda-3 & 0\\ -1 & 1 & \lambda-2\end{vmatrix}=(\lambda-2)(\lambda-1)(\lambda-3),$$

所以 $\boldsymbol{A}$ 的特征根为 $\lambda_1=1$，$\lambda_2=2$，$\lambda_3=3$．因此，$\boldsymbol{A}$ 可对角化.

当 $\lambda_1=1$ 时，解方程组 $(\boldsymbol{E}-\boldsymbol{A})\boldsymbol{X}=\boldsymbol{0}$，即

$$\begin{pmatrix}0 & -1 & 0\\ 0 & -2 & 0\\ -1 & 1 & -1\end{pmatrix}\begin{pmatrix}x_1\\ x_2\\ x_3\end{pmatrix}=\begin{pmatrix}0\\ 0\\ 0\end{pmatrix},$$

得基础解系

$$\boldsymbol{\xi}_1=\begin{pmatrix}-1\\ 0\\ 1\end{pmatrix}.$$

当 $\lambda_2=2$ 时，解方程组 $(2\boldsymbol{E}-\boldsymbol{A})\boldsymbol{X}=\boldsymbol{0}$，即

$$\begin{pmatrix}1 & -1 & 0\\ 0 & -1 & 0\\ -1 & 1 & 0\end{pmatrix}\begin{pmatrix}x_1\\ x_2\\ x_3\end{pmatrix}=\begin{pmatrix}0\\ 0\\ 0\end{pmatrix},$$

得基础解系

$$\boldsymbol{\xi}_2=\begin{pmatrix}0\\ 0\\ 1\end{pmatrix}.$$

当 $\lambda_3=3$ 时，解方程组 $(3\boldsymbol{E}-\boldsymbol{A})\boldsymbol{X}=\boldsymbol{0}$，即

$$\begin{pmatrix}2 & -1 & 0\\ 0 & 0 & 0\\ -1 & 1 & 1\end{pmatrix}\begin{pmatrix}x_1\\ x_2\\ x_3\end{pmatrix}=\begin{pmatrix}0\\ 0\\ 0\end{pmatrix},$$

得基础解系

$$\boldsymbol{\xi}_3=\begin{pmatrix}-1\\ -2\\ 1\end{pmatrix}.$$

取

$$\boldsymbol{P}=(\boldsymbol{\xi}_1,\boldsymbol{\xi}_2,\boldsymbol{\xi}_3)=\begin{pmatrix}-1&0&-1\\0&0&-2\\1&1&1\end{pmatrix},$$

则有

$$\boldsymbol{P}^{-1}\boldsymbol{AP}=\boldsymbol{\Lambda}=\begin{pmatrix}1&0&0\\0&2&0\\0&0&3\end{pmatrix}.$$

因此 $\boldsymbol{P}$ 为所求的相似变换矩阵， $\boldsymbol{\Lambda}$ 即为所求的对角矩阵.

(2) 由 5.1 节例 1.1 知， $\boldsymbol{A}$ 的特征值为 $\lambda_1=\lambda_2=1$， $\lambda_3=4$.

当 $\lambda_1=\lambda_2=1$ 时, 解方程组 $(\boldsymbol{E}-\boldsymbol{A})\boldsymbol{X}=\boldsymbol{0}$, 即

$$\begin{pmatrix}-1&-1&-1\\-1&-1&-1\\-1&-1&-1\end{pmatrix}\begin{pmatrix}x_1\\x_2\\x_3\end{pmatrix}=\begin{pmatrix}0\\0\\0\end{pmatrix},$$

得基础解系

$$\boldsymbol{\xi}_1=\begin{pmatrix}-1\\1\\0\end{pmatrix},\qquad \boldsymbol{\xi}_2=\begin{pmatrix}-1\\0\\1\end{pmatrix}.$$

由于二重特征根 $\lambda_1=\lambda_2=1$ 的代数重数等于几何重数, 故知 $\boldsymbol{A}$ 可对角化.

当 $\lambda_3=4$ 时, 解方程组 $(4\boldsymbol{E}-\boldsymbol{A})\boldsymbol{X}=\boldsymbol{0}$, 即

$$\begin{pmatrix}2&-1&-1\\-1&2&-1\\-1&-1&2\end{pmatrix}\begin{pmatrix}x_1\\x_2\\x_3\end{pmatrix}=\begin{pmatrix}0\\0\\0\end{pmatrix},$$

得基础解系

$$\boldsymbol{\xi}_1=\begin{pmatrix}1\\1\\1\end{pmatrix}.$$

取

$$P=(\xi_1,\xi_2,\xi_3)=\begin{pmatrix}-1&-1&1\\1&0&1\\0&1&1\end{pmatrix},$$

则有

$$P^{-1}AP=\Lambda=\begin{pmatrix}1&0&0\\0&1&0\\0&0&4\end{pmatrix}.$$

(3) A 的特征多项式为

$$|\lambda E-A|=\begin{vmatrix}\lambda&0&-1\\-1&\lambda-1&3\\-1&0&\lambda\end{vmatrix}=(\lambda-1)^2(\lambda+1),$$

所以 A 的特征根为 $\lambda_1=\lambda_2=1$，$\lambda_3=-1$，当 $\lambda_1=\lambda_2=1$ 时，解方程组 $(E-A)X=0$，即

$$\begin{pmatrix}1&0&-1\\-1&0&3\\-1&0&1\end{pmatrix}\begin{pmatrix}x_1\\x_2\\x_3\end{pmatrix}=\begin{pmatrix}0\\0\\0\end{pmatrix},$$

得基础解系 $\xi=\begin{pmatrix}0\\1\\0\end{pmatrix}$，由于二重特征根 $\lambda_1=\lambda_2=1$ 的代数重数不等于几何重数，故知 A 不能对角化.

例 2.2　设 $A=\begin{pmatrix}-5&-3\\6&4\end{pmatrix}$，求 A^n.

解　A 的特征多项式为

$$|\lambda E-A|=\begin{vmatrix}\lambda+5&3\\-6&\lambda-4\end{vmatrix}=(\lambda-1)(\lambda+2),$$

所以 A 的特征根为 $\lambda_1=1$，$\lambda_2=-2$，可知 A 可对角化. 下面求对角矩阵.

当 $\lambda_1=1$ 时，解方程组 $(E-A)X=0$，得基础解系 $\xi=\begin{pmatrix}-1\\2\end{pmatrix}$.

当 $\lambda_2=-2$ 时，解方程组 $(-2\boldsymbol{E}-\boldsymbol{A})\boldsymbol{X}=\boldsymbol{0}$，得基础解系 $\boldsymbol{\eta}=\begin{pmatrix}-1\\1\end{pmatrix}$.

令 $\boldsymbol{P}=\begin{pmatrix}-1&-1\\2&1\end{pmatrix}$，则得 $\boldsymbol{P}^{-1}\boldsymbol{AP}=\begin{pmatrix}1&0\\0&-2\end{pmatrix}$，因此 $\boldsymbol{A}=\boldsymbol{P}\begin{pmatrix}1&0\\0&-2\end{pmatrix}\boldsymbol{P}^{-1}$，从而

$$\boldsymbol{A}^n=\boldsymbol{P}\begin{pmatrix}1&0\\0&-2\end{pmatrix}\boldsymbol{P}^{-1}\boldsymbol{P}\begin{pmatrix}1&0\\0&-2\end{pmatrix}\boldsymbol{P}^{-1}\cdots\boldsymbol{P}\begin{pmatrix}1&0\\0&-2\end{pmatrix}\boldsymbol{P}^{-1},$$

而由 $\boldsymbol{P}^{-1}=\begin{pmatrix}1&1\\-2&-1\end{pmatrix}$ 知

$$\begin{aligned}\boldsymbol{A}^n=\boldsymbol{P}\begin{pmatrix}1&0\\0&-2\end{pmatrix}^n\boldsymbol{P}^{-1}&=\begin{pmatrix}-1&-1\\2&1\end{pmatrix}\begin{pmatrix}1&0\\0&(-2)^n\end{pmatrix}\begin{pmatrix}1&1\\-2&-1\end{pmatrix}\\&=\begin{pmatrix}(-1)^n\cdot2^{n+1}-1&(-1)^n\cdot2^n-1\\(-1)^{n+1}\cdot2^{n+1}+2&(-1)^{n+1}\cdot2^n+2\end{pmatrix}.\end{aligned}$$

习题 5.2

1. 判断矩阵 $\boldsymbol{A}$ 是否可对角化，若可对角化，则求出对角矩阵与相似变换矩阵.

（1）$\boldsymbol{A}=\begin{pmatrix}1&1&0\\0&2&1\\0&0&3\end{pmatrix}$；　　（2）$\boldsymbol{A}=\begin{pmatrix}2&0&1\\3&1&3\\4&0&5\end{pmatrix}$.

习题 5.2 解答

2. 设 $\boldsymbol{A}=\begin{pmatrix}2&0&1\\3&1&a\\4&0&5\end{pmatrix}$，问 α 为何值时，矩阵 $\boldsymbol{A}$ 能对角化?

3. 设 $\boldsymbol{A}$ 是 3 阶方阵，$\boldsymbol{A}$ 的 3 个特征根为 $\frac{1}{3}$，$\frac{1}{4}$，$\frac{1}{5}$，$\boldsymbol{B}\sim\boldsymbol{A}$. 求 $\left|\boldsymbol{B}^{-1}-\boldsymbol{E}\right|$.

5.3　定理补充证明与典型例题解析

一、定理补充证明

定理 1.1　设 $\boldsymbol{A}$ 为 n 阶方阵，则 $\boldsymbol{A}$ 的属于不同特征根的特征向量必线性无关.

证明　设 $\lambda_1,\lambda_2,\cdots,\lambda_t$ 是 $\boldsymbol{A}$ 的 t 个两两不同的特征根. 对个数 t 用数学归纳法. 当 $t=1$ 时，因特征向量必非零，而一个非零向量构成的向量组是线性无关的，故

此时结论正确. 设 $\boldsymbol{A}$ 的属于 $t-1$ 个不同特征根的特征向量是线性无关的, $\boldsymbol{\xi}_1,\boldsymbol{\xi}_2,\cdots,\boldsymbol{\xi}_t$ 依次是属于 $\lambda_1,\lambda_2,\cdots,\lambda_t$ 的特征向量. 再设

$$k_1\boldsymbol{\xi}_1+k_2\boldsymbol{\xi}_2+\cdots+k_t\boldsymbol{\xi}_t=\boldsymbol{0}. \tag{1}$$

左乘 $\boldsymbol{A}$, 并利用 $\boldsymbol{A\xi}_i=\lambda_i\boldsymbol{\xi}_i(i=1,2,\cdots,t)$ 得

$$k_1\lambda_1\boldsymbol{\xi}_1+k_2\lambda_2\boldsymbol{\xi}_2+\cdots+k_t\lambda_t\boldsymbol{\xi}_t=\boldsymbol{0}, \tag{2}$$

(1)式乘以 λ_t 后减去(2)式得

$$k_1(\lambda_t-\lambda_1)\boldsymbol{\xi}_1+k_2(\lambda_t-\lambda_2)\boldsymbol{\xi}_2+\cdots+k_{t-1}(\lambda_t-\lambda_{t-1})\boldsymbol{\xi}_{t-1}=\boldsymbol{0}.$$

由归纳假设, $\boldsymbol{\xi}_1,\boldsymbol{\xi}_2,\cdots,\boldsymbol{\xi}_{t-1}$ 线性无关, 故必有

$$k_1(\lambda_t-\lambda_1)=k_2(\lambda_t-\lambda_2)=\cdots=k_{t-1}(\lambda_t-\lambda_{t-1})=0,$$

由于诸 λ_i 两两不同, 便有

$$k_1=k_2=\cdots=k_{t-1}=0.$$

代入(1)有 $k_t\boldsymbol{\xi}_t=\boldsymbol{0}$, 再由 $\boldsymbol{\xi}_t\neq\boldsymbol{0}$, 又得 $k_t=0$. 归纳法完成, 证毕.

命题 2.3　n 阶方阵 $\boldsymbol{A}$ 任意特征根 λ_0 的几何重数 s 不大于代数重数 r, 即 $s\leqslant r$.

证明　由条件可设 $\boldsymbol{\xi}_1,\boldsymbol{\xi}_2,\cdots,\boldsymbol{\xi}_s$ 是 $(\lambda_0\boldsymbol{E}-\boldsymbol{A})\boldsymbol{X}=\boldsymbol{0}$ 的一个基础解系, 则 $\boldsymbol{A\xi}_i=\lambda_0\boldsymbol{\xi}_i(i=1,2,\cdots,s)$. 由 3.2 节例 2.2, 有向量 $\boldsymbol{\xi}_{s+1},\boldsymbol{\xi}_{s+2},\cdots,\boldsymbol{\xi}_n$ 使得

$$\boldsymbol{P}=(\boldsymbol{\xi}_1,\boldsymbol{\xi}_2,\cdots,\boldsymbol{\xi}_s,\boldsymbol{\xi}_{s+1},\boldsymbol{\xi}_{s+2},\cdots,\boldsymbol{\xi}_n)$$

为可逆矩阵. 令

$$\boldsymbol{\eta}_j=\boldsymbol{P}^{-1}\boldsymbol{A\xi}_j, \text{ 即 } \boldsymbol{A\xi}_j=\boldsymbol{P\eta}_j\ \ (j=s+1,s+2,\cdots,n),$$

而有

$$\begin{aligned}\boldsymbol{AP}&=(\boldsymbol{A\xi}_1,\cdots,\boldsymbol{A\xi}_s,\ \boldsymbol{A\xi}_{s+1},\cdots,\boldsymbol{A\xi}_n)\\&=(\lambda_0\boldsymbol{\xi}_1,\cdots,\lambda_0\boldsymbol{\xi}_s,\boldsymbol{P\eta}_{s+1},\cdots,\boldsymbol{P\eta}_n).\end{aligned}$$

注意当 $i=1,2,\cdots,s$ 时有

$$\lambda_0\boldsymbol{\xi}_i=\boldsymbol{P}\begin{pmatrix}0\\\vdots\\\lambda_0\\\vdots\\0\end{pmatrix}\leftarrow \text{第 } i \text{ 个分量},$$

进而又得

$$AP=\left(P\begin{pmatrix}\lambda_0\\0\\0\\\vdots\\0\end{pmatrix},\cdots,P\begin{pmatrix}0\\\vdots\\\lambda_0\\\vdots\\0\end{pmatrix},P\eta_{s+1},\cdots,P\eta_n\right)$$

$$=P\begin{pmatrix}\lambda_0&0&\cdots&0&*&\cdots&*\\0&\lambda_0&\cdots&0&*&\cdots&*\\\vdots&\vdots&&\vdots&\vdots&&\vdots\\0&0&\cdots&\lambda_0&*&\cdots&*\\0&0&\cdots&0&*&\cdots&*\\\vdots&\vdots&&\vdots&\vdots&&\vdots\\0&0&\cdots&0&*&\cdots&*\end{pmatrix}$$

$$=P\begin{pmatrix}\lambda_0E_s&C\\O&D\end{pmatrix},$$

即

$$P^{-1}AP=\begin{pmatrix}\lambda_0E_s&C\\O&D\end{pmatrix},$$

其中$\begin{pmatrix}C\\D\end{pmatrix}=(\eta_{s+1},\eta_{s+2},\cdots,\eta_n)$.

这样一来由命题 2.2 便有

$$\begin{aligned}f(\lambda)&=|\lambda E-A|\\&=\left|\lambda E_n-\begin{pmatrix}\lambda_0E_s&C\\O&D\end{pmatrix}\right|=\begin{vmatrix}(\lambda-\lambda_0)E_s&-C\\O&\lambda E_{n-s}-D\end{vmatrix}\\&=|(\lambda-\lambda_0)E_s||\lambda E_{n-s}-D|\\&=(\lambda-\lambda_0)^s g(\lambda)\quad(g(\lambda)=|\lambda E_{n-s}-D|),\end{aligned}$$

可见，$(\lambda-\lambda_0)^s$ 整除 $f(\lambda)$. 另一方面，因 $f(\lambda)=(\lambda-\lambda_0)^r h(\lambda)$，并且 $\lambda-\lambda_0$ 不是 $h(\lambda)$ 的因子, 故必有 $(\lambda-\lambda_0)^s$ 整除 $(\lambda-\lambda_0)^r$，$s\leqslant r$. 证毕.

二、典型例题解析

例 3.1 设 A 为 3 阶方阵，$\alpha_1,\alpha_2,\alpha_3$ 是线性无关的 3 维列向量，且满足 $A\alpha_1=\alpha_1+\alpha_2+\alpha_3, A\alpha_2=2\alpha_2+\alpha_3, A\alpha_3=2\alpha_2+3\alpha_3$.

(1) 求矩阵 $\boldsymbol{B}$，使得 $\boldsymbol{A}(\boldsymbol{\alpha}_1,\boldsymbol{\alpha}_2,\boldsymbol{\alpha}_3)=(\boldsymbol{\alpha}_1,\boldsymbol{\alpha}_2,\boldsymbol{\alpha}_3)\boldsymbol{B}$；

(2) 求方阵 $\boldsymbol{A}$ 的特征值;

(3) 求可逆矩阵 $\boldsymbol{P}$，使得 $\boldsymbol{P}^{-1}\boldsymbol{A}\boldsymbol{P}$ 为对角矩阵.

解　(1) 由已知条件知,

$$\begin{aligned}\boldsymbol{A}(\boldsymbol{\alpha}_1,\boldsymbol{\alpha}_2,\boldsymbol{\alpha}_3)&=(\boldsymbol{\alpha}_1+\boldsymbol{\alpha}_2+\boldsymbol{\alpha}_3,2\boldsymbol{\alpha}_2+\boldsymbol{\alpha}_3,2\boldsymbol{\alpha}_2+3\boldsymbol{\alpha}_3)\\&=(\boldsymbol{\alpha}_1,\boldsymbol{\alpha}_2,\boldsymbol{\alpha}_3)\begin{pmatrix}1&0&0\\1&2&2\\1&1&3\end{pmatrix}.\end{aligned}$$

所以，矩阵 $\boldsymbol{B}=\begin{pmatrix}1&0&0\\1&2&2\\1&1&3\end{pmatrix}$.

(2) 因为 $\boldsymbol{\alpha}_1,\boldsymbol{\alpha}_2,\boldsymbol{\alpha}_3$ 线性无关，所以，矩阵 $\boldsymbol{C}=(\boldsymbol{\alpha}_1,\boldsymbol{\alpha}_2,\boldsymbol{\alpha}_3)$ 可逆，所以有 $\boldsymbol{C}^{-1}\boldsymbol{A}\boldsymbol{C}=\boldsymbol{B}$. 即 $\boldsymbol{A}$ 与 $\boldsymbol{B}$ 相似. 由

$$|\lambda\boldsymbol{E}-\boldsymbol{B}|=\begin{vmatrix}\lambda-1&0&0\\-1&\lambda-2&-2\\-1&-1&\lambda-3\end{vmatrix}=(\lambda-1)^2(\lambda-4)$$

知矩阵 $\boldsymbol{B}$ 的特征值是 1, 1, 4, 从而，$\boldsymbol{A}$ 的特征值也是 1, 1, 4.

(3) 由 $(\boldsymbol{E}-\boldsymbol{B})\boldsymbol{X}=\boldsymbol{0}$ 得 $\boldsymbol{B}$ 的属于特征值 1 的两个线性无关的特征向量为

$$\boldsymbol{\xi}_1=\begin{pmatrix}-1\\1\\0\end{pmatrix},\quad \boldsymbol{\xi}_2=\begin{pmatrix}-2\\0\\1\end{pmatrix}.$$

由 $(4\boldsymbol{E}-\boldsymbol{B})\boldsymbol{X}=\boldsymbol{0}$ 得 $\boldsymbol{B}$ 的属于特征值 4 的特征向量为

$$\boldsymbol{\xi}_3=\begin{pmatrix}0\\1\\1\end{pmatrix}.$$

令 $\boldsymbol{Q}=(\boldsymbol{\xi}_1,\boldsymbol{\xi}_2,\boldsymbol{\xi}_3)$，有

$$\boldsymbol{Q}^{-1}\boldsymbol{B}\boldsymbol{Q}=\begin{pmatrix}1&0&0\\0&1&0\\0&0&4\end{pmatrix}.$$

所以,

$$Q^{-1}BQ=Q^{-1}C^{-1}ACQ=\begin{pmatrix}1&0&0\\0&1&0\\0&0&4\end{pmatrix}.$$

令 $P=CQ$，则

$$P=(\alpha_1,\alpha_2,\alpha_3)\begin{pmatrix}-1&-2&0\\1&0&1\\0&1&1\end{pmatrix}$$
$$=(-\alpha_1+\alpha_2,-2\alpha_1+\alpha_3,\alpha_2+\alpha_3).$$

所以,

$$P^{-1}AP=\begin{pmatrix}1&0&0\\0&1&0\\0&0&4\end{pmatrix}.$$

例 3.2　若矩阵 $A=\begin{pmatrix}2&2&0\\8&2&a\\0&0&6\end{pmatrix}$ 相似于对角矩阵 Λ，试确定常数 a 的值, 并求可逆矩阵 P，使 $P^{-1}AP=\Lambda$.

解　矩阵 A 的特征多项式为

$$|\lambda E-A|=\begin{vmatrix}\lambda-2&-2&0\\-8&\lambda-2&-a\\0&0&\lambda-6\end{vmatrix}=(\lambda-6)\left[(\lambda-2)^2-16\right]$$
$$=(\lambda-6)^2(\lambda+2),$$

故 A 的特征值 $\lambda_1=\lambda_2=6,\lambda_3=-2$.

由于 A 相似于对角矩阵 Λ，故对应于 $\lambda_1=\lambda_2=6$ 应有两个线性无关的特征向量, 因此矩阵 $6E-A$ 的秩应为 1, 从而由

$$6E-A=\begin{pmatrix}4&-2&0\\-8&4&-a\\0&0&0\end{pmatrix}\to\begin{pmatrix}2&-1&0\\0&0&a\\0&0&0\end{pmatrix}$$

知 $a=0$.

于是对应于 $\lambda_1=\lambda_2=6$ 的两个线性无关的特征向量可取为

$$\boldsymbol{\xi}_1=\begin{pmatrix}0\\0\\1\end{pmatrix},\quad \boldsymbol{\xi}_2=\begin{pmatrix}1\\2\\0\end{pmatrix}.$$

当 $\lambda_3=-2$ 时,

$$-2\boldsymbol{E}-\boldsymbol{A}=\begin{pmatrix}-4&-2&0\\-8&-4&0\\0&0&-8\end{pmatrix}\to\begin{pmatrix}2&1&0\\0&0&1\\0&0&0\end{pmatrix}.$$

因此, 对应于 $\lambda_3=-2$ 的特征向量

$$\boldsymbol{\xi}_3=\begin{pmatrix}1\\-2\\0\end{pmatrix}.$$

令 $\boldsymbol{P}=(\boldsymbol{\xi}_1,\boldsymbol{\xi}_2,\boldsymbol{\xi}_3)=\begin{pmatrix}0&1&1\\0&2&-2\\1&0&0\end{pmatrix}$, 则 $\boldsymbol{P}$ 可逆, 并有 $\boldsymbol{P}^{-1}\boldsymbol{AP}=\boldsymbol{\Lambda}$.

5.4　数学模型与实验

实验目的和意义

1. 掌握特征值、特征向量、特征方程、矩阵的对角化等概念和理论;
2. 掌握将矩阵化为相似对角矩阵的方法;
3. 理解由差分方程 $\boldsymbol{x}_{k+1}=\boldsymbol{A}\boldsymbol{x}_k$ 所描述的动态系统的长期行为或演化;
4. 提高对离散动态系统的理解和分析能力.

形如

$$\boldsymbol{x}_{k+1}=\boldsymbol{A}\boldsymbol{x}_k\ (\boldsymbol{A}\text{ 为适当维数的方阵})$$

的差分方程, 描述了系统随时间的变换, 通常称为动态系统(dynamical system)或者离散线性动态系统(discrete linear dynamic system). 动态系统理论的基本目的是了解迭代过程的最终或渐进性态, 即希望了解随着 k 的增大, 迭代点 $\boldsymbol{x}_0,\boldsymbol{A}\boldsymbol{x}_0,\boldsymbol{A}^2\boldsymbol{x}_0,\cdots,\boldsymbol{A}^k\boldsymbol{x}_0,\cdots$ 的最终形态. 要理解并预测差分方程 $\boldsymbol{x}_{k+1}=\boldsymbol{A}\boldsymbol{x}_k$ 所描述的动态系统的长期行为或演化, 关键在于掌握矩阵 $\boldsymbol{A}$ 的特征值与特征向量.

在本节中, 我们将通过应用实例来介绍矩阵对角化在离散动态系统模型中的应用. 这些应用实例主要针对生态系统, 这是因为相对于物理问题或工程问题,

它们更容易说明和解释, 但实际上动态系统在很多科学领域中都会出现.

例 4.1(教师职业转换预测问题) 在某城市有 15 万具有本科以上学历的人, 其中有 1.5 万人是教师, 据调查, 平均每年有 10%的人从教师职业转为其他职业, 又有 1%的人从其他职业转为教师职业, 试预测 10 年以后这 15 万人中有多少人在从事教师职业.

解 用 $\boldsymbol{x}_k$ 表示第 k 年以后从事教师职业和其他职业的人数, 则

$$\boldsymbol{x}_0=\begin{pmatrix}1.5\\13.5\end{pmatrix},$$

用矩阵 $\boldsymbol{A}=\begin{pmatrix}0.9 & 0.01\\0.1 & 0.99\end{pmatrix}$ 表示教师职业和其他职业间的转移情况, $\alpha_{11}=0.9$ 表示每年有 90%的人原来是教师, 现在还是教师; $\alpha_{21}=0.1$ 表示每年有 10%的人从教师职业转为其他职业; $\alpha_{21}=0.01$ 表示每年有 1%的人从其他职业转为教师; $\alpha_{22}=0.99$ 表示每年有 99%的人原来从事其他职业, 现在还是从事其他职业. 显然,

$$x_1=Ax_0=\begin{pmatrix}0.9 & 0.01\\0.1 & 0.99\end{pmatrix}\begin{pmatrix}1.5\\13.5\end{pmatrix}=\begin{pmatrix}1.485\\13.515\end{pmatrix},$$

即一年后, 从事教师职业和其他职业的人数分别为 1.485 万及 13.515 万. 又

$$\boldsymbol{x}_2=\boldsymbol{A}\boldsymbol{x}_1=\boldsymbol{A}^2\boldsymbol{x}_0,\cdots,\boldsymbol{x}_n=\boldsymbol{A}\boldsymbol{x}_{n-1}=\boldsymbol{A}^n\boldsymbol{x}_0,$$

所以 $\boldsymbol{x}_{10}=\boldsymbol{A}^{10}\boldsymbol{x}_0$, 为计算 $\boldsymbol{A}^{10}$, 需要先把矩阵 $\boldsymbol{A}$ 对角化, 求解过程如下:

第一步: 求 $\boldsymbol{A}$ 的特征值和对应的特征向量, 利用如下的 Matlab 代码即可获得.

```
A=[0.9, 0.01;0.1, 0.99]
[pc, lambda]=eig(A)                          % 求A的特征值和对应的特征向量
[Y, I]=sort(diag(abs(lambda)), 'descend')    %对特征值的绝对
                                             值降序排列

temp=diag(lambda)
lambda=temp(I)                               %输出按照特征值降序排列的特征值
pc=pc(:, I)                                  %与特征值对应的特征向量
```

得到 $\boldsymbol{A}$ 的特征值为(按特征值的绝对值降序排列)

```
lambda =
    1.0000
    0.8900
```

对应的特征向量为

```
pc =
   -0.0995   -0.7071
   -0.9950    0.7071
```

根据计算结果，$\lambda_1=1,\lambda_2=0.89,\lambda_1\neq\lambda_2$，故 $\boldsymbol{A}$ 可对角化. 为了消除小数，选取 $\lambda_1=1$ 对应特征向量 $\boldsymbol{v}_1=\begin{pmatrix}1\\100\end{pmatrix}$，$\lambda_2=0.89$ 对应的特征向量为 $\boldsymbol{v}_2=\begin{pmatrix}-1\\1\end{pmatrix}$，令

$$\boldsymbol{P}=(\boldsymbol{v}_1,\boldsymbol{v}_2)=\begin{pmatrix}1&-1\\100&1\end{pmatrix},$$

得到

$$\boldsymbol{P}^{-1}\boldsymbol{A}\boldsymbol{P}=\boldsymbol{\Lambda}=\begin{pmatrix}1&0\\0&0.89\end{pmatrix},$$

$$\boldsymbol{A}=\boldsymbol{P}\boldsymbol{\Lambda}\boldsymbol{P}^{-1},\quad \boldsymbol{A}^{10}=\boldsymbol{P}\boldsymbol{\Lambda}^{10}\boldsymbol{P}^{-1},$$

而

$$\boldsymbol{P}^{-1}=\frac{1}{11}\begin{pmatrix}1&1\\10&-1\end{pmatrix},$$

$$\boldsymbol{x}_{10}=\boldsymbol{P}\boldsymbol{\Lambda}^{10}\boldsymbol{P}^{-1}\boldsymbol{x}_0=\frac{1}{11}\begin{pmatrix}1&1\\10&-1\end{pmatrix}\begin{pmatrix}1&0\\0&0.89^{10}\end{pmatrix}\begin{pmatrix}1&1\\10&-1\end{pmatrix}\begin{pmatrix}1.5\\13.5\end{pmatrix}=\begin{pmatrix}1.5425\\13.4575\end{pmatrix},$$

所以, 10 年以后，有 1.54 万人当教师, 13.46 万人从事其他职业.

例 4.2(捕食者与被捕食者系统)　某森林里，猫头鹰以鼠为食，记猫头鹰和鼠在时间 n 的数量为 $\boldsymbol{x}_n=\begin{pmatrix}O_n\\M_n\end{pmatrix}$，其中 n 是以月份为单位的时间，O_n 是研究区域中的猫头鹰的数量，M_n 是鼠的数量(单位：千只). 假定生态学家已经建立了猫头鹰与鼠数量的自然系统模型:

$$\begin{cases}O_{n+1}=0.5O_n+0.4M_n,\\M_{n+1}=-pO_n+1.1M_n,\end{cases}$$

其中 p 是一个待定的正参数. 第一个方程中的 $0.5O_n$ 表明，如果没有鼠做食物，每个月只有 50%的猫头鹰可以存活，第二个方程中的 $1.1M_n$ 表明，如果没有猫头鹰捕食，鼠的数量每个月会增加 10%. 如果鼠充足，猫头鹰的个数将增加 $0.4M_n$，负项 $-pO_n$ 用以表示猫头鹰的捕食所导致的野鼠的死亡数. 当捕食系数 $p=0.104$ 时,

则两个群都会增长，估计这个长期增长率及猫头鹰与鼠的最终比例.

解 (1)问题分析:

将线性变换 $\boldsymbol{x}\to\boldsymbol{A}\boldsymbol{x}$ 的作用分解为易于理解的成分，其中特征值与特征向量是分析离散动态系统的关键. 我们将根据已知信息，找到系统对应的差分方程 $\boldsymbol{x}_{k+1}\to\boldsymbol{A}\boldsymbol{x}_k$，求出 $\boldsymbol{A}$ 的特征值和对应的特征向量，再根据不同特征值的个数，绝对值大于 1 还是小于 1，是实特征值还是复特征值等情形分析出系统演化的过程.

(2)实验过程:

当 $p=0.104$ 时，系数矩阵 $\boldsymbol{A}=\begin{pmatrix}0.5 & 0.4\\ -0.104 & 1.1\end{pmatrix}$，利用上一例题的代码可求得 $\boldsymbol{A}$ 的全部特征值为

$$\lambda_1=1.02,\quad \lambda_2=0.58,$$

对应的特征向量为

```
pc =
   -0.6097  -0.9806
   -0.7926  -0.1961
```

显然这两个特征向量(pc 的第 1 列和第 2 列)是线性无关的，它们构成 $\mathbf{R}^2$ 的一组基. 为了消除小数，选取 $\boldsymbol{v}_1=\begin{pmatrix}10\\13\end{pmatrix}$，$\boldsymbol{v}_2=\begin{pmatrix}5\\1\end{pmatrix}$. 下面用 $\boldsymbol{v}_1,\boldsymbol{v}_2$ 表示 $\boldsymbol{x}_0$ 和 $\boldsymbol{x}_k$，$k=1,2,\cdots$.

由于 $\boldsymbol{v}_1,\boldsymbol{v}_2$ 是 $\mathbf{R}^2$ 的一组基，所以存在系数 c_1,c_2，使得 $\boldsymbol{x}_0=c_1\boldsymbol{v}_1+c_2\boldsymbol{v}_2$. 因为 $\boldsymbol{v}_1,\boldsymbol{v}_2$ 为矩阵 $\boldsymbol{A}$ 对应于特征值 $\lambda_1=1.02,\lambda_2=0.58$ 的特征向量，所以 $\boldsymbol{A}\boldsymbol{v}_1=\lambda_1\boldsymbol{v}_1$，$\boldsymbol{A}\boldsymbol{v}_2=\lambda_2\boldsymbol{v}_2$，于是

$$\boldsymbol{x}_1=\boldsymbol{A}\boldsymbol{x}_0=\boldsymbol{A}(c_1\boldsymbol{v}_1+c_2\boldsymbol{v}_2)=c_1\lambda_1\boldsymbol{v}_1+c_2\lambda_2\boldsymbol{v}_2,$$

$$\boldsymbol{x}_2=\boldsymbol{A}\boldsymbol{x}_1=\boldsymbol{A}(c_1\lambda_1\boldsymbol{v}_1+c_2\lambda_2\boldsymbol{v}_2)=c_1\lambda_1^2\boldsymbol{v}_1+c_2\lambda_2^2\boldsymbol{v}_2.$$

一般地,

$$\begin{aligned}\boldsymbol{x}_k&=c_1\lambda_1^k\boldsymbol{v}_1+c_2\lambda_2^k\boldsymbol{v}_2\\&=c_1(1.02)^k\begin{pmatrix}10\\13\end{pmatrix}+c_2(0.58)^k\begin{pmatrix}5\\1\end{pmatrix},\quad k=0,1,2,\cdots.\end{aligned}$$

当 $k\to\infty$ 时，$(0.58)^k$ 迅速趋于 0. 假定 $c_1>0$，则对于所有足够大的 k，

$$\boldsymbol{x}_k\approx c_1(1.02)^k\begin{pmatrix}10\\13\end{pmatrix}. \tag{1}$$

k 越大，近似程度越高，所以对于足够大的 k，

$$\boldsymbol{x}_{k+1} \approx c_1(1.02)^{k+1}\begin{pmatrix}10\\13\end{pmatrix}$$
$$=(1.02)c_1(1.02)^k\begin{pmatrix}10\\13\end{pmatrix}=1.02\boldsymbol{x}_k. \tag{2}$$

近似式(2)表明，最后 $\boldsymbol{x}_k$ 的每个分量(猫头鹰和鼠的数量)几乎每个月都近似增加到原来的 1.02 倍，即有 2%的月增长率. 近似式(1)表示，$\boldsymbol{x}_k$ 约为 $\begin{pmatrix}10\\13\end{pmatrix}$ 的倍数，所以 $\boldsymbol{x}_k$ 的 2 个分量的比值约为 10 比 13，即每个猫头鹰对应着 13000 只鼠.

结论与启示：

捕食者-被捕食者问题说明了动态系统 $\boldsymbol{x}_{k+1}=\boldsymbol{A}\boldsymbol{x}_k$ 的几个基本事实(其中 $\boldsymbol{A}$ 为 n 阶方阵)：

(1) 若它的特征值满足：$|\lambda_1|\geqslant 1, |\lambda_j|<1$，对于 $j=2,3,\cdots,n$，并且 $\boldsymbol{v}_i$ 为对应于 λ_i 的特征向量. 如果初始向量 $\boldsymbol{x}_0=c_1\boldsymbol{v}_1+c_2\boldsymbol{v}_2+\cdots+c_n\boldsymbol{v}_n$，其中 $c_1\neq 0$，则对于所有充分大的 k，都有

$$\boldsymbol{x}_{k+1}\approx\lambda_1\boldsymbol{x}_k, \tag{3}$$

且

$$\boldsymbol{x}_{k+1}\approx c\lambda_1^k\boldsymbol{v}_1. \tag{4}$$

我们可以选取充分大的 k，使上面(1)，(2)式的近似达到任意精度. 由(3)式可知，最后 $\boldsymbol{x}_k$ 每次增长为原来的 λ_1 倍，所以 λ_1 决定了系统最后的增长率. 同样，由(4)式，对于充分大的 k，$\boldsymbol{x}_k$ 中任何两个元素的比值约等于 v_1 中对应元素的比值.

(2) 若它的特征值满足：$|\lambda_i|<1$，对于 $i=1,2,\cdots,n$，并且 v_i 为对应于 λ_i 的特征向量. 如果初始向量 $\boldsymbol{x}_0=c_1\boldsymbol{v}_1+c_2\boldsymbol{v}_2+\cdots+c_n\boldsymbol{v}_n$，则对于所有充分大的 k，

$$\boldsymbol{x}_{k+1}\approx\boldsymbol{0}.$$

习题 5.4

1. (斑点猫头鹰的生存问题) 一只加利福尼亚州柳河湾地区斑点猫头鹰的生命周期分为三个阶段：幼鸟期(1 岁以下)、成长期(1 至 2 岁)、成熟期(2 岁以上). 猫头鹰在成长期和成熟期交配，从成熟期开始繁殖，最长可以活到 20 岁. 每队猫头鹰大约需要 1000 公顷的土地作为它们的领地. 幼鸟离开巢穴后，为了存活并继续成长，它必须成功找到一个属于自己的新领地(通常还有一个伴侣).

假设在各个生命阶段，雌、雄猫头鹰的数量之比为 1∶1，并且只计算雌猫头鹰的数量. 令 $\boldsymbol{x}_k=(j_k,s_k,a_k)^{\mathrm{T}}$，各分量分别表示在第 k 年处于幼鸟期，成长期和成熟期的猫头鹰数量.

(1) 1993 年，R.Lamberson 教授和他的同事们根据野外实际数据，建立了如下状态-矩阵模型：

$$\begin{pmatrix} j_{k+1} \\ s_{k+1} \\ a_{k+1} \end{pmatrix}=\begin{pmatrix} 0 & 0 & 0.33 \\ 0.18 & 0 & 0 \\ 0 & 0.71 & 0.94 \end{pmatrix}\begin{pmatrix} j_k \\ s_k \\ a_k \end{pmatrix},$$

从中可以看出，第 $k+1$ 年幼鸟期猫头鹰的数量是第 k 年成熟期猫头鹰数量的 0.33 倍. 此外，有 18%的幼鸟能够存活下来进入成长期；有 71%的处于成长期的猫头鹰和 94%的处于成熟期的猫头鹰能够存活下来，并被计入第 $k+1$ 年成熟期猫头鹰之列. 按此模型，斑点猫头鹰最终会灭绝吗？

(2) 注意到 (1) 中的 18%是基于以下事实：有 60%的幼鸟可以离开幼巢并寻找新领地，但其中只有 30%能在寻找过程中存活并找到新的领地，即只有 60%×30%=18%的幼鸟可以存活下来. 寻找过程的存活率受到森林中砍伐区的数量影响，因为它使得寻找新领地更加困难和危险. 有些猫头鹰种群生活在没有或者少有砍伐区的区域中，在那里，幼鸟得以存活并找到新领地的比率更高一些. 假设猫头鹰幼鸟在寻找过程中的存活率为 50%，即只有 60%×50%=30%的幼鸟可以存活下来，即 (1) 中状态矩阵元素是 0.3，而不是 0.18，即

$$\begin{pmatrix} j_{k+1} \\ s_{k+1} \\ a_{k+1} \end{pmatrix}=\begin{pmatrix} 0 & 0 & 0.33 \\ 0.30 & 0 & 0 \\ 0 & 0.71 & 0.94 \end{pmatrix}\begin{pmatrix} j_k \\ s_k \\ a_k \end{pmatrix}.$$

对于该斑点猫头鹰的种群数量，这一变化意味着什么？

第 5 章习题

1. 已知 3 阶方阵 $\boldsymbol{A}$ 的三个特征根为 $1,0,-1$；对应的线性无关的特征向量为 $\boldsymbol{p}_1=\begin{pmatrix} 1 \\ 2 \\ 2 \end{pmatrix},\boldsymbol{p}_2=\begin{pmatrix} 0 \\ -1 \\ 1 \end{pmatrix},\boldsymbol{p}_3=\begin{pmatrix} 0 \\ 0 \\ 1 \end{pmatrix}$；求 $\boldsymbol{A},\boldsymbol{A}^n$.

第 5 章习题解答

2. 已知 $\boldsymbol{A}=\begin{pmatrix} 1 & -2 & -4 \\ -2 & x & -2 \\ -4 & -2 & 1 \end{pmatrix}$，$\boldsymbol{\Lambda}=\begin{pmatrix} 5 & 0 & 0 \\ 0 & y & 0 \\ 0 & 0 & -4 \end{pmatrix}$，且 $\boldsymbol{A}\sim\boldsymbol{\Lambda}$，

(1) 求 x,y；

(2) 求可逆矩阵 $\boldsymbol{P}$，使 $\boldsymbol{P}^{-1}\boldsymbol{A}\boldsymbol{P}=\boldsymbol{\Lambda}$.

3. 设 $\boldsymbol{A}=\begin{pmatrix} 0 & 0 & 1 \\ x & 1 & y \\ 1 & 0 & 0 \end{pmatrix}$ 可对角化，求 x,y 应满足的条件.

4. 设 n 阶矩阵 $\boldsymbol{A}$ 有 n 个不同的特征值，矩阵 $\boldsymbol{B}$ 与 $\boldsymbol{A}$ 可交换. 证明 $\boldsymbol{B}$ 与 $\boldsymbol{A}$ 可同时对角化，即存在可逆矩阵 $\boldsymbol{P}$，使 $\boldsymbol{P}^{-1}\boldsymbol{A}\boldsymbol{P}$ 和 $\boldsymbol{P}^{-1}\boldsymbol{B}\boldsymbol{P}$ 同时为对角矩阵.

第6章 实对称矩阵与二次型

二次型理论产生于二次曲线与二次曲面的化简，它在数学、物理、力学上都有着广泛的应用. 高等数学中的很多极值问题往往都归结为对一个二次型的讨论. 本章主要学习把二次型化为规范形与标准形的方法. 本章在实数集上进行讨论，若无特别声明，涉及的数均指实数.

6.1 Gram-Schmidt 正交化与正交矩阵

中学里我们就已经知道，通过平面向量的内积运算可以计算向量的长度及求两个向量的夹角. 推广平面向量的内积运算到n维向量空间，而有

定义 1.1 设 $\boldsymbol{\alpha}=(a_1,a_2,\cdots,a_n)^{\mathrm{T}},\boldsymbol{\beta}=(b_1,b_2,\cdots,b_n)^{\mathrm{T}}$ 是两个 n 维向量，称 $\boldsymbol{\alpha}^{\mathrm{T}}\boldsymbol{\beta}=a_1b_1+a_2b_2+\cdots+a_nb_n$ 为向量$\boldsymbol{\alpha}$与$\boldsymbol{\beta}$的**内积**.

定义中的$\boldsymbol{\alpha}^{\mathrm{T}}\boldsymbol{\beta}$本是一个一阶方阵，$a_1b_1+a_2b_2+\cdots+a_nb_n$为其元素，这里，一阶方阵与其元素我们不加区别，即内积$\boldsymbol{\alpha}^{\mathrm{T}}\boldsymbol{\beta}$是一个实数.

由定义，内积运算是向量作为矩阵的乘积，自然适合矩阵的相关运算律. 此外，由于一阶方阵的特殊性，还特别有$\boldsymbol{\alpha}^{\mathrm{T}}\boldsymbol{\beta}=\boldsymbol{\beta}^{\mathrm{T}}\boldsymbol{\alpha}$，即内积运算还适合交换律.

定义 1.2 对于定义 1.1 中的$\boldsymbol{\alpha}$与$\boldsymbol{\beta}$，称

$$\sqrt{\boldsymbol{\alpha}^{\mathrm{T}}\boldsymbol{\alpha}}=\sqrt{a_1^2+a_2^2+\cdots+a_n^2}$$

为向量$\boldsymbol{\alpha}$的**长度**，记为$|\boldsymbol{\alpha}|$，当$|\boldsymbol{\alpha}|=1$时，称$\boldsymbol{\alpha}$为**单位向量**. 若$\boldsymbol{\alpha}^{\mathrm{T}}\boldsymbol{\beta}=\mathbf{0}$，则称$\boldsymbol{\alpha}$与$\boldsymbol{\beta}$**正交**. 任意两个向量均正交的向量组称为**正交向量组**. 由单位向量构成的正交向量组称为**规范正交向量组**.

由定义 1.2 易知非零向量的长度非零；零向量与任意向量均正交. 此外还有

命题 1.1 不含零向量的正交向量组必为线性无关向量组.

证明 设$\boldsymbol{\alpha}_1,\boldsymbol{\alpha}_2,\cdots,\boldsymbol{\alpha}_s$是一组均不为零且两两正交的向量，以及

$$k_1\boldsymbol{\alpha}_1+k_2\boldsymbol{\alpha}_2+\cdots+k_s\boldsymbol{\alpha}_s=\mathbf{0}.$$

两边均与$\boldsymbol{\alpha}_1$做内积得

$$k_1\left(\boldsymbol{\alpha}_1^{\mathrm{T}}\boldsymbol{\alpha}_1\right)+k_2\left(\boldsymbol{\alpha}_1^{\mathrm{T}}\boldsymbol{\alpha}_2\right)+\cdots+k_s\left(\boldsymbol{\alpha}_1^{\mathrm{T}}\boldsymbol{\alpha}_s\right)=\boldsymbol{\alpha}_1^{\mathrm{T}}\mathbf{0}=\mathbf{0},$$

即 $k_1\boldsymbol{\alpha}_1^{\mathrm{T}}\boldsymbol{\alpha}_1=\mathbf{0}$，但 $\boldsymbol{\alpha}_1^{\mathrm{T}}\boldsymbol{\alpha}_1\neq\mathbf{0}$，故必有 $k_1=0$. 同理可证

$$k_2=k_3=\cdots=k_s=0.$$

因此 $\boldsymbol{\alpha}_1,\boldsymbol{\alpha}_2,\cdots,\boldsymbol{\alpha}_s$ 线性无关.

由命题 1.1, 规范正交向量组必为线性无关的向量组. 反过来易知, 线性无关的向量组却未必是规范正交向量组. 但我们却可以按下述方法求出与之等价(向量组Ⅰ与Ⅱ等价是指Ⅰ中任何向量均可由Ⅱ中的向量线性表示, 反之, Ⅱ中任何向量均可由Ⅰ中的向量线性表示.)的规范正交向量组.

设 $\boldsymbol{\alpha}_1,\boldsymbol{\alpha}_2,\cdots,\boldsymbol{\alpha}_s$ 是线性无关的向量组. 令

$$\boldsymbol{\beta}_1=\boldsymbol{\alpha}_1,$$

$$\boldsymbol{\beta}_2=\boldsymbol{\alpha}_2-\frac{\boldsymbol{\alpha}_2^{\mathrm{T}}\boldsymbol{\beta}_1}{\boldsymbol{\beta}_1^{\mathrm{T}}\boldsymbol{\beta}_1}\boldsymbol{\beta}_1,$$

……

$$\boldsymbol{\beta}_s=\boldsymbol{\alpha}_s-\frac{\boldsymbol{\alpha}_s^{\mathrm{T}}\boldsymbol{\beta}_1}{\boldsymbol{\beta}_1^{\mathrm{T}}\boldsymbol{\beta}_1}\boldsymbol{\beta}_1-\frac{\boldsymbol{\alpha}_s^{\mathrm{T}}\boldsymbol{\beta}_2}{\boldsymbol{\beta}_2^{\mathrm{T}}\boldsymbol{\beta}_2}\boldsymbol{\beta}_2-\cdots-\frac{\boldsymbol{\alpha}_s^{\mathrm{T}}\boldsymbol{\beta}_{s-1}}{\boldsymbol{\beta}_{s-1}^{\mathrm{T}}\boldsymbol{\beta}_{s-1}}\boldsymbol{\beta}_{s-1},$$

则 $\boldsymbol{\beta}_1,\boldsymbol{\beta}_2,\cdots,\boldsymbol{\beta}_s$ 是正交向量组. 再令

$$\boldsymbol{u}_i=\frac{1}{|\boldsymbol{\beta}_i|}\boldsymbol{\beta}_i\quad(i=1,2,\cdots s),$$

所得到的 $\boldsymbol{u}_1,\boldsymbol{u}_2,\cdots,\boldsymbol{u}_s$ 即为与 $\boldsymbol{\alpha}_1,\boldsymbol{\alpha}_2,\cdots,\boldsymbol{\alpha}_s$ 等价的规范正交向量组. 这种方法称为 **Gram-Schmidt 正交化方法或规范正交化方法**.

为说明上述结论的正确性, 须证明

(1) $\boldsymbol{\beta}_1,\boldsymbol{\beta}_2,\cdots,\boldsymbol{\beta}_s$ 是正交向量组;

(2) $|\boldsymbol{u}_i|=1(i=1,2,\cdots,s)$;

(3) 向量组 $\boldsymbol{u}_1,\boldsymbol{u}_2,\cdots,\boldsymbol{u}_s$ 与 $\boldsymbol{\alpha}_1,\boldsymbol{\alpha}_2,\cdots,\boldsymbol{\alpha}_s$ 可互相线性表示.

证明留作练习.

例 1.1　把下列线性无关的向量组进行 Gram-Schmidt 正交化.

$$\boldsymbol{\alpha}_1=\begin{pmatrix}1\\1\\1\\1\end{pmatrix},\quad\boldsymbol{\alpha}_2=\begin{pmatrix}3\\3\\-1\\-1\end{pmatrix},\quad\boldsymbol{\alpha}_3=\begin{pmatrix}-2\\0\\6\\8\end{pmatrix}.$$

解　令

$$\boldsymbol{\beta}_1=\boldsymbol{\alpha}_1,$$

$$\boldsymbol{\beta}_2=\boldsymbol{\alpha}_2-\frac{\boldsymbol{\alpha}_2^{\mathrm{T}}\boldsymbol{\beta}_1}{\boldsymbol{\beta}_1^{\mathrm{T}}\boldsymbol{\beta}_1}\boldsymbol{\beta}_1=\begin{pmatrix}3\\3\\-1\\-1\end{pmatrix}-\frac{4}{4}\begin{pmatrix}1\\1\\1\\1\end{pmatrix}=\begin{pmatrix}2\\2\\-2\\-2\end{pmatrix},$$

$$\boldsymbol{\beta}_3=\boldsymbol{\alpha}_3-\frac{\boldsymbol{\alpha}_3^{\mathrm{T}}\boldsymbol{\beta}_1}{\boldsymbol{\beta}_1^{\mathrm{T}}\boldsymbol{\beta}_1}\boldsymbol{\beta}_1-\frac{\boldsymbol{\alpha}_3^{\mathrm{T}}\boldsymbol{\beta}_2}{\boldsymbol{\beta}_2^{\mathrm{T}}\boldsymbol{\beta}_2}\boldsymbol{\beta}_2=\begin{pmatrix}-2\\0\\6\\8\end{pmatrix}-\frac{12}{4}\begin{pmatrix}1\\1\\1\\1\end{pmatrix}-\frac{-32}{16}\begin{pmatrix}2\\2\\-2\\-2\end{pmatrix}=\begin{pmatrix}-1\\1\\-1\\1\end{pmatrix},$$

则 $\boldsymbol{\beta}_1,\boldsymbol{\beta}_2,\boldsymbol{\beta}_3$ 是正交向量组，再把它们单位化，令

$$\boldsymbol{u}_1=\frac{\boldsymbol{\beta}_1}{|\boldsymbol{\beta}_1|}=\begin{pmatrix}\frac{1}{2}\\\frac{1}{2}\\\frac{1}{2}\\\frac{1}{2}\end{pmatrix},\quad \boldsymbol{u}_2=\frac{\boldsymbol{\beta}_2}{|\boldsymbol{\beta}_2|}=\begin{pmatrix}\frac{1}{2}\\\frac{1}{2}\\-\frac{1}{2}\\-\frac{1}{2}\end{pmatrix},\quad \boldsymbol{u}_3=\frac{\boldsymbol{\beta}_3}{|\boldsymbol{\beta}_3|}=\begin{pmatrix}-\frac{1}{2}\\\frac{1}{2}\\-\frac{1}{2}\\\frac{1}{2}\end{pmatrix},$$

$\boldsymbol{u}_1$，$\boldsymbol{u}_2$，$\boldsymbol{u}_3$ 即为所求.

定义 1.3　设 $\boldsymbol{T}$ 是 n 阶实方阵，若有 $\boldsymbol{T}^{\mathrm{T}}\boldsymbol{T}=\boldsymbol{E}$，则称 $\boldsymbol{T}$ 为**正交矩阵**.

命题 1.2　n 阶实方阵 $\boldsymbol{T}$ 为正交矩阵的充分必要条件是 $\boldsymbol{T}$ 的列向量组是规范正交向量组.

证明　将 $\boldsymbol{T}$ 按列分块为

$$\boldsymbol{T}=(\boldsymbol{\alpha}_1,\boldsymbol{\alpha}_2,\cdots,\boldsymbol{\alpha}_n),$$

则

$$\boldsymbol{T}\text{ 为正交矩阵}\Leftrightarrow \boldsymbol{T}^{\mathrm{T}}\boldsymbol{T}=\boldsymbol{E}\Leftrightarrow \begin{pmatrix}\boldsymbol{\alpha}_1^{\mathrm{T}}\\\boldsymbol{\alpha}_2^{\mathrm{T}}\\\vdots\\\boldsymbol{\alpha}_n^{\mathrm{T}}\end{pmatrix}(\boldsymbol{\alpha}_1,\boldsymbol{\alpha}_2,\cdots,\boldsymbol{\alpha}_n)=\boldsymbol{E}$$

$$\Leftrightarrow \begin{pmatrix} \boldsymbol{\alpha}_1^{\mathrm{T}}\boldsymbol{\alpha}_1 & \boldsymbol{\alpha}_1^{\mathrm{T}}\boldsymbol{\alpha}_2 & \cdots & \boldsymbol{\alpha}_1^{\mathrm{T}}\boldsymbol{\alpha}_n \\ \boldsymbol{\alpha}_2^{\mathrm{T}}\boldsymbol{\alpha}_1 & \boldsymbol{\alpha}_2^{\mathrm{T}}\boldsymbol{\alpha}_2 & \cdots & \boldsymbol{\alpha}_2^{\mathrm{T}}\boldsymbol{\alpha}_n \\ \vdots & \vdots & & \vdots \\ \boldsymbol{\alpha}_n^{\mathrm{T}}\boldsymbol{\alpha}_1 & \boldsymbol{\alpha}_n^{\mathrm{T}}\boldsymbol{\alpha}_2 & \cdots & \boldsymbol{\alpha}_n^{\mathrm{T}}\boldsymbol{\alpha}_n \end{pmatrix} = \begin{pmatrix} 1 & 0 & \cdots & 0 \\ 0 & 1 & \cdots & 0 \\ \vdots & \vdots & & \vdots \\ 0 & 0 & \cdots & 1 \end{pmatrix}$$

$$\Leftrightarrow \boldsymbol{\alpha}_i^{\mathrm{T}}\boldsymbol{\alpha}_j = \begin{cases} 1 & (i=j) \\ 0 & (i \neq j) \end{cases} \Leftrightarrow \boldsymbol{\alpha}_1, \boldsymbol{\alpha}_2, \cdots, \boldsymbol{\alpha}_n \text{ 是规范正交向量组.}$$

习题 6.1

习题 6.1 解答

1. 把下列线性无关的向量组进行 Gram-Schmidt 正交化.

(1) $\boldsymbol{\alpha}_1 = (1,1,1)^{\mathrm{T}}, \boldsymbol{\alpha}_2 = (0,1,1)^{\mathrm{T}}, \boldsymbol{\alpha}_3 = (0,0,1)^{\mathrm{T}}$;

(2) $\boldsymbol{\alpha}_1 = (1,0,-1,1)^{\mathrm{T}}, \boldsymbol{\alpha}_2 = (1,-1,0,1)^{\mathrm{T}}, \boldsymbol{\alpha}_3 = (-1,1,1,0)^{\mathrm{T}}$.

2. 设 $\boldsymbol{T}$ 是 n 阶实方阵, 证明下列条件等价:

(1) $\boldsymbol{T}$ 为正交矩阵;

(2) $\boldsymbol{T}^{\mathrm{T}}$ 为正交矩阵;

(3) $\boldsymbol{T}$ 的行向量组是规范正交向量组;

(4) $\boldsymbol{T}^{-1} = \boldsymbol{T}^{\mathrm{T}}$.

3. 证明: 两个正交矩阵的乘积仍为正交矩阵.

6.2 实对称矩阵

本节讨论实对称矩阵的性质, 为下一节研究二次型做一些必要的准备.

设 $\boldsymbol{A} = \begin{pmatrix} 0 & 1 \\ -1 & 0 \end{pmatrix}$, 虽然其元素仅是简单的整数, 但由于 $\boldsymbol{A}$ 的特征多项式

$$f(\lambda) = |\lambda \boldsymbol{E} - \boldsymbol{A}| = \begin{vmatrix} \lambda & -1 \\ 1 & \lambda \end{vmatrix} = \lambda^2 + 1,$$

可知其特征根却是虚数 i 与 –i. 然而, 若 $\boldsymbol{A}$ 为实对称矩阵, 情况就不一样了, 我们有

命题 2.1 实对称矩阵的特征根必为实数.

推论 2.1 设 λ_0 是实对称矩阵 $\boldsymbol{A}$ 的特征根, 则 $(\lambda_0 \boldsymbol{E} - \boldsymbol{A})\boldsymbol{X} = \boldsymbol{0}$ 必存在规范正交的基础解系.

证明 由命题 2.1, λ_0 是实数. 故可在实数范围内解齐次线性方程组 $(\lambda_i \boldsymbol{E} - \boldsymbol{A})\boldsymbol{X} = \boldsymbol{0}$, 求得其实的基础解系. 进一步将其规范正交化便可得到规范正交的基础解系.

命题 2.2　实对称矩阵属于不同特征根的实特征向量必正交.

证明　设 ξ_1, ξ_2 分别是实对称矩阵 $\boldsymbol{A}$ 的属于不同特征根 λ_1, λ_2 的实特征向量. 即

$$\boldsymbol{A}\boldsymbol{\xi}_1 = \lambda\boldsymbol{\xi}_1, \quad \boldsymbol{A}\boldsymbol{\xi}_2 = \lambda_2\boldsymbol{\xi}_2 .$$

将前一式取转置后再右乘 ξ_2，并利用后一式得

$$\lambda_1\xi_1^{\mathrm{T}}\xi_2 = \xi_1^{\mathrm{T}}\boldsymbol{A}\xi_2 = \xi_1^{\mathrm{T}}(\lambda_2\xi_2) = \lambda_2\xi_1^{\mathrm{T}}\xi_2 ,$$

即

$$(\lambda_1 - \lambda_2)\xi_1^{\mathrm{T}}\xi_2 = \mathbf{0} .$$

但因 $\lambda_1 \neq \lambda_2$，$\lambda_1 - \lambda_2 \neq 0$. 故必有 $\xi_1^{\mathrm{T}}\xi_2 = 0$，按正交的定义，$\xi_1$ 与 ξ_2 正交.

命题 2.3　对于实对称矩阵 $\boldsymbol{A}$ 的任意特征根 λ_0，λ_0 的几何重数必等于其代数重数.

本命题的证明略去.

有了以上准备, 我们便可得到如下重要定理.

定理 2.1　对于 n 阶实对称矩阵 $\boldsymbol{A}$，必存在正交矩阵 $\boldsymbol{T}$，使得

$$\boldsymbol{T}^{-1}\boldsymbol{A}\boldsymbol{T}=\boldsymbol{T}^{\mathrm{T}}\boldsymbol{A}\boldsymbol{T} = \boldsymbol{\Lambda}$$

为对角矩阵, 并且主对角线上的元素恰为 $\boldsymbol{A}$ 的全部特征根.

定理中的 $\boldsymbol{\Lambda}$ 称为 $\boldsymbol{A}$ **在正交变换下的标准形**; $\boldsymbol{T}$ 称为**正交变换矩阵**. 定理的证明过程实际上也给出了求 $\boldsymbol{A}$ 在正交变换下的标准形及正交变换矩阵 $\boldsymbol{T}$ 的方法.

例 2.1　求正交变换矩阵 $\boldsymbol{T}$ 及对角矩阵 $\boldsymbol{\Lambda}$，使得 $\boldsymbol{T}^{\mathrm{T}}\boldsymbol{A}\boldsymbol{T} = \boldsymbol{\Lambda}$，其中

(1) $\boldsymbol{A} = \begin{pmatrix} 2 & -2 & 0 \\ -2 & 1 & -2 \\ 0 & -2 & 0 \end{pmatrix}$；(2) $\boldsymbol{A} = \begin{pmatrix} 0 & -1 & 1 \\ -1 & 0 & 1 \\ 1 & 1 & 0 \end{pmatrix}$.

解　(1) $\boldsymbol{A}$ 的特征多项式为

$$|\lambda\boldsymbol{E} - \boldsymbol{A}| = \begin{vmatrix} \lambda-2 & 2 & 0 \\ 2 & \lambda-1 & 2 \\ 0 & 2 & \lambda \end{vmatrix} = (\lambda+2)(\lambda-1)(\lambda-4) ,$$

所以 $\boldsymbol{A}$ 的特征值为 $\lambda_1 = -2, \lambda_2 = 1, \lambda_3 = 4$.

当 $\lambda_1 = -2$ 时，解方程组 $(-2\boldsymbol{E} - \boldsymbol{A})\boldsymbol{X} = \mathbf{0}$，得基础解系 $\boldsymbol{\xi}_1 = (1, 2, 2)^{\mathrm{T}}$，单位化得 $\boldsymbol{\eta}_1 = \left(\frac{1}{3}, \frac{2}{3}, \frac{2}{3}\right)^{\mathrm{T}}$.

当 $\lambda_2=1$ 时，解方程组 $(\boldsymbol{E}-\boldsymbol{A})\boldsymbol{X}=\boldsymbol{0}$，得基础解系 $\boldsymbol{\xi}_2=(-2,-1,2)^{\mathrm{T}}$，单位化得 $\boldsymbol{\eta}_2=\left(-\dfrac{2}{3},-\dfrac{1}{3},\dfrac{2}{3}\right)^{\mathrm{T}}$.

当 $\lambda_3=4$ 时，解方程组 $(4\boldsymbol{E}-\boldsymbol{A})\boldsymbol{X}=\boldsymbol{0}$，得基础解系 $\boldsymbol{\xi}_3=(2,-2,1)^{\mathrm{T}}$，单位化得 $\boldsymbol{\eta}_3=\left(\dfrac{2}{3},-\dfrac{2}{3},\dfrac{1}{3}\right)^{\mathrm{T}}$.

令

$$\boldsymbol{T}=(\boldsymbol{\eta}_1,\boldsymbol{\eta}_2,\boldsymbol{\eta}_3)=\begin{pmatrix}\frac{1}{3}&-\frac{2}{3}&\frac{2}{3}\\\frac{2}{3}&-\frac{1}{3}&-\frac{2}{3}\\\frac{2}{3}&\frac{2}{3}&\frac{1}{3}\end{pmatrix},$$

则 $\boldsymbol{T}$ 为正交矩阵，且

$$\boldsymbol{T}^{\mathrm{T}}\boldsymbol{A}\boldsymbol{T}=\boldsymbol{\Lambda}=\begin{pmatrix}-2&0&0\\0&1&0\\0&0&4\end{pmatrix}.$$

(2) $\boldsymbol{A}$ 的特征多项式为

$$|\lambda\boldsymbol{E}-\boldsymbol{A}|=\begin{vmatrix}\lambda&1&-1\\1&\lambda&-1\\-1&-1&\lambda\end{vmatrix}=(\lambda+2)(\lambda-1)^2,$$

所以 $\boldsymbol{A}$ 的特征值为 $\lambda_1=-2$，$\lambda_2=\lambda_3=1$，

当 $\lambda_1=-2$ 时，解方程组 $(-2\boldsymbol{E}-\boldsymbol{A})\boldsymbol{X}=\boldsymbol{0}$，得基础解系 $\boldsymbol{\xi}_1=\begin{pmatrix}-1\\-1\\1\end{pmatrix}$，单位化得

$$\boldsymbol{u}_1=\frac{1}{\sqrt{3}}\begin{pmatrix}-1\\-1\\1\end{pmatrix}.$$

当 $\lambda_2=\lambda_3=1$ 时，解方程组 $(\boldsymbol{E}-\boldsymbol{A})\boldsymbol{X}=\boldsymbol{0}$，得基础解系 $\boldsymbol{\xi}_2=\begin{pmatrix}-1\\1\\0\end{pmatrix}$，$\boldsymbol{\xi}_3=\begin{pmatrix}1\\0\\1\end{pmatrix}$.

下面将 $\boldsymbol{\xi}_2,\boldsymbol{\xi}_3$ 规范正交化：取 $\boldsymbol{\eta}_2=\boldsymbol{\xi}_2$，

$$\boldsymbol{\eta}_3=\boldsymbol{\xi}_3-\frac{\boldsymbol{\xi}_3^{\mathrm{T}}\boldsymbol{\eta}_2}{\boldsymbol{\eta}_2^{\mathrm{T}}\boldsymbol{\eta}_2}\boldsymbol{\eta}_2=\begin{pmatrix}1\\0\\1\end{pmatrix}+\frac{1}{2}\begin{pmatrix}-1\\1\\0\end{pmatrix}=\frac{1}{2}\begin{pmatrix}1\\1\\2\end{pmatrix}.$$

再令

$$\boldsymbol{u}_2=\frac{\boldsymbol{\eta}_2}{|\boldsymbol{\eta}_2|}=\frac{1}{\sqrt{2}}\begin{pmatrix}-1\\1\\0\end{pmatrix},\quad \boldsymbol{u}_3=\frac{\boldsymbol{\eta}_3}{|\boldsymbol{\eta}_3|}=\frac{1}{\sqrt{6}}\begin{pmatrix}1\\1\\2\end{pmatrix}.$$

令

$$\boldsymbol{T}=(\boldsymbol{u}_1,\boldsymbol{u}_2,\boldsymbol{u}_3)=\begin{pmatrix}-\dfrac{1}{\sqrt{3}} & -\dfrac{1}{\sqrt{2}} & \dfrac{1}{\sqrt{6}}\\ -\dfrac{1}{\sqrt{3}} & \dfrac{1}{\sqrt{2}} & \dfrac{1}{\sqrt{6}}\\ \dfrac{1}{\sqrt{3}} & 0 & \dfrac{2}{\sqrt{6}}\end{pmatrix},$$

则 $\boldsymbol{T}$ 为正交矩阵，且

$$\boldsymbol{T}^{\mathrm{T}}\boldsymbol{A}\boldsymbol{T}=\boldsymbol{\Lambda}=\begin{pmatrix}-2&0&0\\0&1&0\\0&0&1\end{pmatrix}.$$

设 $\boldsymbol{T}$ 为正交矩阵，则 $\boldsymbol{T}$ 的列向量组是规范正交向量组. 因调整 $\boldsymbol{T}$ 之列的排列次序不改变其规范正交性，从而调整后所得的矩阵仍为正交矩阵. 所以同时调整定理 2.1 中 $\boldsymbol{T}$ 之列的排列次序与相应的 $\boldsymbol{\Lambda}$ 主对角线诸 λ_i 的排列次序，其结论仍然成立. 这样一来，我们又有

定理 2.2　对于 n 阶实对称矩阵 $\boldsymbol{A}$，必存在可逆矩阵 $\boldsymbol{P}$，使得

$$\boldsymbol{P}^{\mathrm{T}}\boldsymbol{A}\boldsymbol{P}=\begin{pmatrix}\boldsymbol{E}_p & & \\ & -\boldsymbol{E}_q & \\ & & \boldsymbol{O}\end{pmatrix},\tag{1}$$

其中 p 称为 $\boldsymbol{A}$ 的**正惯性指数**，q 称为 $\boldsymbol{A}$ 的**负惯性指数**. 它们分别是 $\boldsymbol{A}$ 的正特征根与负特征根的个数. 此外还有 $R(\boldsymbol{A})=p+q$.

记(3)式右边的对角矩阵为$\boldsymbol{J}$, $\boldsymbol{P}=\boldsymbol{K}_1\boldsymbol{K}_2\cdots\boldsymbol{K}_t$，其中$\boldsymbol{K}_1,\boldsymbol{K}_2,\cdots,\boldsymbol{K}_t$皆为初等矩阵. 则(3)式可表示为

$$\boldsymbol{K}_t^{\mathrm{T}}\cdots(\boldsymbol{K}_2^{\mathrm{T}}(\boldsymbol{K}_1^{\mathrm{T}}\boldsymbol{A}\boldsymbol{K}_1)\boldsymbol{K}_2)\cdots\boldsymbol{K}_t=\boldsymbol{J}. \tag{4}$$

由初等矩阵与初等变换的关系知$\boldsymbol{K}_1^{\mathrm{T}}\boldsymbol{A}\boldsymbol{K}_1$等于对$\boldsymbol{A}$做了下列三对初等变换之一:

(1)用$\alpha\neq\mathbf{0}$去乘$\boldsymbol{A}$的第i行, 再用$\alpha\neq\mathbf{0}$去乘$\boldsymbol{A}$的第i列;

(2)把$\boldsymbol{A}$的第i行各元素的μ倍加到第j行的对应元素上, 再把$\boldsymbol{A}$的第i列各元素的μ倍加到第j列的对应元素上;

(3)互换$\boldsymbol{A}$的i, j两行, 再互换$\boldsymbol{A}$的i, j两列.

我们把上述三对初等变换统称为**合同变换**.

定义 2.1　设$\boldsymbol{A}$, $\boldsymbol{B}$均为n阶实对称矩阵, 若有可逆矩阵$\boldsymbol{P}$，使得$\boldsymbol{P}^{\mathrm{T}}\boldsymbol{A}\boldsymbol{P}=\boldsymbol{B}$，则称$\boldsymbol{A}$**合同于**$\boldsymbol{B}$，记为$\boldsymbol{A}\simeq\boldsymbol{B}$.

命题 2.4　实对称矩阵的合同关系具有

(1)反身性: $\boldsymbol{A}\simeq\boldsymbol{A}$;

(2)对称性: 若$\boldsymbol{A}\simeq\boldsymbol{B}$, 则$\boldsymbol{B}\simeq\boldsymbol{A}$;

(3)传递性: 若$\boldsymbol{A}\simeq\boldsymbol{B}$, $\boldsymbol{B}\simeq\boldsymbol{C}$, 则$\boldsymbol{A}\simeq\boldsymbol{C}$.

仍记(3)式右边的对角矩阵为$\boldsymbol{J}$, 按定义 2.1 有$\boldsymbol{A}\simeq\boldsymbol{J}$. $\boldsymbol{J}$称为$\boldsymbol{A}$在合同变换下的**规范形**, 可逆矩阵$\boldsymbol{P}$称为**合同变换矩阵**. 定理的证明实际上已给出了求$\boldsymbol{A}$在合同变换下的规范形及合同变换矩阵的方法. 即可先按例 2.1 的方法求得$\boldsymbol{A}$在正交变换下的标准形与正交变换矩阵$\boldsymbol{T}$; 然后再按定理证明中的方法求出$\boldsymbol{A}$在合同变换下的规范形与合同变换矩阵. 但这种方法较烦琐, 下面介绍一种较简单的方法. 这种方法依赖于

定理 2.3(惯性定律)　合同变换不改变实对称矩阵的正惯性指数与负惯性指数, 从而不改变其规范形.

证明略去.

(4)式表明实对称矩阵$\boldsymbol{A}$可经若干次合同变换化为其规范形. 比较

$$\boldsymbol{K}_t^{\mathrm{T}}\cdots(\boldsymbol{K}_2^{\mathrm{T}}(\boldsymbol{K}_1^{\mathrm{T}}\boldsymbol{A}\boldsymbol{K}_1)\boldsymbol{K}_2)\cdots\boldsymbol{K}_t=\boldsymbol{J},$$

$$\boldsymbol{P}=\boldsymbol{E}\boldsymbol{K}_1\boldsymbol{K}_2\cdots\boldsymbol{K}_t$$

二式可知, 当用若干次合同变换把$\boldsymbol{A}$化为规范形时, 对单位矩阵$\boldsymbol{E}_n$仅实施相应的列初等变换, 则$\boldsymbol{E}_n$化得的矩阵便恰为合同变换矩阵$\boldsymbol{P}$. 为保证对$\boldsymbol{A}$实施的合同变换与对$\boldsymbol{E}_n$实施的列初等变换能同步进行, 可写成$\begin{pmatrix}\boldsymbol{A}\\ \boldsymbol{E}_n\end{pmatrix}$.然后对$\boldsymbol{A}$实施合同变换, 当实施列初等变换时, 要对整个矩阵进行. 那么当$\boldsymbol{A}$化为$\boldsymbol{J}$时,

E_n 便化为 P 了.

例 2.2　用合同变换把 A 化为规范形，并求出合同变换矩阵 P. 其中

$$A=\begin{pmatrix}1&1&1\\1&2&3\\1&3&5\end{pmatrix}.$$

解　对

$$\begin{pmatrix}A\\E_3\end{pmatrix}$$

做初等变换

$$\begin{pmatrix}1&1&1\\1&2&3\\1&3&5\\1&0&0\\0&1&0\\0&0&1\end{pmatrix}\to\begin{pmatrix}1&0&0\\0&1&2\\0&2&4\\1&-1&-1\\0&1&0\\0&0&1\end{pmatrix}\to\begin{pmatrix}1&0&0\\0&1&0\\0&0&0\\1&-1&1\\0&1&-2\\0&0&1\end{pmatrix}.$$

令

$$J=\begin{pmatrix}1&0&0\\0&1&0\\0&0&0\end{pmatrix},\quad P=\begin{pmatrix}1&-1&1\\0&1&-2\\0&0&1\end{pmatrix}.$$

由定理 2.3，J 便为 A 的规范形，P 即为所求的合同变换矩阵. 其间的关系为

$$P^{\mathrm{T}}AP=J.$$

习题 6.2

1. 求正交变换矩阵 T 及对角矩阵 Λ，使得 $T^{\mathrm{T}}AT=\Lambda$，其中

(1) $A=\begin{pmatrix}2&-1&-1\\-1&2&-1\\-1&-1&2\end{pmatrix}$;　(2) $A=\begin{pmatrix}-1&0&2\\0&1&2\\2&2&0\end{pmatrix}$.

习题 6.2 解答

2. 用合同变换把 A 化为规范形，并求出合同变换矩阵 P. 其中

$$A=\begin{pmatrix}1&1&2\\1&0&1\\2&1&3\end{pmatrix}.$$

3. 证明命题 2.4.

6.3 二 次 型

在中学里我们就已经知道，对于方程 $ax^2+bxy+cy^2=1$，只要利用变换

$$\begin{cases}x=x'\cos\theta-y'\sin\theta,\\ y=x'\sin\theta+y'\cos\theta,\end{cases}$$

即

$$\begin{pmatrix}x\\y\end{pmatrix}=\begin{pmatrix}\cos\theta&-\sin\theta\\ \sin\theta&\cos\theta\end{pmatrix}\begin{pmatrix}x'\\y'\end{pmatrix},$$

并选择适当的 θ，便可将其化为标准方程. 推广这种做法，便是本节要讨论的二次型理论.

定义 3.1 每一项都是二次的关于 n 个未定元的多项式称为 n 元**二次型**.

例如,

$$f(x_1,x_2,x_3)=2x_1^2+3x_2^2-4x_3^2-4x_1x_2+6x_1x_3,$$

$$g(y_1,y_2,y_3,y_4)=y_2^2-2y_4^2+4y_1y_3-2y_3y_4$$

便分别是 3 元二次型与 4 元二次型. 关于 n 个未定元 $x_1,x_2,\cdots,x_n$ 的二次型的一般形式是

$$\begin{aligned}f(x_1,x_2,\cdots x_n)=&a_{11}x_1^2+a_{22}x_2^2+\cdots+a_{nn}x_n^2+2a_{12}x_1x_2+2a_{13}x_1x_3+\cdots\\&2a_{1n}x_1x_n+2a_{23}x_2x_3+\cdots+2a_{2n}x_2x_n+\cdots+2a_{n-1,n}x_{n-1}x_n.\end{aligned}$$

利用矩阵的乘法与相等的定义，不难验证

$$f(x_1,x_2,x_3)=(x_1,x_2,x_3)\begin{pmatrix}2&-2&3\\-2&3&0\\3&0&-4\end{pmatrix}\begin{pmatrix}x_1\\x_2\\x_3\end{pmatrix},$$

$$g(y_1, y_2, y_3, y_4) = (y_1, y_2, y_3, y_4)\begin{pmatrix} 0 & 0 & 2 & 0 \\ 0 & 1 & 0 & 0 \\ 2 & 0 & 0 & -1 \\ 0 & 0 & -1 & -2 \end{pmatrix}\begin{pmatrix} y_1 \\ y_2 \\ y_3 \\ y_4 \end{pmatrix}.$$

类似地，若令 $\boldsymbol{A} = (a_{ij})_{n\times n}$ ， $a_{ij} = a_{ji}, i, j = 1, 2, \cdots, n$ ，则 $\boldsymbol{A}$ 为实对称矩阵. 再令 $\boldsymbol{X} = (x_1, x_2, \cdots, x_n)^{\mathrm{T}}$ ，那么，二次型 $f(x_1, x_2, \cdots, x_n)$ 可表示为

$$f(x_1, x_2, \cdots, x_n) = \boldsymbol{X}^{\mathrm{T}}\boldsymbol{AX}.$$

称 $\boldsymbol{A}$ 为二次型 $f(x_1, x_2, \cdots, x_n)$ 的**系数矩阵**；称 $\boldsymbol{A}$ 的秩数 $R(\boldsymbol{A})$ 为二次型 $f(x_1, x_2, \cdots, x_n)$ 的**秩数**.

如前所说，我们讨论二次型，其任务就是寻求适当的变换

$$\begin{cases} x_1 = p_{11}y_1 + p_{12}y_2 + \cdots + p_{1n}y_n, \\ x_2 = p_{21}y_1 + p_{22}y_2 + \cdots + p_{2n}y_n, \\ \cdots\cdots \\ x_n = p_{n1}y_1 + p_{n2}y_2 + \cdots + p_{nn}y_n \end{cases}$$

将二次型化为“标准形”. 若令 $\boldsymbol{P} = (p_{ij})_{n\times n}, \boldsymbol{Y} = (y_1, y_2, \cdots, y_n)^{\mathrm{T}}$，$\boldsymbol{X}$ 意义如前，则上述变换可简记为

$$\boldsymbol{X} = \boldsymbol{PX}.$$

当 $\boldsymbol{P}$ 为可逆矩阵时，称为**可逆线性变换**；当 $\boldsymbol{P}$ 为正交矩阵时，称为**正交变换**.

定理 3.1　对于二次型 $f(x_1, x_2, \cdots, x_n) = \boldsymbol{X}^{\mathrm{T}}\boldsymbol{AX}$ ，必存在正交变换 $\boldsymbol{X} = \boldsymbol{TY}$ ，使得

$$f(x_1, x_2, \cdots, x_n) = \boldsymbol{X}^{\mathrm{T}}\boldsymbol{AX} = \lambda_1 y_1^2 + \lambda_2 y_2^2 + \cdots + \lambda_n y_n^2, \tag{1}$$

其中 $\lambda_1, \lambda_2, \cdots, \lambda_n$ 为 $\boldsymbol{A}$ 的 n 个特征根.

证明　由 6.2 节定理 2.1，有正交矩阵 $\boldsymbol{T}$，使得

$$\boldsymbol{T}^{\mathrm{T}}\boldsymbol{AT} = \boldsymbol{\Lambda} = \begin{pmatrix} \lambda_1 & & & \\ & \lambda_2 & & \\ & & \ddots & \\ & & & \lambda_n \end{pmatrix}.$$

令 $\boldsymbol{X}=\boldsymbol{TY}$，则其为正交变换. 并且有

$$f(x_1,x_2,\cdots,x_n)=\boldsymbol{X}^{\mathrm{T}}\boldsymbol{AX}=(\boldsymbol{TY})^{\mathrm{T}}\boldsymbol{A}(\boldsymbol{TY})=\boldsymbol{Y}^{\mathrm{T}}(\boldsymbol{T}^{\mathrm{T}}\boldsymbol{AT})\boldsymbol{Y}$$

$$=\boldsymbol{Y}^{\mathrm{T}}\boldsymbol{\Lambda Y}=(y_1,y_2,\cdots,y_n)\begin{pmatrix}\lambda_1&&&\\&\lambda_2&&\\&&\ddots&\\&&&\lambda_n\end{pmatrix}\begin{pmatrix}y_1\\y_2\\\vdots\\y_n\end{pmatrix}$$

$$=\lambda_1y_1^2+\lambda_2y_2^2+\cdots+\lambda_ny_n^2.$$

(1) 式的右边称为 $f(x_1,x_2,\cdots,x_n)=\boldsymbol{X}^{\mathrm{T}}\boldsymbol{AX}$ 在正交变换下的**标准形**，它被 $f(x_1,x_2,\cdots,x_n)=\boldsymbol{X}^{\mathrm{T}}\boldsymbol{AX}$ 所唯一确定.

例 3.1　用正交变换将二次型

$$f(x_1,x_2,x_3)=2x_1^2+4x_1x_2-4x_1x_3-x_2^2+8x_2x_3-x_3^2$$

化为标准形, 并求出所用的正交变换.

解　二次型的系数矩阵为

$$\boldsymbol{A}=\begin{pmatrix}2&2&-2\\2&-1&4\\-2&4&-1\end{pmatrix},$$

$\boldsymbol{A}$ 的特征多项式为

$$|\lambda\boldsymbol{E}-\boldsymbol{A}|=\begin{vmatrix}\lambda-2&-2&2\\-2&\lambda+1&-4\\2&-4&\lambda+1\end{vmatrix}=(\lambda+6)(\lambda-3)^2,$$

所以 $\boldsymbol{A}$ 的特征值为 $\lambda_1=-6,\lambda_2=\lambda_3=3$.

当 $\lambda_1=-6$ 时，解方程组 $(-6\boldsymbol{E}-\boldsymbol{A})\boldsymbol{X}=\boldsymbol{0}$，得基础解系 $\boldsymbol{\xi}_1=(1,-2,2)^{\mathrm{T}}$，单位化得 $\boldsymbol{\eta}_1=\left(\dfrac{1}{3},-\dfrac{2}{3},\dfrac{2}{3}\right)^{\mathrm{T}}$.

当 $\lambda_2=\lambda_3=3$ 时，解方程组 $(3\boldsymbol{E}-\boldsymbol{A})\boldsymbol{X}=\boldsymbol{0}$，得基础解系 $\boldsymbol{\xi}_2=(2,1,0)^{\mathrm{T}}$，$\boldsymbol{\xi}_3=(-2,0,1)^{\mathrm{T}}$，将 $\boldsymbol{\xi}_2$，$\boldsymbol{\xi}_3$ 规范正交化后，得

$$\boldsymbol{\eta}_2=\left(\frac{2}{\sqrt5},\frac{1}{\sqrt5},0\right)^{\mathrm{T}},\quad \boldsymbol{\eta}_3=\left(\frac{-2}{3\sqrt5},\frac{4}{3\sqrt5},\frac{5}{3\sqrt5}\right)^{\mathrm{T}}.$$

取

$$T=(\boldsymbol{\eta}_1,\boldsymbol{\eta}_2,\boldsymbol{\eta}_3)=\begin{pmatrix}\frac{1}{3} & \frac{2}{\sqrt{5}} & \frac{-2}{3\sqrt{5}}\\ \frac{-2}{3} & \frac{1}{\sqrt{5}} & \frac{4}{3\sqrt{5}}\\ \frac{2}{3} & 0 & \frac{5}{3\sqrt{5}}\end{pmatrix},$$

则$\boldsymbol{T}$为正交矩阵, 作正交变换$\boldsymbol{X}=\boldsymbol{TY}$, 即$\begin{pmatrix}x_1\\x_2\\x_3\end{pmatrix}=\begin{pmatrix}\frac{1}{3} & \frac{2}{\sqrt{5}} & \frac{-2}{3\sqrt{5}}\\ \frac{-2}{3} & \frac{1}{\sqrt{5}} & \frac{4}{3\sqrt{5}}\\ \frac{2}{3} & 0 & \frac{5}{3\sqrt{5}}\end{pmatrix}\begin{pmatrix}y_1\\y_2\\y_3\end{pmatrix}$,

则原二次型化成标准形

$$-6y_1^2+3y_2^2+3y_3^2.$$

定理 3.2　对于二次型$f(x_1,x_2,\cdots,x_n)=\boldsymbol{X}^{\mathrm{T}}\boldsymbol{AX}$, 必存在可逆线性变换$\boldsymbol{X}=\boldsymbol{PY}$, 使得

$$\begin{aligned}f(x_1,x_2,\cdots,x_n)&=\boldsymbol{X}^{\mathrm{T}}\boldsymbol{AX}\\&=y_1^2+y_2^2+\cdots+y_p^2-y_{p+1}^2-y_{p+2}^2-\cdots-y_{p+q}^2.\end{aligned}\tag{2}$$

其中p为$\boldsymbol{A}$的正惯性指数, q为$\boldsymbol{A}$的负惯性指数.

证明　由 6.2 节定理 2.2, 有可逆矩阵$\boldsymbol{P}$, 使得

$$\boldsymbol{P}^{\mathrm{T}}\boldsymbol{AP}=\begin{pmatrix}\boldsymbol{E}_p & & \\ & -\boldsymbol{E}_q & \\ & & \boldsymbol{O}\end{pmatrix}.$$

令$\boldsymbol{X}=\boldsymbol{PY}$, 则其为可逆线性变换. 并且有

$$\begin{aligned}f(x_1,x_2,\cdots,x_n)&=\boldsymbol{X}^{\mathrm{T}}\boldsymbol{AX}=(\boldsymbol{PY})^{\mathrm{T}}\boldsymbol{A}(\boldsymbol{PY})=\boldsymbol{Y}^{\mathrm{T}}(\boldsymbol{P}^{\mathrm{T}}\boldsymbol{AP})\boldsymbol{Y}\\&=(y_1,y_2,\cdots,y_n)\begin{pmatrix}\boldsymbol{E}_p & & \\ & -\boldsymbol{E}_q & \\ & & \boldsymbol{O}\end{pmatrix}\begin{pmatrix}y_1\\y_2\\\vdots\\y_n\end{pmatrix}\\&=y_1^2+y_2^2+\cdots+y_p^2-y_{p+1}^2-y_{p+2}^2-\cdots-y_{p+q}^2.\end{aligned}$$

(2) 式的右边称为 $f(x_1, x_2, \cdots, x_n) = \boldsymbol{X}^{\mathrm{T}}\boldsymbol{A}\boldsymbol{X}$ 在合同变换下的**规范形**, 它也被 $f(x_1, x_2, \cdots, x_n) = \boldsymbol{X}^{\mathrm{T}}\boldsymbol{A}\boldsymbol{X}$ 所唯一确定.

例 3.2 用合同变换将二次型

$$f(x_1, x_2, x_3) = x_1^2 + 2x_2^2 + 5x_3^2 + 2x_1x_2 + 2x_1x_3 + 6x_2x_3$$

化为规范形, 并求出所用的可逆线性变换.

解 二次型的系数矩阵为

$$\boldsymbol{A} = \begin{pmatrix} 1 & 1 & 1 \\ 1 & 2 & 3 \\ 1 & 3 & 5 \end{pmatrix}.$$

由 6.2 节例 2.2, 有可逆矩阵

$$\boldsymbol{P} = \begin{pmatrix} 1 & -1 & 1 \\ 0 & 1 & -2 \\ 0 & 0 & 1 \end{pmatrix},$$

使

$$\boldsymbol{P}^{\mathrm{T}}\boldsymbol{A}\boldsymbol{P} = \begin{pmatrix} 1 & 0 & 0 \\ 0 & 1 & 0 \\ 0 & 0 & 0 \end{pmatrix}.$$

因此 $f(x_1, x_2, x_3)$ 的规范形为

$$y_1^2 + y_2^2.$$

所用的可逆线性变换为

$$\begin{pmatrix} x_1 \\ x_2 \\ x_3 \end{pmatrix} = \begin{pmatrix} 1 & -1 & 1 \\ 0 & 1 & -2 \\ 0 & 0 & 1 \end{pmatrix} \begin{pmatrix} y_1 \\ y_2 \\ y_3 \end{pmatrix}.$$

先来讨论正定矩阵的性质及判别方法.

定义 3.2 设 $\boldsymbol{A}$ 是 n 阶实对称矩阵, 若 $\boldsymbol{A}$ 的 n 个特征根皆为正数, 则称 $\boldsymbol{A}$ 为**正定矩阵**.

定理 3.3 设 $\boldsymbol{A}$ 是 n 阶实对称矩阵, 则下列条件等价:

(1) $\boldsymbol{A}$ 是正定矩阵;

(2) $\boldsymbol{A}$ 的正惯性指数等于 n;

(3) $\boldsymbol{A} \simeq \boldsymbol{E}_n$;

(4) 有可逆矩阵 $\boldsymbol{P}$, 使得 $\boldsymbol{A} = \boldsymbol{P}^{\mathrm{T}}\boldsymbol{P}$.

推论 3.1　合同变换不改变实对称矩阵的正定性.

证明　此由合同变换不改变实对称矩阵的正、负惯性指数即知.

定理 3.4　设 $\boldsymbol{A}$ 是 n 阶实对称矩阵, 则 $\boldsymbol{A}$ 为正定矩阵的充要条件是 $\boldsymbol{A}$ 的位于左上角的 n 个子式皆大于零.

本定理的证明略去.

例 3.3　判别矩阵 $\boldsymbol{A}$ 是否为正定矩阵:

(1) $\boldsymbol{A} = \begin{pmatrix} 6 & -2 & 2 \\ -2 & 5 & 0 \\ 2 & 0 & 7 \end{pmatrix}$;　(2) $\boldsymbol{A} = \begin{pmatrix} 1 & 2 & 3 \\ 2 & 2 & -1 \\ 3 & -1 & -2 \end{pmatrix}$.

解　(1) **方法 1**　因

$$|\lambda \boldsymbol{E} - \boldsymbol{A}| = \begin{vmatrix} \lambda - 6 & 2 & -2 \\ 2 & \lambda - 5 & 0 \\ -2 & 0 & \lambda - 7 \end{vmatrix} = (\lambda - 3)(\lambda - 6)(\lambda - 9),$$

知 $\boldsymbol{A}$ 的特征根为正数 3, 6, 9, 故 $\boldsymbol{A}$ 正定.

方法 2　因 $\boldsymbol{A}$ 的位于左上角的 3 个子式

$$|6| = 6 > 0, \quad \begin{vmatrix} 6 & -2 \\ -2 & 5 \end{vmatrix} = 26 > 0, \quad \begin{vmatrix} 6 & -2 & 2 \\ -2 & 5 & 0 \\ 2 & 0 & 7 \end{vmatrix} = 162 > 0,$$

故 $\boldsymbol{A}$ 正定.

方法 3　对 $\boldsymbol{A}$ 进行合同变换得

$$\boldsymbol{A} = \begin{pmatrix} 6 & -2 & 2 \\ -2 & 5 & 0 \\ 2 & 0 & 7 \end{pmatrix} \to \begin{pmatrix} 6 & 0 & 0 \\ 0 & \frac{13}{3} & \frac{2}{3} \\ 0 & \frac{2}{3} & \frac{19}{3} \end{pmatrix} \to \begin{pmatrix} 6 & 0 & 0 \\ 0 & \frac{13}{3} & 0 \\ 0 & 0 & \frac{243}{39} \end{pmatrix} \to \boldsymbol{E}_3,$$

知 $\boldsymbol{A} \simeq \boldsymbol{E}_3$, 故 $\boldsymbol{A}$ 正定.

(2) 对 $\boldsymbol{A}$ 进行合同变换得

$$\boldsymbol{A}=\begin{pmatrix}1&2&3\\2&2&-1\\3&-1&-2\end{pmatrix}\rightarrow\begin{pmatrix}-2&-1&3\\-1&2&2\\3&2&1\end{pmatrix}.$$

由于最后那个矩阵位于左上角的一阶子式 $|-2|=-2<0$，以及合同变换不改变实对称矩阵的正定性知 $\boldsymbol{A}$ 非正定.

下面讨论二次型的正定性.

定义 3.3 对于二次型 $f(x_1,x_2,\cdots,x_n)=\boldsymbol{X}^{\mathrm{T}}\boldsymbol{A}\boldsymbol{X}$，若当 $a_1,a_2,\cdots,a_n$ 不全为 0 时，恒有

$$f(a_1,a_2,\cdots,a_n)=(a_1,a_2,\cdots,a_n)\boldsymbol{A}\begin{pmatrix}a_1\\a_2\\\vdots\\a_n\end{pmatrix}>0,$$

则称 $f(x_1,x_2,\cdots,x_n)=\boldsymbol{X}^{\mathrm{T}}\boldsymbol{A}\boldsymbol{X}$ 为**正定二次型**.

定理 3.5 $f(x_1,x_2,\cdots,x_n)=\boldsymbol{X}^{\mathrm{T}}\boldsymbol{A}\boldsymbol{X}$ 为正定二次型的充要条件是 $\boldsymbol{A}$ 为正定矩阵.

有了此定理，判断给定的二次型是否为正定二次型就归结为判断其系数矩阵是否为正定矩阵；反之，也给出了判断一实对称矩阵是否为正定矩阵的新方法.

例 3.4 判断下列二次型是否为正定二次型.

(1) $f(x_1,x_2,x_3)=6x_1^2+5x_2^2+7x_3^2-4x_1x_2+4x_1x_3$；

(2) $f(x_1,x_2,x_3)=x_1^2+2x_2^2-2x_3^2+4x_1x_2+6x_1x_3-2x_2x_3$.

解 首先易知两个二次型系数矩阵分别为

$$\begin{pmatrix}6&-2&2\\-2&5&0\\2&0&7\end{pmatrix},\quad\begin{pmatrix}1&2&3\\2&2&-1\\3&-1&-2\end{pmatrix}.$$

这正是 6.1 节例 1.1 中的两个矩阵，前者正定，后者非正定. 因此，二次型 (1) 是正定二次型；(2) 不是正定二次型.

例 3.5 证明两个 n 阶正定矩阵的和仍为 n 阶正定矩阵.

证明 设 $\boldsymbol{A},\boldsymbol{B}$ 均为正定矩阵，则

$$f(x_1, x_2, \cdots, x_n) = \boldsymbol{X}^{\mathrm{T}}\boldsymbol{A}\boldsymbol{X} \text{ 与 } g(x_1, x_2, \cdots, x_n) = \boldsymbol{X}^{\mathrm{T}}\boldsymbol{B}\boldsymbol{X}$$

均为正定二次型. 设 $a_1, a_2, \cdots, a_n$ 是任意一组不全为零的数, $\boldsymbol{\xi} = (a_1, a_2, \cdots, a_n)^{\mathrm{T}}$, 而又有

$$f(a_1, a_2, \cdots, a_n) = \boldsymbol{\xi}^{\mathrm{T}}\boldsymbol{A}\boldsymbol{\xi} > 0 \text{ 与 } g(a_1, a_2, \cdots, a_n) = \boldsymbol{\xi}^{\mathrm{T}}\boldsymbol{B}\boldsymbol{\xi} > 0 .$$

进而

$$(a_1, a_2, \cdots, a_n)(\boldsymbol{A}+\boldsymbol{B})\begin{pmatrix} a_1 \\ a_2 \\ \vdots \\ a_n \end{pmatrix} = \boldsymbol{\xi}^{\mathrm{T}}(\boldsymbol{A}+\boldsymbol{B})\boldsymbol{\xi} = \boldsymbol{\xi}^{\mathrm{T}}\boldsymbol{A}\boldsymbol{\xi} + \boldsymbol{\xi}^{\mathrm{T}}\boldsymbol{B}\boldsymbol{\xi} > 0,$$

这表明, 以 $\boldsymbol{A}+\boldsymbol{B}$ 为系数矩阵的二次型是正定二次型, 所以 $\boldsymbol{A}+\boldsymbol{B}$ 为正定矩阵.

习题 6.3

习题 6.3 解答

1. 设 $f(x_1, x_2, x_3) = 4x_1^2 + 2x_2^2 - 4x_1x_3$, 求其秩数与正、负惯性指数.

2. 用正交变换把下列二次型化为标准形, 并求出所用的正交变换.

(1) $f(x_1, x_2, x_3) = 2x_1^2 + 3x_2^2 + 3x_3^2 + 4x_2x_3$;

(2) $f(x_1, x_2, x_3, x_4) = x_1^2 + x_2^2 + x_3^2 + x_4^2 + 2x_1x_2 - 2x_1x_4 - 2x_2x_3 + 2x_3x_4$.

3. 求下列二次型在合同变换下的规范形, 并求出所用的可逆线性变换.

(1) $f(x_1, x_2, x_3) = x_1^2 + 3x_2^2 + 5x_3^2 + 2x_1x_2 - 4x_1x_3$;

(2) $f(x_1, x_2, x_3) = x_1^2 + 2x_3^2 + 2x_1x_3 + 2x_2x_3$.

4. 设 $\boldsymbol{A}$ 是正定矩阵, 证明 $\boldsymbol{A}^*, \boldsymbol{A}^{-1}$ 也是正定矩阵.

5. 设 $\boldsymbol{A}$ 是可逆的实对称矩阵, 证明 $\boldsymbol{A}^2$ 为正定矩阵.

6. 判别矩阵 $\boldsymbol{A}$ 是否为正定矩阵:

(1) $\boldsymbol{A} = \begin{pmatrix} 1 & 2 \\ 2 & 5 \end{pmatrix}$;　(2) $\boldsymbol{A} = \begin{pmatrix} 1 & 2 & 1 \\ 2 & 0 & -1 \\ 1 & -1 & -2 \end{pmatrix}$.

7. 确定参数 a 的范围, 使 $\boldsymbol{A} = \begin{pmatrix} 1 & 2 & a \\ 2 & 6 & 0 \\ a & 0 & a \end{pmatrix}$ 为正定矩阵.

8. 判断下列二次型是否是正定二次型.

(1) $f(x_1, x_2, x_3) = 2x_1^2 + 6x_2^2 + 4x_3^2 - 2x_1x_2 - 2x_1x_3$;

(2) $f(x_1, x_2, x_3) = x_1^2 + 2x_2^2 + 5x_3^2 + 2x_1x_2 + 2x_1x_3 + 6x_2x_3$.

9. 当 t 取何值时, 下列二次型是正定二次型.

(1) $f(x_1, x_2, x_3) = 2x_1^2 + x_2^2 + tx_3^2 + 2x_1x_2 + x_2x_3$；

(2) $f(x_1, x_2, x_3) = x_1^2 + 4x_2^2 + 2x_3^2 + 2tx_1x_2 + 2x_1x_3$.

6.4 定理补充证明与典型例题解析

一、定理补充证明

命题 2.1 实对称矩阵的特征根必为实数.

证明 设 λ_0 是实对称矩阵 $\boldsymbol{A}$ 的特征根，ξ 是 $\boldsymbol{A}$ 的属于 λ_0 的特征向量，则有

$$\boldsymbol{A}\xi = \lambda_0\xi .$$

两边取共轭并注意 $\boldsymbol{A}$ 是实矩阵得

$$\boldsymbol{A}\overline{\xi} = \overline{\lambda_0\xi} , \tag{1}$$

其中 $\overline{\xi}$ 表示将 ξ 的每个分量都变成其共轭复数而得的向量. 再将 $\boldsymbol{A}\xi = \lambda_0\xi$ 两边取转置后右乘 $\overline{\xi}$ 并注意 $\boldsymbol{A}$ 的对称性得

$$\xi^{\mathrm{T}}\boldsymbol{A}\overline{\xi} = \lambda_0\xi^{\mathrm{T}}\overline{\xi} ,$$

利用(1)式又有 $\overline{\lambda_0}\xi^{\mathrm{T}}\overline{\xi} = \lambda_0\xi^{\mathrm{T}}\overline{\xi}$，即

$$(\overline{\lambda_0} - \lambda_0)\xi^{\mathrm{T}}\overline{\xi} = \boldsymbol{0} .$$

但因 ξ 是特征向量必非零, 从而 $\xi^{\mathrm{T}}\overline{\xi} \neq \boldsymbol{0}$，故必有 $\overline{\lambda_0} - \lambda_0 = 0$，$\overline{\lambda_0} = \lambda_0$. 这表明 λ_0 为实数.

定理 2.1 对于 n 阶实对称矩阵 $\boldsymbol{A}$，必存在正交矩阵 $\boldsymbol{T}$，使得

$$\boldsymbol{T}^{-1}\boldsymbol{A}\boldsymbol{T} = \boldsymbol{T}^{\mathrm{T}}\boldsymbol{A}\boldsymbol{T} = \boldsymbol{\Lambda}$$

为对角矩阵, 并且主对角线上的元素恰为 $\boldsymbol{A}$ 的全部特征根.

证明 设 $\boldsymbol{A}$ 的全部不同的特征根为 $\lambda_1, \lambda_2, \cdots, \lambda_t$. 由命题 2.3, 它们的几何重数等于其代数重数, 设其依次为 $n_1, n_2, \cdots, n_t$，则 $n_1 + n_2 + \cdots + n_t = n$. 对于每一个特征根 λ_i，由推论 2.1, 都存在规范正交基础解系, $\boldsymbol{\xi}_{i1}, \boldsymbol{\xi}_{i2}, \cdots, \boldsymbol{\xi}_{in_i}$，自然有

$$\boldsymbol{A}\boldsymbol{\xi}_{i1} = \lambda_i\boldsymbol{\xi}_{i1}, \quad \boldsymbol{A}\boldsymbol{\xi}_{i2} = \lambda_i\boldsymbol{\xi}_{i2}, \quad \cdots, \quad \boldsymbol{A}\boldsymbol{\xi}_{in_i} = \lambda_i\boldsymbol{\xi}_{in_i}, \quad i = 1, 2, \cdots, t . \tag{2}$$

令

$$T=(\xi_{11},\xi_{12},\cdots,\xi_{1n_1},\cdots,\xi_{t1},\xi_{t2},\cdots,\xi_{tn_t}),$$

则 T 为 n 阶方阵. 由命题 2.2 知 T 的 n 个列构成规范正交向量组, 再由 6.1 节中命题 1.2, T 是正交矩阵. 并且利用(2)中的等式可得

$$\begin{aligned}AT&=A(\xi_{11},\xi_{12},\cdots,\xi_{1n_1},\cdots,\xi_{t1},\xi_{t2},\cdots,\xi_{tn_t})\\&=(A\xi_{11},A\xi_{12},\cdots,A\xi_{1n_1},\cdots,A\xi_{t1},A\xi_{t2},\cdots,A\xi_{tn_t})\\&=(\lambda_1\xi_{11},\lambda_1\xi_{12},\cdots,\lambda_1\xi_{1n_1},\cdots,\lambda_t\xi_{t1},\lambda_t\xi_{t2},\cdots,\lambda_t\xi_{tn_t})\\&=(\xi_{11},\ \cdots,\xi_{1n_1}\cdots,\xi_{t1},\ \cdots,\xi_{tn_t})\mathrm{diag}(\lambda_1,\cdots,\lambda_1,\cdots,\lambda_t,\cdots,\lambda_t)\\&=T\Lambda,\end{aligned}$$

左乘 $T^{-1}(=T^{\mathrm{T}})$ 便得

$$T^{-1}AT=T^{\mathrm{T}}AT=\Lambda,$$

其中

$$\Lambda=\mathrm{diag}(\lambda_1,\cdots,\lambda_1,\cdots,\lambda_t,\cdots,\lambda_t).$$

证毕.

定理 2.2　对于 n 阶实对称矩阵 A, 必存在可逆矩阵 P, 使得

$$P^{\mathrm{T}}AP=\begin{pmatrix}E_p&&\\&-E_q&\\&&O\end{pmatrix},\tag{3}$$

其中 p 称为 A 的**正惯性指数**, q 称为 A 的**负惯性指数**. 它们分别是 A 的正特征根与负特征根的个数. 此外还有 $R(A)=p+q$.

证明　设 $\lambda_1,\lambda_2,\cdots,\lambda_n$ 是 A 的特征根, 由命题 2.1 知, 它们都是实数. 故又可设 $\lambda_1,\ \cdots,\lambda_p$ 为 A 的正特征根, $\lambda_{p+1},\ \cdots,\lambda_{p+q}$ 为负特征根, 余者为零特征根(自然有 $p=0$ 或 n 等特例). 由 6.2 节中定理 2.2 前面的说明, 有正交矩阵 T, 使得

$$T^{\mathrm{T}}AT=\mathrm{diag}(\lambda_1,\cdots,\lambda_p,\lambda_{p+1},\cdots,\lambda_{p+q},0,\cdots,0).$$

令

$$G=\mathrm{diag}\left(\frac{1}{\sqrt{\lambda_1}},\cdots,\frac{1}{\sqrt{\lambda_p}},\frac{1}{\sqrt{-\lambda_{p+1}}},\cdots,\frac{1}{\sqrt{-\lambda_{p+q}}},1,\cdots,1\right),$$

则 $G^{\mathrm{T}}=G$ 以及 $P=TG$ 是可逆矩阵. 并且有

$$
\begin{aligned}
P^{\mathrm{T}}AP&=(TG)^{\mathrm{T}}A(TG)=G(T^{\mathrm{T}}AT)G\\
&=G\mathrm{diag}(\lambda_1,\cdots,\lambda_p,\lambda_{p+1},\cdots,\lambda_{p+q},0,\cdots,0)G\\
&=\begin{pmatrix} E_p & & \\ & -E_q & \\ & & O \end{pmatrix}.
\end{aligned}
$$

定理中的其他结论是显然的. 证毕.

定理 3.3 设 A 是 n 阶实对称矩阵, 则下列条件等价:

(1) A 是正定矩阵;

(2) A 的正惯性指数等于 n;

(3) $A \simeq E_n$;

(4) 有可逆矩阵 P, 使得 $A = P^{\mathrm{T}}P$.

证明 用循环证法.

(1) $\Rightarrow$ (2) 由定义 3.2, 此时 A 有 n 个正特征根, 故 (2) 成立.

(2) $\Rightarrow$ (3) 因 A 是 n 阶的, 可知 A 的负惯性指数为 0, 故 A 的规范形为 E_n, 即有 $A \simeq E_n$.

(3) $\Rightarrow$ (4) 由合同关系的对称性得 $E_n \simeq A$, 从而有可逆矩阵 P, 使得 $A = P^{\mathrm{T}}E_nP = P^{\mathrm{T}}P$.

(4) $\Rightarrow$ (3) 显然.

(3) $\Rightarrow$ (1) 因 E_n 的 n 个特征根均为 1, 由惯性定律知 A 的 n 个特征根也皆为正数, 故 A 是正定矩阵.

定理 3.5 $f(x_1, x_2, \cdots, x_n) = X^{\mathrm{T}}AX$ 为正定二次型的充要条件是 A 为正定矩阵.

证明 先证必要性. 若 A 不是正定矩阵, 则必有某特征根 $\lambda_0 \leqslant 0$. 设

$$
\xi=\begin{pmatrix} a_1 \\ a_2 \\ \vdots \\ a_n \end{pmatrix}
$$

为 A 的属于 λ_0 的特征向量, 则 $a_1, a_2, \cdots, a_n$ 不全为零, 且 $A\xi = \lambda_0\xi$. 从而

$$
\begin{aligned}
f(a_1, a_2, \cdots, a_n) &= (a_1, a_2, \cdots, a_n)A\begin{pmatrix} a_1 \\ a_2 \\ \vdots \\ a_n \end{pmatrix} = \xi^{\mathrm{T}}A\xi\\
&= \xi^{\mathrm{T}}\lambda_0\xi = \lambda_0\xi^{\mathrm{T}}\xi = \lambda_0(a_1^2 + a_2^2 + \cdots + a_n^2) \leqslant 0,
\end{aligned}
$$

此与 $f(x_1, x_2, \cdots, x_n) = \boldsymbol{X}^{\mathrm{T}}\boldsymbol{A}\boldsymbol{X}$ 为正定二次型矛盾.

再证充分性. 设 $\boldsymbol{A}$ 是正定矩阵, 则有可逆矩阵 $\boldsymbol{P}$, 使得 $\boldsymbol{A} = \boldsymbol{P}^{\mathrm{T}}\boldsymbol{P}$. 设 $a_1, a_2, \cdots, a_n$ 是任意一组不全为零的数, 若

$$\boldsymbol{P}\begin{pmatrix} a_1 \\ a_2 \\ \vdots \\ a_n \end{pmatrix} = \begin{pmatrix} 0 \\ 0 \\ \vdots \\ 0 \end{pmatrix},$$

左乘 $\boldsymbol{P}^{-1}$ 得到 $a_1, a_2, \cdots, a_n$ 全为零, 矛盾. 因此

$$\begin{pmatrix} b_1 \\ b_2 \\ \vdots \\ b_n \end{pmatrix} = \boldsymbol{P}\begin{pmatrix} a_1 \\ a_2 \\ \vdots \\ a_n \end{pmatrix} \neq \begin{pmatrix} 0 \\ 0 \\ \vdots \\ 0 \end{pmatrix}.$$

于是由

$$\begin{aligned} f(a_1, a_2, \cdots, a_n) &= (a_1, a_2, \cdots, a_n)\boldsymbol{A}\begin{pmatrix} a_1 \\ a_2 \\ \vdots \\ a_n \end{pmatrix} \\ &= (a_1, a_2, \cdots, a_n)\boldsymbol{P}^{\mathrm{T}}\boldsymbol{P}\begin{pmatrix} a_1 \\ a_2 \\ \vdots \\ a_n \end{pmatrix} = \left(\boldsymbol{P}\begin{pmatrix} a_1 \\ a_2 \\ \vdots \\ a_n \end{pmatrix}\right)^{\mathrm{T}} \boldsymbol{P}\begin{pmatrix} a_1 \\ a_2 \\ \vdots \\ a_n \end{pmatrix} \\ &= (b_1, b_2, \cdots, b_n)\begin{pmatrix} b_1 \\ b_2 \\ \vdots \\ b_n \end{pmatrix} = b_1^2 + b_2^2 + \cdots + b_n^2 > 0, \end{aligned}$$

即知 $f(x_1, x_2, \cdots, x_n) = \boldsymbol{X}^{\mathrm{T}}\boldsymbol{A}\boldsymbol{X}$ 为正定二次型.

二、典型例题解析

例 4.1　设二次型

$$f(x_1, x_2, x_3) = ax_1^2 + ax_2^2 + (a-1)x_3^2 + 2x_1x_3 - 2x_2x_3.$$

(1) 求二次型 f 的矩阵的所有特征根;

(2) 若二次型 f 的规范形为 $y_1^2+y_2^2$，求 a 的值.

解 (1) 二次型 f 的矩阵为

$$A=\begin{pmatrix} a & 0 & 1 \\ 0 & a & -1 \\ 1 & -1 & a-1 \end{pmatrix},$$

其特征多项式为

$$\begin{aligned}|\lambda E-A|&=\begin{vmatrix} \lambda-a & 0 & -1 \\ 0 & \lambda-a & 1 \\ -1 & 1 & \lambda-(a-1) \end{vmatrix}\\ &=(\lambda-a)[\lambda-(a+1)][\lambda-(a-2)],\end{aligned}$$

所以 A 的特征值为

$$\lambda_1=a,\quad \lambda_2=a+1,\quad \lambda_3=a-2.$$

(2) 由 f 的规范形为 $y_1^2+y_2^2$ 知，其矩阵 A 的特征值有两个为正数，一个为零. 又 $a-2<a<a+1$, 所以，$a-2=0$，即 $a=2$.

例 4.2 设二次型

$$f(x_1,x_2,x_3)=X^{\mathrm{T}}AX=ax_1^2+2x_2^2-2x_3^2+2bx_1x_3 \quad (b>0),$$

其中二次型的矩阵 A 的特征值之和为 1, 特征值之积为 -12.

(1) 求 a,b 的值;

(2) 利用正交变换将二次型 f 化为标准形, 并写出所用的正交变换和对应的正交矩阵.

解 (1) 二次型 f 的矩阵为

$$A=\begin{pmatrix} a & 0 & b \\ 0 & 2 & 0 \\ b & 0 & -2 \end{pmatrix}.$$

设 A 的特征值为 $\lambda_i(i=1,2,3)$，由题设知

$$\lambda_1+\lambda_2+\lambda_3=a+2+(-2)=1,$$

$$\lambda_1\lambda_2\lambda_3=|A|=2(-2a-b^2)=-12.$$

解得 $a=1, b=2(b>0)$.

(2) 由矩阵 $\boldsymbol{A}$ 的特征多项式

$$|\lambda \boldsymbol{E}-\boldsymbol{A}|=\begin{vmatrix} \lambda-1 & 0 & -2 \\ 0 & \lambda-2 & 0 \\ -2 & 0 & \lambda+2 \end{vmatrix}=(\lambda-2)^2(\lambda+3),$$

得 $\boldsymbol{A}$ 的特征值为 $\lambda_1=\lambda_2=2, \lambda_3=-3$.

当 $\lambda_1=\lambda_2=2$ 时, 解 $(2\boldsymbol{E}-\boldsymbol{A})\boldsymbol{X}=\boldsymbol{0}$, 得 $\boldsymbol{A}$ 的属于特征值 $\lambda_1=\lambda_2=2$ 的线性无关的特征向量为

$$\boldsymbol{\xi}_1=\begin{pmatrix} 0 \\ 1 \\ 0 \end{pmatrix}, \quad \boldsymbol{\xi}_2=\begin{pmatrix} 2 \\ 0 \\ 1 \end{pmatrix}.$$

当 $\lambda_3=-3$ 时, 解 $(-3\boldsymbol{E}-\boldsymbol{A})\boldsymbol{X}=\boldsymbol{0}$, 得 $\boldsymbol{A}$ 的属于特征值 $\lambda_3=-3$ 的特征向量为

$$\boldsymbol{\xi}_3=\begin{pmatrix} 1 \\ 0 \\ -2 \end{pmatrix}.$$

由于 $\boldsymbol{\xi}_1, \boldsymbol{\xi}_2, \boldsymbol{\xi}_3$ 已经正交, 故只需单位化:

$$\boldsymbol{\eta}_1=\begin{pmatrix} 0 \\ 1 \\ 0 \end{pmatrix}, \quad \boldsymbol{\eta}_2=\frac{1}{\sqrt{5}}\begin{pmatrix} 2 \\ 0 \\ 1 \end{pmatrix}, \quad \boldsymbol{\eta}_3=\frac{1}{\sqrt{5}}\begin{pmatrix} 1 \\ 0 \\ -2 \end{pmatrix}.$$

令

$$\boldsymbol{T}=(\boldsymbol{\eta}_1, \boldsymbol{\eta}_2, \boldsymbol{\eta}_3)=\begin{pmatrix} 0 & \frac{2}{\sqrt{5}} & \frac{1}{\sqrt{5}} \\ 1 & 0 & 0 \\ 0 & \frac{1}{\sqrt{5}} & -\frac{2}{\sqrt{5}} \end{pmatrix},$$

则 $\boldsymbol{T}$ 为正交矩阵, 作正交变换 $\boldsymbol{X}=\boldsymbol{TY}$, 即

$$\begin{pmatrix} x_1 \\ x_2 \\ x_3 \end{pmatrix}=\begin{pmatrix} 0 & \frac{2}{\sqrt{5}} & \frac{1}{\sqrt{5}} \\ 1 & 0 & 0 \\ 0 & \frac{1}{\sqrt{5}} & -\frac{2}{\sqrt{5}} \end{pmatrix}\begin{pmatrix} y_1 \\ y_2 \\ y_3 \end{pmatrix},$$

则原二次型化成标准形

$$2y_1^2+2y_2^2-3y_3^2.$$

第 6 章习题解答

第 6 章习题

1. 证明书中 6.1 节中的结论(1), (2), (3).

2. 证明正交矩阵的实特征根必为 1 或 −1.

3. 证明正交变换不变向量的内积与不变向量的长度. 即: 设 $\boldsymbol{T}$ 为 n 阶正交矩阵, $\boldsymbol{\xi},\boldsymbol{\alpha},\boldsymbol{\beta}$ 是 n 维向量, 证明

(1) $\boldsymbol{T\alpha}$ 与 $\boldsymbol{T\beta}$ 的内积等于 $\boldsymbol{\alpha}$ 与 $\boldsymbol{\beta}$ 的内积;

(2) $|\boldsymbol{T\xi}|=|\boldsymbol{\xi}|$.

4. 已知 $\boldsymbol{A}$ 为 3 阶实对称矩阵, 且满足条件 $\boldsymbol{A}^3-\boldsymbol{A}^2-\boldsymbol{A}=2\boldsymbol{E}$.

(1)求 $|\boldsymbol{A}|$;

(2)求 $\boldsymbol{A}$ 在正交变换下的标准形.

5. 设 $\boldsymbol{A}$ 与其在正交变换下的标准形分别为

$$\boldsymbol{A}=\begin{pmatrix}2&0&0\\0&3&a\\0&a&3\end{pmatrix},\quad \boldsymbol{J}=\begin{pmatrix}1&0&0\\0&2&0\\0&0&5\end{pmatrix}.$$

(1)求 $a(a>0)$;

(2)求所用的正交变换矩阵.

6. 设 $\boldsymbol{A}$ 为 n 阶实对称矩阵. 证明存在 n 阶实对称矩阵 $\boldsymbol{B}$, 使得 $\boldsymbol{A}=\boldsymbol{B}^3$.

7. $\boldsymbol{A}$ 是 n 阶实对称矩阵, 证明必存在数 a, 使 $t>a$ 时 $t\boldsymbol{E}+\boldsymbol{A}$ 为正定矩阵.

8. $\boldsymbol{A}$ 是 n 阶正定矩阵, 证明 $|\boldsymbol{A}+\boldsymbol{E}|>1$.

9. 设 $\boldsymbol{A}$ 为 $m\times n$ ($n<m$) 矩阵, 证明 $\boldsymbol{A}^{\mathrm{T}}\boldsymbol{A}$ 为正定矩阵的充要条件是 $R(\boldsymbol{A})=n$.

10. 设 $\boldsymbol{A}$ 为 n 阶正定矩阵, $\xi_1,\xi_2,\cdots,\xi_s$ 均为 n 维非零向量, 且当 $i\neq j$ 时有

$$\boldsymbol{\xi}_i^{\mathrm{T}}\boldsymbol{A}\,\boldsymbol{\xi}_j=\mathbf{0}\quad(i,j=1,2,\cdots,s).$$

证明 $\xi_1,\xi_2,\cdots,\xi_s$ 线性无关.

11. 设 $\boldsymbol{A}$, $\boldsymbol{C}$ 均为正定矩阵, $\boldsymbol{B}$ 是 $\boldsymbol{AX}+\boldsymbol{XA}^{\mathrm{T}}=\boldsymbol{C}$ 的唯一解, 证明 $\boldsymbol{B}$ 是正定矩阵.

普通高等教育“十三五”规划教材
应用型本科院校规划教材

线性代数教材配套练习册

主编　高　洁
副主编　唐春艳　郭夕敬

科学出版社
北　京

内 容 简 介

本书是《线性代数》(主编高洁，科学出版社)的配套练习册，全书分两部分，第一部分为“内容篇”，依照主教材的章节顺序依次编排，按章编写，每章又分“本章教学要求及重点难点”和“内容提要”两个模块，对教材每章内容进行了系统归纳与总结，便于读者学习. 第二部分为“测试篇”，共有六套单元自测题，分别对应教材每一章内容；另有两套综合训练题，方便读者进行自我测试.

图书在版编目(CIP)数据

线性代数：含练习册/高洁主编. —北京：科学出版社，2018.1
普通高等教育“十三五”规划教材·应用型本科院校规划教材
ISBN 978-7-03-056321-7
I. ①线… II. ①高… III. ①线性代数-高等学校-教材
IV.①O151.2
中国版本图书馆 CIP 数据核字(2018)第 009536 号

责任编辑：昌 盛 梁 清 / 责任校对：彭珍珍
责任印制：师艳茹 / 封面设计：迷底书装

科学出版社 出版
北京东黄城根北街 16 号
邮政编码：100717
http://www.sciencep.com
保定市中画美凯印刷有限公司 印刷
科学出版社发行 各地新华书店经销
*
2018 年 1 月第 一 版 开本：720 × 1000 1/16
2019 年 12 月第三次印刷 印张：15 1/4
字数：302 000
定价：35.00 元（含练习册）
(如有印装质量问题，我社负责调换)

目　录

内 容 篇

测 试 篇

内 容 篇

第1章 行 列 式

一、本章教学要求及重点难点

本章教学要求：

(1) 理解并熟练掌握行列式的概念和基本性质；

(2) 理解并熟练掌握行列式按行(列)展开定理及应用；

(3) 熟练掌握行列式的计算方法；

(4) 会利用 Cramer 法则求非齐次线性方程组的唯一解，会利用齐次线性方程组系数行列式的值来讨论其解的情况.

本章重点难点：

利用行列式的基本性质及展开定理，熟练掌握行列式的计算方法.

二、内容提要

1. 行列式的主要定义

(1) **n 阶行列式**

$$D=\begin{vmatrix} a_{11} & a_{12} & \cdots & a_{1n} \\ a_{21} & a_{22} & \cdots & a_{2n} \\ \vdots & \vdots & & \vdots \\ a_{n1} & a_{n2} & \cdots & a_{nn} \end{vmatrix}=\sum(-1)^t a_{1p_1}a_{2p_2}\cdots a_{np_n},$$

其中 $t=\tau(p_1,p_2,\cdots,p_n)$ 表示 n 阶排列 $p_1,p_2,\cdots,p_n$ 的逆序数，求和指对所有的 n 阶排列 $p_1,p_2,\cdots,p_n$ 求和，即行列式的展开式是由 $n!$ 项构成的代数和，其中每一项都是取自 D 中 n 个不同的行和 n 个不同列的 n 个元素乘积，其值称为行列式 D 的**值**.

(2) **转置行列式** 把行列式 D 的行列互换所得的行列式称为 D 的**转置行列式**，记为 D' 或 D^{T}.

(3) **上(下)三角形行列式** 对角线以下(上)的元素全为零的行列式称为**上(下)三角形行列式**.

(4) **余子式、代数余子式** 在 n 阶行列式中，把元素 a_{ij} 所在的第 i 行、第 j 列划去后所得的 $n-1$ 阶行列式称为 a_{ij} 的**余子式**，记为 M_{ij}；把 $A_{ij}=(-1)^{i+j}M_{ij}$ 称为 a_{ij} 的**代数余子式**.

2. 行列式的基本性质

(1)行列式与它的转置行列式相等，即 $D' = D$.

(2)互换行列式的某两行(或列)，行列式仅变符号.

(3)行列式若有两行(或列)相同，则其值为零.

(4)行列式的某行(或列)的各元素乘以数 k 等于用数 k 乘以行列式，即行列式的某行(或列)各元素的公因子可以提到行列式符号外面相乘.

(5)若行列式的某两行(或列)的对应元素成比例，则行列式的值等于零.

(6)行列式的某行(或列)的各元素乘以数 k 加到另一行(或列)的对应元素上，行列式的值不变.

(7)若行列式的某一行(列)中的各元素均为两个数的和，则此行列式可以写作两个行列式的和.

3. 行列式按行(列)展开法则

行列式等于它的任一行(列)各元素与其对应代数余子式乘积之和；行列式任意一行(列)的各元素与另一行(列)的对应元素的代数余子式的乘积之和为零.

4. 上三角形行列式、下三角形行列式、对角形行列式的计算方法

$$D_n = \begin{vmatrix} a_{11} & 0 & \cdots & 0 \\ a_{21} & a_{22} & \cdots & 0 \\ \vdots & \vdots & & \vdots \\ a_{n1} & a_{n2} & \cdots & a_{nn} \end{vmatrix} = \begin{vmatrix} a_{11} & a_{12} & \cdots & a_{1n} \\ 0 & a_{22} & \cdots & a_{2n} \\ \vdots & \vdots & & \vdots \\ 0 & 0 & \cdots & a_{nn} \end{vmatrix} = \begin{vmatrix} a_{11} & 0 & \cdots & 0 \\ 0 & a_{22} & \cdots & 0 \\ \vdots & \vdots & & \vdots \\ 0 & 0 & \cdots & a_{nn} \end{vmatrix} = a_{11}a_{22}\cdots a_{nn}.$$

5. n 阶 Vandermonde 行列式

$$D_n = \begin{vmatrix} 1 & 1 & \cdots & 1 \\ x_1 & x_2 & \cdots & x_n \\ x_1^2 & x_2^2 & \cdots & x_n^2 \\ \vdots & \vdots & & \vdots \\ x_1^{n-1} & x_2^{n-1} & \cdots & x_n^{n-1} \end{vmatrix} = \prod_{1 \leqslant i < j \leqslant n} \left(x_j - x_i\right).$$

6. Cramer 法则

对于由 n 个未知数 $x_1, x_2, \cdots, x_n$，n 个方程构成的方程组

$$\begin{cases} a_{11}x_1 + a_{12}x_2 + \cdots + a_{1n}x_n = b_1, \\ a_{21}x_1 + a_{22}x_2 + \cdots + a_{2n}x_n = b_2, \\ \qquad\cdots\cdots \\ a_{n1}x_1 + a_{n2}x_2 + \cdots + a_{nn}x_n = b_n. \end{cases} \tag{1}$$

称

$$D=\begin{vmatrix} a_{11} & a_{12} & \cdots & a_{1n} \\ a_{21} & a_{22} & \cdots & a_{2n} \\ \vdots & \vdots & & \vdots \\ a_{n1} & a_{n2} & \cdots & a_{nn} \end{vmatrix}$$

为其**系数行列式**. 并记

$$D_1=\begin{vmatrix} b_1 & a_{12} & \cdots & a_{1n} \\ b_2 & a_{22} & \cdots & a_{2n} \\ \vdots & \vdots & & \vdots \\ b_n & a_{n2} & \cdots & a_{nn} \end{vmatrix},\quad D_2=\begin{vmatrix} a_{11} & b_1 & \cdots & a_{1n} \\ a_{21} & b_2 & \cdots & a_{2n} \\ \vdots & \vdots & & \vdots \\ a_{n1} & b_n & \cdots & a_{nn} \end{vmatrix},\quad \cdots,\quad D_n=\begin{vmatrix} a_{11} & a_{12} & \cdots & b_1 \\ a_{21} & a_{22} & \cdots & b_2 \\ \vdots & \vdots & & \vdots \\ a_{n1} & a_{n2} & \cdots & b_n \end{vmatrix}.$$

则当$D\neq 0$时，方程组(1)有唯一解 $x_1=\dfrac{D_1}{D},x_2=\dfrac{D_2}{D},\cdots,x_n=\dfrac{D_n}{D}$.

7. 齐次线性方程组解的情况

当$D\neq 0$时, n 阶齐次线性方程组

$$\begin{cases} a_{11}x_1+a_{12}x_2+\cdots+a_{1n}x_n=0, \\ a_{21}x_1+a_{22}x_2+\cdots+a_{2n}x_n=0, \\ \cdots\cdots \\ a_{n1}x_1+a_{n2}x_2+\cdots+a_{nn}x_n=0 \end{cases} \tag{2}$$

只有零解.

若(2)有非零解，则$D=0$.

第2章 矩　　阵

一、本章教学要求及重点难点

本章教学要求：

(1) 理解矩阵的概念，熟练掌握矩阵的运算；

(2) 理解逆矩阵的概念和性质，掌握逆矩阵的计算方法；

(3) 理解矩阵的初等变换、初等矩阵、行阶梯矩阵、最简梯矩阵等概念，会熟练地用行初等变换把矩阵为化为梯矩阵和最简梯矩阵,以及用初等变换把矩阵化为初等变换下的标准形;

(4) 理解分块矩阵的概念;

(5) 理解矩阵秩数的概念及相关性质，会计算矩阵的秩数.

本章重点难点：

(1) 熟练掌握矩阵的各种运算;

(2) 会利用初等变换等方法计算逆矩阵;

(3) 熟练掌握运用行初等变换把矩阵化为梯矩阵的方法;

(4) 理解矩阵秩数的概念及相关性质，会计算矩阵的秩数.

二、内容提要

1. 矩阵概念

(1) 矩阵：$m\times n$个数$a_{ij}(i=1,2,\cdots,m; j=1,2,\cdots,n)$排成$m$行$n$列的矩形数表

$$\begin{pmatrix} a_{11} & a_{12} & \cdots & a_{1n} \\ a_{21} & a_{22} & \cdots & a_{2n} \\ \vdots & \vdots & & \vdots \\ a_{m1} & a_{m2} & \cdots & a_{mn} \end{pmatrix}$$

称为**m行n列矩阵**(或$m\times n$矩阵)，简记为$\boldsymbol{A}=\left(a_{ij}\right)_{m\times n}$. $a_{ij}(i=1,2,\cdots,m; j=1,2,\cdots,n)$称为矩阵$\boldsymbol{A}$的第$i$行第$j$列**元素**；当$m=n$时，称$\boldsymbol{A}$为$n$**阶方阵**；只有一行的矩阵称为**行矩阵**；只有一列的矩阵称为**列矩阵**；元素为复数的矩阵称为**复矩阵**；元素为实数的矩阵称为**实矩阵**.若无特殊声明，凡是矩阵指的都是复矩阵.

(2) 零矩阵：所有元素全为零的矩阵称为**零矩阵**，记作$\boldsymbol{O}$.

(3) 单位矩阵：n阶方阵的主对角线的元素都是 1，其他元素都是 0 时，被称

为 n 阶**单位矩阵**, 记为 $\boldsymbol{E}_n$.

(4) 负矩阵: 对于矩阵 $\boldsymbol{A}=(a_{ij})_{m\times n}$, 有矩阵 $(-a_{ij})_{m\times n}$ 使得 $(a_{ij})_{m\times n}+(-a_{ij})_{m\times n}=\boldsymbol{O}_{m\times n}$, 称 $(-a_{ij})_{m\times n}$ 为 $\boldsymbol{A}$ 的**负矩阵**, 记为 $-\boldsymbol{A}$.

(5) 矩阵相等: 只有当 $\boldsymbol{A}$ 与 $\boldsymbol{B}$ 的行数与列数分别相同, 且对应位置的元素也分别相同时才称矩阵 $\boldsymbol{A},\boldsymbol{B}$ 是相等的矩阵.

(6) 转置矩阵: 把矩阵 $\boldsymbol{A}=(a_{ij})_{m\times n}$ 的行列互换而得到的 $n\times m$ 矩阵称为 $\boldsymbol{A}$ 的**转置矩阵**, 记为 $\boldsymbol{A}^{\mathrm{T}}$, 即

$$\boldsymbol{A}^{\mathrm{T}}=\begin{pmatrix} a_{11} & a_{21} & \cdots & a_{m1} \\ a_{12} & a_{22} & \cdots & a_{m2} \\ \vdots & \vdots & & \vdots \\ a_{1n} & a_{2n} & \cdots & a_{mn} \end{pmatrix}.$$

转置矩阵满足的运算法则:

$$(\boldsymbol{A}^{\mathrm{T}})^{\mathrm{T}}=\boldsymbol{A}, \ (\boldsymbol{A}+\boldsymbol{B})^{\mathrm{T}}=\boldsymbol{A}^{\mathrm{T}}+\boldsymbol{B}^{\mathrm{T}}, \ (k\boldsymbol{A})^{\mathrm{T}}=k\boldsymbol{A}^{\mathrm{T}}, \ (\boldsymbol{A}\boldsymbol{B})^{\mathrm{T}}=\boldsymbol{B}^{\mathrm{T}}\boldsymbol{A}^{\mathrm{T}}.$$

(7) 伴随矩阵: 设 $\boldsymbol{A}=(a_{ij})$ 是 n 阶方阵, 记元素 a_{ij} 在行列式 $|\boldsymbol{A}|$ 中的代数余子式为 $A_{ij}(i,j=1,2,\cdots,n)$.用 A_{ij} 去替换 $\boldsymbol{A}=(a_{ij})$ 中的元素 a_{ij} , 然后再取转置而得的 n 阶方阵称为 $\boldsymbol{A}$ 的**伴随矩阵**, 记为 $\boldsymbol{A}^*$.即

$$\boldsymbol{A}^*=\begin{pmatrix} A_{11} & A_{21} & \cdots & A_{n1} \\ A_{12} & A_{22} & \cdots & A_{n2} \\ \vdots & \vdots & & \vdots \\ A_{1n} & A_{2n} & \cdots & A_{nn} \end{pmatrix}.$$

2. 矩阵的运算

(1) 矩阵的加法: 设 $\boldsymbol{A}=(a_{ij})_{m\times n}$, $\boldsymbol{B}=(b_{ij})_{m\times n}$, 称矩阵 $\boldsymbol{C}=(c_{ij})_{m\times n}$ 为 $\boldsymbol{A}$ 与 $\boldsymbol{B}$ 的**和**, 记为 $\boldsymbol{C}=\boldsymbol{A}+\boldsymbol{B}$.其中 $c_{ij}=a_{ij}+b_{ij} \ (i=1,2,\cdots,m;j=1,2,\cdots,n)$.

规定矩阵的**减法**为 $\boldsymbol{A}-\boldsymbol{B}=\boldsymbol{A}+(-\boldsymbol{B})$.

(2) 矩阵的乘法: 设 $\boldsymbol{A}=(a_{ij})_{m\times n}$, $\boldsymbol{B}=(b_{ij})_{n\times p}$, 称矩阵 $\boldsymbol{C}=(c_{ij})_{m\times p}$ 为 $\boldsymbol{A}$ 与 $\boldsymbol{B}$ 的**积**.记为 $\boldsymbol{C}=\boldsymbol{A}\boldsymbol{B}$. 其中

$$c_{ij}=a_{i1}b_{1j}+a_{i2}b_{2j}+\cdots+a_{in}b_{nj}=\sum_{k=1}^{n}a_{ik}b_{kj} \quad (i=1,2,\cdots,m;\ j=1,2,\cdots,p).$$

需要注意的是，矩阵的乘法一般不满足交换律和消去律.

(3) 数乘矩阵：设 $\boldsymbol{A}=\left(a_{ij}\right)_{m\times n}$，$\alpha$ 为一个数，称矩阵 $\left(\alpha a_{ij}\right)_{m\times n}$ 为 **α 与 $\boldsymbol{A}$ 的积**，记为 $\alpha\boldsymbol{A}$ $(i=1,2,\cdots,m;j=1,2,\cdots,n)$.

3. 方阵的幂及行列式

(1) 定义：对于 n 阶方阵 $\boldsymbol{A}$，方阵的幂可以定义为 $\boldsymbol{A}^k=\boldsymbol{A}\cdot\boldsymbol{A}\cdot\cdots\cdot\boldsymbol{A}$（$k$ 为正整数）.

(2) 方阵的行列式:设 $\boldsymbol{A},\boldsymbol{B}$ 为 n 阶方阵，则有 $|k\boldsymbol{A}|=k^n|\boldsymbol{A}|$；$|\boldsymbol{AB}|=|\boldsymbol{A}||\boldsymbol{B}|$.

4. 逆矩阵的概念、性质和求法

(1) 定义：设 $\boldsymbol{A}$ 是一个 n 阶方阵，如果有 n 阶方阵 $\boldsymbol{B}$，使得 $\boldsymbol{AB}=\boldsymbol{BA}=\boldsymbol{E}$，则称 $\boldsymbol{A}$ 为**非奇异矩阵**或**可逆矩阵**，称 $\boldsymbol{B}$ 为 $\boldsymbol{A}$ 的**逆矩阵**，或 $\boldsymbol{A}$ 的逆.否则，称 $\boldsymbol{A}$ 为一个**奇异矩阵**.

(2) 逆矩阵的性质：

$$(\boldsymbol{A}^{-1})^{-1}=\boldsymbol{A}，(\boldsymbol{AB})^{-1}=\boldsymbol{B}^{-1}\boldsymbol{A}^{-1}，(\boldsymbol{A}^{\mathrm{T}})^{-1}=(\boldsymbol{A}^{-1})^{\mathrm{T}}，(k\boldsymbol{A})^{-1}=\frac{1}{k}\boldsymbol{A}^{-1}，\left|\boldsymbol{A}^{-1}\right|=\frac{1}{|\boldsymbol{A}|}.$$

(3) 判断矩阵 $\boldsymbol{A}$ 可逆的方法：

1) 用可逆矩阵的定义；

2) 用行列式 $|\boldsymbol{A}|\neq 0$；

3) 用 $R(\boldsymbol{A})=n$.

(4) 求逆矩阵的方法：

1) 用可逆矩阵的定义；

2) 用伴随矩阵 $\boldsymbol{A}^{-1}=\dfrac{1}{|\boldsymbol{A}|}\boldsymbol{A}^*$；

3) 用初等变换的方法 $(\boldsymbol{A},\boldsymbol{E})\xrightarrow{\text{行初等变换}}(\boldsymbol{E},\boldsymbol{A}^{-1})$.

5. 矩阵的初等变换、初等矩阵以及矩阵等价

(1) 初等变换：对矩阵实施的三种演变统称为矩阵的**初等变换**：

1) 用 $\alpha\neq 0$ 去乘矩阵第 i 行(列)各元素，记为 αr_i（αc_i）；

2) 把矩阵第 i 行(列)各元素的 μ 倍加到第 j 行(列)的对应元素上，记为 $r_j+\mu r_i$（$c_j+\mu c_i$）；

3) 互换矩阵的 i,j 两行(列)，记为 $r_i\leftrightarrow r_j(c_i\leftrightarrow c_j)$.

(2) 初等矩阵：对单位矩阵实施一次行(或列)的初等变换而得的矩阵统称为初等矩阵.特别称所实施的初等变换与得到的初等矩阵是**一对互相对应的初等变换与初等矩阵**.

(3) 矩阵等价：设 $\boldsymbol{A}$，$\boldsymbol{B}$ 都是 $m\times n$ 矩阵.若 $\boldsymbol{A}$ 可经行初等变换化为 $\boldsymbol{B}$，则称 $\boldsymbol{A}$

与 $\boldsymbol{B}$ **行等价**；若 $\boldsymbol{A}$ 可经列初等变换化为 $\boldsymbol{B}$，则称 $\boldsymbol{A}$ 与 $\boldsymbol{B}$ **列等价**；若 $\boldsymbol{A}$ 可经初等变换化为 $\boldsymbol{B}$，则称 $\boldsymbol{A}$ 与 $\boldsymbol{B}$ **等价**，记为 $\boldsymbol{A} \cong \boldsymbol{B}$.

6. 矩阵秩的概念，性质与求法

(1) 子式：设 $\boldsymbol{A}$ 是一个任意矩阵，于 $\boldsymbol{A}$ 中任意选定 k 个行和 k 个列，这 k 个行和 k 个列相交处的元素按原有的相对位置排成的 k 阶行列式称为 $\boldsymbol{A}$ 的 k **阶子式**.

(2) 矩阵秩数：设 $\boldsymbol{A}$ 是一个任意矩阵，若 $\boldsymbol{A}=\boldsymbol{O}$，则称 $\boldsymbol{A}$ 的秩数为零；若 $\boldsymbol{A} \neq \boldsymbol{O}$，则在 $\boldsymbol{A}$ 的所有不为零的子式中必有阶数最高者，其阶数 r 称为 $\boldsymbol{A}$ 的**秩数**. $\boldsymbol{A}$ 的秩数记为 $R(\boldsymbol{A})$.

(3) 矩阵秩数的性质：

1) 矩阵乘以初等矩阵后秩数不变；

2) 矩阵经初等变换后秩数不变；

3) 设 $\boldsymbol{A}$ 的列数与 $\boldsymbol{B}$ 的行数都是 n，且 $\boldsymbol{AB}=\boldsymbol{O}$，则有 $R(\boldsymbol{A})+R(\boldsymbol{B}) \leqslant n$；

4) $R(\boldsymbol{A}+\boldsymbol{B}) \leqslant R(\boldsymbol{A})+R(\boldsymbol{B})$.

(4) 矩阵秩的求法：

1) 用定义；

2) 用初等变换将矩阵化为行阶梯矩阵，计算非零行的个数.

7. 分块矩阵

用水平线和铅垂线把矩阵分成若干个小矩阵后，矩阵便成为以小矩阵为元素的**分块矩阵**. 这种形式矩阵称为原矩阵的一种分块，每一个小矩阵都叫做原矩阵的子块.

第3章　向 量 空 间

一、本章教学要求及重点难点

本章教学要求:

(1) 理解n维向量及其线性运算;

(2) 理解向量组的线性相关、线性无关和线性组合的概念, 理解与向量间线性关系有关的结论, 掌握用定义和定理判别向量组线性相关性的方法;

(3) 理解向量组的极大无关组及向量组的秩数, 理解矩阵的秩数和向量组的秩数之间的关系, 熟练掌握用矩阵的初等变换求向量组的秩数和极大无关组的方法;

(4) 了解向量空间、向量空间的基底和维数的概念;

(5) 了解向量组与向量组的关系.

本章重点难点:

(1) 理解向量组的线性相关、线性无关和线性组合的概念, 理解与向量间线性关系有关的结论, 掌握用定义和定理判别向量组线性相关性的方法;

(2) 理解向量组的极大无关组及向量组的秩数, 熟练掌握用矩阵的初等变换求向量组的秩数和极大无关组的方法.

二、内容提要

1. n维向量及其线性运算

每一个$n\times 1$矩阵都称为n维**向量**, 矩阵中的元素称为该向量的**分量**, n称为其**维数**. 向量的加法和数乘统称为向量的**线性运算**, 它们的运算规则与矩阵的运算规则一致.

2. 向量间的线性关系

(1) 线性相关与线性无关: 对于向量组$\boldsymbol{\alpha}_1,\boldsymbol{\alpha}_2,\cdots,\boldsymbol{\alpha}_s$, 若有不全为零的数$k_1,k_2,\cdots,k_s$, 使得

$$k_1\boldsymbol{\alpha}_1+k_2\boldsymbol{\alpha}_2+\cdots+k_s\boldsymbol{\alpha}_s=\mathbf{0}, \tag{*}$$

则称向量$\boldsymbol{\alpha}_1,\boldsymbol{\alpha}_2,\cdots,\boldsymbol{\alpha}_s$**线性相关**; 否则, 当(*)式成立时, 必有$k_1,k_2,\cdots,k_s$全为零, 则称向量$\boldsymbol{\alpha}_1,\boldsymbol{\alpha}_2,\cdots,\boldsymbol{\alpha}_s$**线性无关**.

(2) 用定义证明一组向量线性无关的方法:

1) 设相应的(*)式成立;

2) 利用所设(*)式证明 $k_1,k_2,\cdots,k_s$ 全为零.

(3) 线性组合: 设 $\boldsymbol{\alpha},\boldsymbol{\alpha}_1,\boldsymbol{\alpha}_2,\cdots,\boldsymbol{\alpha}_s$ 都是向量, 若有数 $\lambda_1,\lambda_2,\cdots,\lambda_s$, 使得

$$\boldsymbol{\alpha}=\lambda_1\boldsymbol{\alpha}_1+\lambda_2\boldsymbol{\alpha}_2+\cdots+\lambda_s\boldsymbol{\alpha}_s,$$

则称 $\boldsymbol{\alpha}$ 可表示为 $\boldsymbol{\alpha}_1,\boldsymbol{\alpha}_2,\cdots,\boldsymbol{\alpha}_s$ 的线性组合, 或称 $\boldsymbol{\alpha}$ 可由 $\boldsymbol{\alpha}_1,\boldsymbol{\alpha}_2,\cdots,\boldsymbol{\alpha}_s$ 线性表示.

3. 与向量间线性关系有关的结论

(1) 一组向量线性相关的充要条件是其中至少有一个向量可表示为其余向量的线性组合.

(2) 两个向量 $\boldsymbol{\alpha},\boldsymbol{\beta}$ 构成的向量组线性相关的充要条件是存在数 λ, 使得 $\boldsymbol{\alpha}=\lambda\boldsymbol{\beta}$ 或 $\boldsymbol{\beta}=\lambda\boldsymbol{\alpha}$, 即二向量的对应分量成比例.

(3) 设矩阵 $\boldsymbol{A}_{m\times n}$ 可经行初等变换化为 $\boldsymbol{B}_{m\times n}$; 而 $\boldsymbol{A},\boldsymbol{B}$ 按列分块为

$$\boldsymbol{A}=(\boldsymbol{\alpha}_1,\boldsymbol{\alpha}_2,\cdots,\boldsymbol{\alpha}_n),\quad \boldsymbol{B}=(\boldsymbol{\beta}_1,\boldsymbol{\beta}_2,\cdots,\boldsymbol{\beta}_n),$$

则

1) 向量组 $\boldsymbol{\alpha}_i,\boldsymbol{\alpha}_j,\cdots,\boldsymbol{\alpha}_s$ 线性相关的充要条件是向量组 $\boldsymbol{\beta}_i,\boldsymbol{\beta}_j,\cdots,\boldsymbol{\beta}_s$ 线性相关;

2) 向量组 $\boldsymbol{\alpha}_i,\boldsymbol{\alpha}_j,\cdots,\boldsymbol{\alpha}_s$ 线性无关的充要条件是向量组 $\boldsymbol{\beta}_i,\boldsymbol{\beta}_j,\cdots,\boldsymbol{\beta}_s$ 线性无关;

3) $\boldsymbol{\alpha}_k=\lambda_i\boldsymbol{\alpha}_i+\lambda_j\boldsymbol{\alpha}_j+\cdots+\lambda_s\boldsymbol{\alpha}_s$ 的充要条件是

$$\boldsymbol{\beta}_k=\lambda_i\boldsymbol{\beta}_i+\lambda_j\boldsymbol{\beta}_j+\cdots+\lambda_s\boldsymbol{\beta}_s,$$

其中 $\lambda_i,\lambda_j,\cdots,\lambda_s$ 是数, 且 $\{i,j,\cdots,s\}\subseteq\{1,2,\cdots,n\}$.

(4) 设 $\boldsymbol{A}$ 为 $m\times n$ 矩阵, 那么, $\boldsymbol{A}$ 的列向量组线性无关的充要条件是 $R(\boldsymbol{A})=n$; $\boldsymbol{A}$ 的列向量组线性相关的充要条件是 $R(\boldsymbol{A})<n$.

(5) 对于列数大于行数的矩阵, 其列向量组必为线性相关向量组; 即, 向量个数大于维数的向量组必为线性相关向量组; 特别有, $n+1$ 个 n 维向量必线性相关.

(6) 设 $\boldsymbol{\alpha}_1,\boldsymbol{\alpha}_2,\cdots,\boldsymbol{\alpha}_n$ 都是 n 维向量, 则 $\boldsymbol{\alpha}_1,\boldsymbol{\alpha}_2,\cdots,\boldsymbol{\alpha}_n$ 线性无关的充要条件是行列式 $|\boldsymbol{\alpha}_1\ \ \boldsymbol{\alpha}_2\ \ \cdots\ \ \boldsymbol{\alpha}_n|\neq 0$; $\boldsymbol{\alpha}_1,\boldsymbol{\alpha}_2,\cdots,\boldsymbol{\alpha}_n$ 线性相关的充要条件是行列式 $|\boldsymbol{\alpha}_1\ \ \boldsymbol{\alpha}_2\ \ \cdots\ \ \boldsymbol{\alpha}_n|=0$.

(7) 线性相关向量组的扩大组仍线性相关; 线性无关向量组的部分组仍线性无关.

(8) 设 $\boldsymbol{\alpha}_1,\boldsymbol{\alpha}_2,\cdots,\boldsymbol{\alpha}_s$ 线性无关, 而 $\boldsymbol{\alpha},\boldsymbol{\alpha}_1,\boldsymbol{\alpha}_2,\cdots,\boldsymbol{\alpha}_s$ 线性相关, 则 $\boldsymbol{\alpha}$ 必可唯一地表示为 $\boldsymbol{\alpha}_1,\boldsymbol{\alpha}_2,\cdots,\boldsymbol{\alpha}_s$ 线性组合.

4. 向量组的极大无关组

设 T 是含有非零向量的向量集合, $\boldsymbol{\alpha}_1,\boldsymbol{\alpha}_2,\cdots,\boldsymbol{\alpha}_r\in T$, 如果 $\boldsymbol{\alpha}_1,\boldsymbol{\alpha}_2,\cdots,\boldsymbol{\alpha}_r$ 满足下

述两个条件:

(1) $\boldsymbol{\alpha}_1,\boldsymbol{\alpha}_2,\cdots,\boldsymbol{\alpha}_r$ 线性无关;

(2) T 中任意向量 $\boldsymbol{\alpha}$ 均可表示为 $\boldsymbol{\alpha}_1,\boldsymbol{\alpha}_2,\cdots,\boldsymbol{\alpha}_r$ 的线性组合.则称 $\boldsymbol{\alpha}_1,\boldsymbol{\alpha}_2,\cdots,\boldsymbol{\alpha}_r$ 为向量集 T 的一个极大线性无关组, 简称**极大无关组**.

5. 向量组的秩数

设 T 是向量集合.若 T 只含零向量, 则称 T 的秩数为零; 若 T 含有非零向量, 则称 T 的任意极大无关组中所含向量个数为 T 的**秩数**, 记为 $R(T)$.

6. 矩阵的秩数和向量组的秩数之间的关系: 矩阵的秩数等于它的列向量组的秩数, 也等于它的行向量组的秩数.

7. 向量空间

(1) 向量空间: 设 V 是由维数相同的向量构成的非空集合, 如果对 $\forall u,v\in V$, 以及任意的数 a , 都有 $u+v\in V, au\in V$ (即 V 对向量的加法与数乘向量两个运算封闭), 则称 V 是一个**向量空间**.

(2) 基底和维数: 非零向量空间 V 的极大无关组称为 V 的**基底**; 其秩数称为 V 的**维数**. 维数为 r 的向量空间称为 r 维向量空间, 并规定零空间的维数为零, V 的维数记为 $\dim V$.

8. 向量组与向量组的关系

(1) 设 $\boldsymbol{\alpha}_1,\boldsymbol{\alpha}_2,\cdots,\boldsymbol{\alpha}_s$ 与 $\boldsymbol{\beta}_1,\boldsymbol{\beta}_2,\cdots,\boldsymbol{\beta}_t$ 是两个 n 维向量组, 以其作为列组成的 $n\times s$ 与 $n\times t$ 矩阵分别记为 $\boldsymbol{A},\boldsymbol{B}$, 即 $\boldsymbol{A}=(\boldsymbol{\alpha}_1,\boldsymbol{\alpha}_2,\cdots,\boldsymbol{\alpha}_s),\boldsymbol{B}=(\boldsymbol{\beta}_1,\boldsymbol{\beta}_2,\cdots,\boldsymbol{\beta}_t)$, 则 $\boldsymbol{\alpha}_1,\boldsymbol{\alpha}_2,\cdots,\boldsymbol{\alpha}_s$ 均可表示为 $\boldsymbol{\beta}_1,\boldsymbol{\beta}_2,\cdots,\boldsymbol{\beta}_t$ 的线性组合的充要条件是有矩阵 $\boldsymbol{C}=(c_{ij})_{t\times s}$, 使得 $\boldsymbol{A}=\boldsymbol{BC}$.

若把向量组 $\boldsymbol{\alpha}_1,\boldsymbol{\alpha}_2,\cdots,\boldsymbol{\alpha}_s$ 记为 Ⅰ, 向量组 $\boldsymbol{\beta}_1,\boldsymbol{\beta}_2,\cdots,\boldsymbol{\beta}_t$ 记为 Ⅱ, 则 “$\boldsymbol{\alpha}_1,\boldsymbol{\alpha}_2,\cdots,\boldsymbol{\alpha}_s$ 均可表示为 $\boldsymbol{\beta}_1,\boldsymbol{\beta}_2,\cdots,\boldsymbol{\beta}_t$ 的线性组合” 可简单地说成 “向量组 Ⅰ 可由向量组 Ⅱ 线性表示” .

(2) 设有向量组 Ⅰ: $\boldsymbol{\alpha}_1,\boldsymbol{\alpha}_2,\cdots,\boldsymbol{\alpha}_s$ 与 Ⅱ: $\boldsymbol{\beta}_1,\boldsymbol{\beta}_2,\cdots,\boldsymbol{\beta}_t$, 且向量组 Ⅰ 可由向量组 Ⅱ 线性表示.那么, 若 $s>t$, 则 $\boldsymbol{\alpha}_1,\boldsymbol{\alpha}_2,\cdots,\boldsymbol{\alpha}_s$ 线性相关.

等价叙述: 设有向量组 Ⅰ: $\boldsymbol{\alpha}_1,\boldsymbol{\alpha}_2,\cdots,\boldsymbol{\alpha}_s$ 与 Ⅱ: $\boldsymbol{\beta}_1,\boldsymbol{\beta}_2,\cdots,\boldsymbol{\beta}_t$, 且向量组 Ⅰ 可由向量组 Ⅱ 线性表示. 那么, 若 $s>t$, 则 $\boldsymbol{\alpha}_1,\boldsymbol{\alpha}_2,\cdots,\boldsymbol{\alpha}_s$ 线性相关.

(3) 如果 Ⅰ: $\boldsymbol{\alpha}_1,\boldsymbol{\alpha}_2,\cdots,\boldsymbol{\alpha}_s$, Ⅱ: $\boldsymbol{\beta}_1,\boldsymbol{\beta}_2,\cdots,\boldsymbol{\beta}_t$ 是两个向量组, 且向量组 Ⅰ 可由向量组 Ⅱ 线性表示.那么必有 R(Ⅰ)$\leqslant$ R(Ⅱ).

(4) 设 Ⅰ: $\boldsymbol{\alpha}_1,\boldsymbol{\alpha}_2,\cdots,\boldsymbol{\alpha}_s$, Ⅱ: $\boldsymbol{\beta}_1,\boldsymbol{\beta}_2,\cdots,\boldsymbol{\beta}_t$ 是两个向量组, 如果 Ⅰ 与 Ⅱ 可互相线性表示, 则称向量组 Ⅰ 与 Ⅱ **等价**.

(5) 等价向量组的秩数相等.

第 4 章　线性方程组

一、本章教学要求及重点难点

本章教学要求:

(1) 掌握齐次和非齐次线性方程组的一般形式、矩阵形式和向量形式;

(2) 掌握齐次和非齐次线性方程组解的存在性的判定方法;

(3) 理解齐次线性方程组解的性质、基础解系和通解的概念, 熟练掌握求齐次线性方程组的基础解系与通解的方法;

(4) 理解非齐次线性方程组解的性质和通解的概念, 熟练掌握求解非齐次线性方程组的方法.

本章重点难点:

(1) 掌握齐次和非齐次线性方程组解的存在性的判定方法;

(2) 理解齐次线性方程组解的性质、基础解系和通解的概念, 熟练掌握求齐次线性方程组的基础解系与通解的方法;

(3) 理解非齐次线性方程组解的性质和通解的概念, 熟练掌握求解非齐次线性方程组的方法.

二、内容提要

1. 非齐次线性方程组的三种表达形式

(1) 一般形式:

$$\begin{cases} a_{11}x_1 + a_{12}x_2 + \cdots + a_{1n}x_n = b_1, \\ a_{21}x_1 + a_{22}x_2 + \cdots + a_{2n}x_n = b_2, \\ \qquad\cdots\cdots \\ a_{m1}x_1 + a_{m2}x_2 + \cdots + a_{mn}x_n = b_m. \end{cases}$$

令

$$\boldsymbol{A} = \begin{pmatrix} a_{11} & a_{12} & \cdots & a_{1n} \\ a_{21} & a_{22} & \cdots & a_{2n} \\ \vdots & \vdots & & \vdots \\ a_{m1} & a_{m2} & \cdots & a_{mn} \end{pmatrix}, \quad \boldsymbol{X} = \begin{pmatrix} x_1 \\ x_2 \\ \vdots \\ x_n \end{pmatrix}, \quad \boldsymbol{b} = \begin{pmatrix} b_1 \\ b_2 \\ \vdots \\ b_m \end{pmatrix},$$

$\boldsymbol{A}$ 称为**系数矩阵**, $(\boldsymbol{A},\boldsymbol{b})$ 称为**增广矩阵**.

(2)矩阵形式：$\boldsymbol{AX}=\boldsymbol{b}$.

(3)向量形式：再令

$$\boldsymbol{\alpha}_1=\begin{pmatrix}a_{11}\\a_{21}\\\vdots\\a_{m1}\end{pmatrix},\quad \boldsymbol{\alpha}_2=\begin{pmatrix}a_{12}\\a_{22}\\\vdots\\a_{m2}\end{pmatrix},\quad \cdots,\quad \boldsymbol{\alpha}_n=\begin{pmatrix}a_{1n}\\a_{2n}\\\vdots\\a_{mn}\end{pmatrix},$$

则非齐次线性方程组的向量形式为$\boldsymbol{\alpha}_1x_1+\boldsymbol{\alpha}_2x_2+\cdots+\boldsymbol{\alpha}_nx_n=\boldsymbol{b}$.

2. 齐次线性方程组的三种表达形式

(1)一般形式：
$$\begin{cases}a_{11}x_1+a_{12}x_2+\cdots+a_{1n}x_n=0,\\a_{21}x_1+a_{22}x_2+\cdots+a_{2n}x_n=0,\\\cdots\cdots\\a_{m1}x_1+a_{m2}x_2+\cdots+a_{mn}x_n=0.\end{cases}$$

(2)矩阵形式：$\boldsymbol{AX}=\boldsymbol{0}$.

(3)向量形式：$\boldsymbol{\alpha}_1x_1+\boldsymbol{\alpha}_2x_2+\cdots+\boldsymbol{\alpha}_nx_n=\boldsymbol{0}$.

3. 线性方程组解的存在性的判定

(1)齐次线性方程组:

1)齐次线性方程组$\boldsymbol{AX}=\boldsymbol{0}$有非零解当且仅当$\boldsymbol{A}$的列向量$\boldsymbol{\alpha}_1,\boldsymbol{\alpha}_2,\cdots,\boldsymbol{\alpha}_n$线性相关，当且仅当$R(\boldsymbol{A})<n$；

2) $\boldsymbol{AX}=\boldsymbol{0}$只有零解当且仅当$\boldsymbol{\alpha}_1,\boldsymbol{\alpha}_2,\cdots,\boldsymbol{\alpha}_n$线性无关，当且仅当$R(\boldsymbol{A})=n$；

3)若$\boldsymbol{A}$是方阵,则$\boldsymbol{AX}=\boldsymbol{0}$有非零解当且仅当$|\boldsymbol{A}|=0$；$\boldsymbol{AX}=\boldsymbol{0}$只有零解当且仅当$|\boldsymbol{A}|\neq 0$.

(2)非齐次线性方程组:

1)若$R(\boldsymbol{A})<R(\boldsymbol{A},\boldsymbol{b})$，则$\boldsymbol{AX}=\boldsymbol{b}$无解;

2)若$R(\boldsymbol{A},\boldsymbol{b})=R(\boldsymbol{A})=n$，则$\boldsymbol{AX}=\boldsymbol{b}$只有一个解;

3)若$R(\boldsymbol{A},\boldsymbol{b})=R(\boldsymbol{A})=r<n$，则$\boldsymbol{AX}=\boldsymbol{b}$有无穷多解.

4. 齐次线性方程组解的结构

(1)解的性质：若$\boldsymbol{\alpha},\boldsymbol{\beta}$都是齐次线性方程组$\boldsymbol{AX}=\boldsymbol{0}$之解，则$\boldsymbol{\alpha}+\boldsymbol{\beta}$与$a\boldsymbol{\alpha}$也都是$\boldsymbol{AX}=\boldsymbol{0}$之解，这里$a$是任意常数.

(2)基础解系：当$R(\boldsymbol{A})=r<n$时，齐次线性方程组$\boldsymbol{AX}=\boldsymbol{0}$必有$n-r$个解$\boldsymbol{\alpha}_1,\boldsymbol{\alpha}_2,\cdots,\boldsymbol{\alpha}_{n-r}$具有性质:

1) $\boldsymbol{\alpha}_1,\boldsymbol{\alpha}_2,\cdots,\boldsymbol{\alpha}_{n-r}$线性无关;

2) $\boldsymbol{AX}=\boldsymbol{0}$的任何解$\boldsymbol{\alpha}$都可表示为$\boldsymbol{\alpha}_1,\boldsymbol{\alpha}_2,\cdots,\boldsymbol{\alpha}_{n-r}$的线性组合.

$\boldsymbol{\alpha}_1,\boldsymbol{\alpha}_2,\cdots,\boldsymbol{\alpha}_{n-r}$显然是$\boldsymbol{AX}=\boldsymbol{0}$解集合的极大无关组，称为$\boldsymbol{AX}=\boldsymbol{0}$的基础解系.

(3) 通解: $\boldsymbol{\alpha}=k_1\boldsymbol{\alpha}_1+k_2\boldsymbol{\alpha}_2+\cdots+k_{n-r}\boldsymbol{\alpha}_{n-r}$,
把上述形式的解称为 $\boldsymbol{AX}=\boldsymbol{0}$ 的通解.其中 $k_1,k_2,\cdots,k_{n-r}$ 是任意常数.

5. $\boldsymbol{AX}=\boldsymbol{0}$ 基础解系的求法

(1) $\boldsymbol{A}\xrightarrow{\text{行初等变换}}$最简梯矩阵.

(2) 设 $R(\boldsymbol{A})=r<n$, 则确定 $n-r$ 个自由变元.

(3) 令 $n-r$ 个自由变元分别取下列 $n-r$ 组数.

$$\begin{pmatrix}1\\0\\\vdots\\0\end{pmatrix},\begin{pmatrix}0\\1\\\vdots\\0\end{pmatrix},\cdots,\begin{pmatrix}0\\0\\\vdots\\1\end{pmatrix},$$

可得 $\boldsymbol{AX}=\boldsymbol{0}$ 的 $n-r$ 个解, 它们就是方程组 $\boldsymbol{AX}=\boldsymbol{0}$ 的一个基础解系.其中 n 是方程组所含未知数的个数.

6. 非齐次线性方程组解的结构

(1) 解的性质: 设 $\boldsymbol{\alpha},\boldsymbol{\beta}$ 是 $\boldsymbol{AX}=\boldsymbol{b}$ 的解, $\boldsymbol{\gamma}$ 是 $\boldsymbol{AX}=\boldsymbol{0}$ 的解, 则

1) $\boldsymbol{\alpha}-\boldsymbol{\beta}$ 必为 $\boldsymbol{AX}=\boldsymbol{0}$ 的解;

2) $\boldsymbol{\alpha}+\boldsymbol{\gamma}$ 必为 $\boldsymbol{AX}=\boldsymbol{b}$ 的解.

(2) 通解: 若 $R(\boldsymbol{A},\boldsymbol{b})=R(\boldsymbol{A})=r<n$, $\boldsymbol{\alpha}_1,\boldsymbol{\alpha}_2,\cdots,\boldsymbol{\alpha}_{n-r}$ 是 $\boldsymbol{AX}=\boldsymbol{0}$ 的基础解系, $\boldsymbol{\eta}$ (可称其为特解) 是 $\boldsymbol{AX}=\boldsymbol{b}$ 的一个解, 则 $\boldsymbol{AX}=\boldsymbol{b}$ 的通解 (或一般解) 为

$$\boldsymbol{\alpha}=k_1\boldsymbol{\alpha}_1+k_2\boldsymbol{\alpha}_2+\cdots+k_{n-r}\boldsymbol{\alpha}_{n-r}+\boldsymbol{\eta},$$

其中 $k_1,k_2,\cdots,k_{n-r}$ 是任意常数.

第5章　方阵的特征值与特征向量

一、本章教学要求及重点难点

本章教学要求:

(1) 理解方阵的特征多项式和特征根的概念;

(2) 理解方阵的特征值和特征向量的概念和性质;

(3) 理解方阵的特征值与特征根之间的关系, 熟练掌握求方阵的特征值和特征向量的方法;

(4) 理解相似矩阵的概念和性质;

(5) 理解方阵对角化的条件, 掌握用相似变换矩阵将矩阵对角化的方法.

本章重点难点:

(1) 理解方阵的特征值与特征根之间的关系, 熟练掌握求方阵的特征值和特征向量的方法;

(2) 理解方阵对角化的条件, 掌握用相似变换矩阵将矩阵对角化的方法.

二、内容提要

1. 方阵的特征值与特征向量

(1) 特征多项式与特征根的定义

设 $\boldsymbol{A}$ 为 n 阶方阵, 则称关于未定元 λ 的 n 次多项式 $f(\lambda)=|\lambda\boldsymbol{E}-\boldsymbol{A}|$ 为 $\boldsymbol{A}$ 的**特征多项式**, 其根称为 $\boldsymbol{A}$ 的**特征根**.

(2) 特征值与特征向量的定义

设 $\boldsymbol{A}$ 为 n 阶方阵, λ_0 是数, $\boldsymbol{\xi}\neq\boldsymbol{0}$ 是 n 维向量. 若有 $\boldsymbol{A\xi}=\lambda_0\boldsymbol{\xi}$, 则称 λ_0 为 $\boldsymbol{A}$ 的**特征值**, ξ 为 $\boldsymbol{A}$ 的属于特征值 λ_0 的**特征向量**.

(3) n 阶方阵 $\boldsymbol{A}$ 的特征值(根)与特征向量的求法

1) 求出特征多项式 $|\lambda\boldsymbol{E}-\boldsymbol{A}|$ 的全部根, 它们就是 $\boldsymbol{A}$ 的所有特征值.

2) 对于 $\boldsymbol{A}$ 的每个特征值 λ, 求解齐次线性方程组 $(\lambda\boldsymbol{E}-\boldsymbol{A})\boldsymbol{X}=\boldsymbol{0}$, 得基础解系 $\xi_1,\xi_2,\cdots,\xi_{n-r}$ (其中 $r=R(\lambda\boldsymbol{E}-\boldsymbol{A})$), 则 $\boldsymbol{A}$ 的属于 λ 的全部特征向量为

$$k_1\xi_1+k_2\xi_2+\cdots+k_{n-r}\xi_{n-r}\quad (\text{其中}k_1,k_2,\cdots,k_{n-r}\text{是不全为零的任意数}).$$

(4) 特征值(根)与特征向量的性质

设 $\lambda_1,\lambda_2,\cdots,\lambda_n$ 是 n 阶方阵 $\boldsymbol{A}$ 的 n 个特征根, 则

1) $\lambda_1+\lambda_2+\cdots+\lambda_n=a_{11}+a_{22}+\cdots+a_{nn}$（$a_{11}+a_{22}+\cdots+a_{nn}$ 称为 $\boldsymbol{A}$ 的迹，记为 $\mathrm{tr}\boldsymbol{A}$）；

2) $\lambda_1\lambda_2\cdots\lambda_n=|\boldsymbol{A}|$；

3) 对于多项式 $f(x)=a_0x^n+a_1x^{n-1}+\cdots+a_{n-1}x+a_n$，若 λ_0 是 $\boldsymbol{A}$ 的特征根，则 $f(\lambda_0)$ 必为 $f(\boldsymbol{A})$ 的特征根，其中

$$f(\lambda_0)=a_0\lambda_0^n+a_1\lambda_0^{n-1}+\cdots+a_{n-1}\lambda_0+a_n,$$

$$f(\boldsymbol{A})=a_0\boldsymbol{A}^n+a_1\boldsymbol{A}^{n-1}+\cdots+a_{n-1}\boldsymbol{A}+a_n\boldsymbol{E};$$

4) $\boldsymbol{A}$ 的属于不同特征根的特征向量必线性无关.

2. 相似矩阵

(1) 相似矩阵的定义

设 $\boldsymbol{A},\boldsymbol{B}$ 均为 n 阶方阵，若有 n 阶可逆方阵 $\boldsymbol{P}$，使得 $\boldsymbol{P}^{-1}\boldsymbol{A}\boldsymbol{P}=\boldsymbol{B}$，则称 $\boldsymbol{A}$ **相似于** $\boldsymbol{B}$，记为 $\boldsymbol{A}\sim\boldsymbol{B}$； $\boldsymbol{P}$ 称为**相似变换矩阵**.

(2) 相似矩阵的性质

1) 相似矩阵有相同的行列式和相同的秩数;

2) 相似矩阵的特征多项式相同，从而特征根也完全一致.

(3) n 阶方阵 $\boldsymbol{A}$ 相似于对角矩阵（也称将 $\boldsymbol{A}$ 对角化）的条件

1) n 阶方阵 $\boldsymbol{A}$ 相似于对角矩阵的充分必要条件是 $\boldsymbol{A}$ 有 n 个线性无关的特征向量.

特别地，若 n 阶方阵 $\boldsymbol{A}$ 的 n 个特征根互异，则 $\boldsymbol{A}$ 必可对角化.

2) n 阶方阵 $\boldsymbol{A}$ 可对角化的充分必要条件是 $\boldsymbol{A}$ 的每一个特征根的几何重数与代数重数相等.

设 $f(\lambda)$ 是 $\boldsymbol{A}$ 的特征多项式，若

$$f(\lambda)=|\lambda\boldsymbol{E}-\boldsymbol{A}|=(\lambda-\lambda_0)^r h(\lambda),$$

并且 $\lambda-\lambda_0$ 不是 $h(\lambda)$ 的因子，则称 λ_0 为 $\boldsymbol{A}$ 的 r 重特征根，或称 r 为 λ_0 的**代数重数**，而称 $(\lambda_0\boldsymbol{E}-\boldsymbol{A})\boldsymbol{X}=\boldsymbol{0}$ 的基础解系中所含向量的个数 s 为 λ_0 的**几何重数**.

(4) 将 n 阶方阵 $\boldsymbol{A}$ 对角化的方法步骤：

1) 求出 $\boldsymbol{A}$ 的全部特征值 $\lambda_1,\lambda_2,\cdots,\lambda_n$（其中可能有重根）.

2) 对于每个特征值 $\lambda_i(1\leqslant i\leqslant n)$，解齐次线性方程组 $(\lambda_i\boldsymbol{E}-\boldsymbol{A})\boldsymbol{X}=\boldsymbol{0}$，求出其基础解系. 若 λ_i 的代数重数等于几何重数，则 $\boldsymbol{A}$ 可对角化，否则 $\boldsymbol{A}$ 不可对角化.

3) 若 $\boldsymbol{A}$ 可对角化，则由 2) 可得 n 个线性无关的特征向量 $\boldsymbol{\alpha}_1,\boldsymbol{\alpha}_2,\cdots,\boldsymbol{\alpha}_n$，令

$$\boldsymbol{P}=(\boldsymbol{\alpha}_1,\boldsymbol{\alpha}_2,\cdots,\boldsymbol{\alpha}_n),$$

则

$$\boldsymbol{P}^{-1}\boldsymbol{AP}=\boldsymbol{\Lambda}=\begin{pmatrix}\lambda_1 & & & \\ & \lambda_2 & & \\ & & \ddots & \\ & & & \lambda_n\end{pmatrix},$$

其中 $\boldsymbol{\Lambda}$ 的主对角线上的元素恰为 $\boldsymbol{A}$ 的全部特征值，其排列顺序与 $\boldsymbol{P}$ 中列向量的排列顺序相对应.

第 6 章　实对称矩阵与二次型

一、本章教学要求及重点难点

本章教学要求：

(1) 理解向量的内积、向量的长度、规范正交向量组与正交矩阵等概念；

(2) 掌握将线性无关向量组规范正交化的 Gram-Schmidt 正交化方法；

(3) 了解实对称矩阵特征值和特征向量的性质，熟练掌握用正交变换矩阵化实对称矩阵为对角矩阵的方法；

(4) 了解实对称矩阵的合同关系及其性质，了解惯性定律及用合同变换将实对称矩阵化为规范形的方法；

(5) 掌握二次型及其矩阵表示，了解二次型秩数的概念；

(6) 掌握用正交变换将二次型化为标准形的方法；

(7) 理解正定矩阵的概念，了解其性质，掌握实对称矩阵正定性的判别法；

(8) 掌握正定二次型的概念及判别法.

本章重点难点：

(1) 掌握将线性无关向量组规范正交化的 Gram-Schmidt 正交化方法；

(2) 熟练掌握用正交变换矩阵化实对称矩阵为对角矩阵的方法；

(3) 了解用合同变换将实对称矩阵化为规范形的方法；

(4) 掌握用正交变换将二次型化为标准形的方法.

二、内容提要

1. 向量的内积

(1) 向量内积的定义：设 $\alpha=(a_1,a_2,\cdots,a_n)^{\mathrm{T}}$，$\boldsymbol{\beta}=(b_1,b_2,\cdots,b_n)^{\mathrm{T}}$ 是两个 n 维向量，称 $\boldsymbol{\alpha}^{\mathrm{T}}\boldsymbol{\beta}=a_1b_1+a_2b_2+\cdots+a_nb_n$ 为向量 $\boldsymbol{\alpha}$ 与 $\boldsymbol{\beta}$ 的**内积**.

(2) 向量的长度：称 $\sqrt{\boldsymbol{\alpha}^{\mathrm{T}}\boldsymbol{\alpha}}=\sqrt{a_1^2+a_2^2+\cdots+a_n^2}$ 为向量 $\boldsymbol{\alpha}$ 的**长度**，记为 $|\boldsymbol{\alpha}|$，当 $|\boldsymbol{\alpha}|=1$ 时，称 $\boldsymbol{\alpha}$ 为**单位向量**.

(3) 规范正交向量组：若 $\boldsymbol{\alpha}^{\mathrm{T}}\boldsymbol{\beta}=\mathbf{0}$，则称 $\boldsymbol{\alpha}$ 与 $\boldsymbol{\beta}$ **正交**.任意两个向量均正交的向量组称为**正交向量组**.由单位向量构成的正交向量组称为**规范正交向量组**.

2. 线性无关向量组的规范正交化

设 $\boldsymbol{\alpha}_1,\boldsymbol{\alpha}_2,\cdots,\boldsymbol{\alpha}_s$ 是线性无关的向量组.

(1) Gram-Schmidt 正交化过程为

令

$$\boldsymbol{\beta}_1 = \boldsymbol{\alpha}_1,$$

$$\boldsymbol{\beta}_2 = \boldsymbol{\alpha}_2 - \frac{\boldsymbol{\alpha}_2^{\mathrm{T}}\boldsymbol{\beta}_1}{\boldsymbol{\beta}_1^{\mathrm{T}}\boldsymbol{\beta}_1}\boldsymbol{\beta}_1,$$

……

$$\boldsymbol{\beta}_s = \boldsymbol{\alpha}_s - \frac{\boldsymbol{\alpha}_s^{\mathrm{T}}\boldsymbol{\beta}_1}{\boldsymbol{\beta}_1^{\mathrm{T}}\boldsymbol{\beta}_1}\boldsymbol{\beta}_1 - \frac{\boldsymbol{\alpha}_s^{\mathrm{T}}\boldsymbol{\beta}_2}{\boldsymbol{\beta}_2^{\mathrm{T}}\boldsymbol{\beta}_2}\boldsymbol{\beta}_2 - \cdots - \frac{\boldsymbol{\alpha}_s^{\mathrm{T}}\boldsymbol{\beta}_{s-1}}{\boldsymbol{\beta}_{s-1}^{\mathrm{T}}\boldsymbol{\beta}_{s-1}}\boldsymbol{\beta}_{s-1},$$

则 $\boldsymbol{\beta}_1, \boldsymbol{\beta}_2, \cdots, \boldsymbol{\beta}_s$ 是正交向量组.

(2) 规范化(单位化)过程为

$$\boldsymbol{u}_i = \frac{1}{|\boldsymbol{\beta}_i|}\boldsymbol{\beta}_i \quad (i = 1, 2, \cdots, s),$$

则 $\boldsymbol{u}_1, \boldsymbol{u}_2, \cdots, \boldsymbol{u}_s$ 即为与 $\boldsymbol{\alpha}_1, \boldsymbol{\alpha}_2, \cdots, \boldsymbol{\alpha}_s$ 等价的规范正交向量组.

3. 正交矩阵

(1) 定义: 设 $\boldsymbol{T}$ 是 n 阶实方阵, 若有 $\boldsymbol{T}^{\mathrm{T}}\boldsymbol{T} = \boldsymbol{E}$, 则称 $\boldsymbol{T}$ 为**正交矩阵**.

(2) 性质:

1) 设 $\boldsymbol{T}$ 是 n 阶正交矩阵, 则下列条件等价:

a) $\boldsymbol{T}^{\mathrm{T}}$ 为正交矩阵;

b) $\boldsymbol{T}$ 的列(行)向量组是规范正交向量组;

c) $\boldsymbol{T}^{-1} = \boldsymbol{T}^{\mathrm{T}}$;

2) 两个正交矩阵的乘积仍为正交矩阵.

4. 实对称矩阵

(1) 实对称矩阵特征根的性质

1) 实对称矩阵的特征根必为实数;

2) 设 λ_0 是实对称矩阵 $\boldsymbol{A}$ 的特征根, 则 $(\lambda_0\boldsymbol{E} - \boldsymbol{A})\boldsymbol{X} = \boldsymbol{0}$ 必存在规范正交的基础解系;

3) 实对称矩阵属于不同特征根的特征向量必正交;

4) 对于实对称矩阵 $\boldsymbol{A}$ 的任意特征根 λ_0, λ_0 的几何重数必等于其代数重数.

(2) 重要结论: 对于 n 阶实对称矩阵 $\boldsymbol{A}$, 必存在正交矩阵 $\boldsymbol{T}$, 使得

$$\boldsymbol{T}^{-1}\boldsymbol{A}\boldsymbol{T} = \boldsymbol{T}^{\mathrm{T}}\boldsymbol{A}\boldsymbol{T} = \boldsymbol{\Lambda}$$

为对角矩阵, 并且主对角线上的元素恰为 $\boldsymbol{A}$ 的全部特征根. $\boldsymbol{\Lambda}$ 称为 $\boldsymbol{A}$ 在**正交变换**

下的标准形, $\boldsymbol{T}$ 称为**正交变换矩阵**.

(3) 用正交矩阵 $\boldsymbol{T}$ 将实对称矩阵 $\boldsymbol{A}$ 化为对角矩阵的步骤:

1) 求出 $\boldsymbol{A}$ 的全部特征值 $\lambda_1, \lambda_2, \cdots, \lambda_n$ (其中可能有重根).

2) 对于每个特征值 $\lambda_i (1 \leqslant i \leqslant n)$ ，解齐次线性方程组 $(\lambda_i \boldsymbol{E} - \boldsymbol{A})\boldsymbol{X} = \boldsymbol{0}$，求出其基础解系，然后用 Gram-Schmidt 正交化方法将基础解系规范正交化(若 λ_i 是单根，则只需将基础解系规范化).

3) 由 2) 可得 n 个两两正交的单位向量 $\boldsymbol{u}_1, \boldsymbol{u}_2, \cdots, \boldsymbol{u}_n$，令 $\boldsymbol{T} = (\boldsymbol{u}_1, \boldsymbol{u}_2, \cdots, \boldsymbol{u}_n)$，则 $\boldsymbol{T}$ 为正交矩阵，且 $\boldsymbol{T}^{\mathrm{T}} \boldsymbol{A} \boldsymbol{T} = \boldsymbol{\Lambda} = \begin{pmatrix} \lambda_1 & & & \\ & \lambda_2 & & \\ & & \ddots & \\ & & & \lambda_n \end{pmatrix}$，其中 $\boldsymbol{\Lambda}$ 的主对角线上的元素恰为 $\boldsymbol{A}$ 的全部特征值，其排列顺序与 $\boldsymbol{T}$ 中列向量的排列顺序相对应.

5. 合同矩阵与合同变换

(1) 合同矩阵：设 $\boldsymbol{A}$，$\boldsymbol{B}$ 均为 n 阶实对称矩阵，若有可逆矩阵 $\boldsymbol{P}$，使得 $\boldsymbol{P}^{\mathrm{T}} \boldsymbol{A} \boldsymbol{P} = \boldsymbol{B}$，则称 $\boldsymbol{A}$ **合同于** $\boldsymbol{B}$，记为 $\boldsymbol{A} \simeq \boldsymbol{B}$.

(2) 合同变换: 下述三对初等变换统称为**合同变换**,

1) 用 $\alpha \neq 0$ 去乘 $\boldsymbol{A}$ 的第 i 行，再用 $\alpha \neq 0$ 去乘 $\boldsymbol{A}$ 的第 i 列;

2) 把 $\boldsymbol{A}$ 的第 i 行各元素的 μ 倍加到第 j 行的对应元素上，再把 $\boldsymbol{A}$ 的第 i 列各元素的 μ 倍加到第 j 列的对应元素上;

3) 互换 $\boldsymbol{A}$ 的 i，j 两行，再互换 $\boldsymbol{A}$ 的 i，j 两列.

(3) 对于 n 阶实对称矩阵 $\boldsymbol{A}$，必存在可逆矩阵 $\boldsymbol{P}$，使得

$$\boldsymbol{J} = \boldsymbol{P}^{\mathrm{T}} \boldsymbol{A} \boldsymbol{P} = \begin{pmatrix} \boldsymbol{E}_p & & \\ & -\boldsymbol{E}_q & \\ & & \boldsymbol{O} \end{pmatrix},$$

其中 p 称为 $\boldsymbol{A}$ 的**正惯性指数**，q 称为 $\boldsymbol{A}$ 的**负惯性指数**. 它们分别是 $\boldsymbol{A}$ 的正特征根与负特征根的个数.此外还有 $R(\boldsymbol{A}) = p + q$. $\boldsymbol{J}$ 称为 $\boldsymbol{A}$ 在**合同变换下的规范形**，可逆矩阵 $\boldsymbol{P}$ 称为**合同变换矩阵**.

(4) 惯性定律: 合同变换不改变实对称矩阵的正惯性指数与负惯性指数, 从而不改变其规范形.

(5) 用合同变换将实对称矩阵化为规范形的方法：写出矩阵 $\begin{pmatrix} \boldsymbol{A} \\ \boldsymbol{E}_n \end{pmatrix}$，然后对 $\boldsymbol{A}$ 实施合同变换，当实施列初等变换时，要对整个矩阵进行.那么当 $\boldsymbol{A}$ 化为规范形 $\boldsymbol{J}$ 时，$\boldsymbol{E}_n$ 便化为合同变换矩阵 $\boldsymbol{P}$ 了.

6. 二次型及其矩阵表示

每一项都是二次的关于 n 个未定元的多项式称为 n 元**二次型**.其一般形式是

$$f(x_1,x_2,\cdots,x_n)=a_{11}x_1^2+a_{22}x_2^2+\cdots+a_{nn}x_n^2+2a_{12}x_1x_2+2a_{13}x_1x_3+\cdots$$
$$+2a_{1n}x_1x_n+2a_{23}x_2x_3+\cdots+2a_{2n}x_2x_n+\cdots+2a_{n-1,n}x_{n-1}x_n.$$

令 $\boldsymbol{A}=(a_{ij})_{n\times n}$，$a_{ij}=a_{ji}\ (i,j=1,2,\cdots,n)$，则 $\boldsymbol{A}$ 为实对称矩阵. 令 $\boldsymbol{X}=(x_1,x_2,\cdots,x_n)^{\mathrm{T}}$，那么，二次型 $f(x_1,x_2,\cdots,x_n)$ 可表示为

$$f(x_1,x_2,\cdots,x_n)=\boldsymbol{X}^{\mathrm{T}}\boldsymbol{AX}.$$

称 $\boldsymbol{A}$ 为二次型 $f(x_1,x_2,\cdots,x_n)$ 的**系数矩阵**；称 $\boldsymbol{A}$ 的秩数 $R(\boldsymbol{A})$ 为二次型 $f(x_1,x_2,\cdots,x_n)$ 的**秩数**.

7. 二次型的标准形与规范形

(1) 对于二次型 $f(x_1,x_2,\cdots,x_n)=\boldsymbol{X}^{\mathrm{T}}\boldsymbol{AX}$，必存在正交变换 $\boldsymbol{X}=\boldsymbol{TY}$，使得

$$f(x_1,x_2,\cdots,x_n)=\boldsymbol{X}^{\mathrm{T}}\boldsymbol{AX}=\lambda_1y_1^2+\lambda_2y_2^2+\cdots+\lambda_ny_n^2, \tag{1}$$

其中 $\lambda_1,\lambda_2,\cdots,\lambda_n$ 为 $\boldsymbol{A}$ 的 n 个特征根. (1) 式的右边称为 $f(x_1,x_2,\cdots,x_n)=\boldsymbol{X}^{\mathrm{T}}\boldsymbol{AX}$ **在正交变换下的标准形**.

(2) 用正交变换将二次型化为标准形的方法:

1) 求出 $\boldsymbol{A}$ 的全部特征值 $\lambda_1,\lambda_2,\cdots,\lambda_n$ (其中可能有重根).

2) 对于每个特征值 $\lambda_i(1\leqslant i\leqslant n)$，解齐次线性方程组 $(\lambda_i\boldsymbol{E}-\boldsymbol{A})\boldsymbol{X}=\boldsymbol{O}$，求出其基础解系，然后用 Gram-Schmidt 正交化方法将基础解系规范正交化(若 λ_i 是单根，则只需将基础解系规范化).

3) 由 2) 可得 n 个两两正交的单位向量 $\boldsymbol{u}_1,\boldsymbol{u}_2,\cdots,\boldsymbol{u}_n$，令 $\boldsymbol{T}=(\boldsymbol{u}_1,\boldsymbol{u}_2,\cdots,\boldsymbol{u}_n)$，则 $\boldsymbol{T}$ 为正交矩阵.

4) 作正交变换 $\boldsymbol{X}=\boldsymbol{TY}$，其中 $\boldsymbol{Y}=(y_1,y_2,\cdots,y_n)^{\mathrm{T}}$，则二次型 $f(x_1,x_2,\cdots,x_n)$ 化为标准形 $\lambda_1y_1^2+\lambda_2y_2^2+\cdots+\lambda_ny_n^2$.

(3) 对于二次型 $f(x_1,x_2,\cdots,x_n)=\boldsymbol{X}^{\mathrm{T}}\boldsymbol{AX}$，必存在可逆线性变换 $\boldsymbol{X}=\boldsymbol{PY}$，使得

$$f(x_1,x_2,\cdots,x_n)=\boldsymbol{X}^{\mathrm{T}}\boldsymbol{AX}=y_1^2+y_2^2+\cdots+y_p^2-y_{p+1}^2-y_{p+2}^2-\cdots-y_{p+q}^2, \tag{2}$$

其中 p 为 $\boldsymbol{A}$ 的正惯性指数，q 为 $\boldsymbol{A}$ 的负惯性指数. (2) 式的右边称为 $f(x_1,x_2,\cdots,x_n)=\boldsymbol{X}^{\mathrm{T}}\boldsymbol{AX}$ **在合同变换下的规范形**，它也被 $f(x_1,x_2,\cdots,x_n)=\boldsymbol{X}^{\mathrm{T}}\boldsymbol{AX}$ 所唯一确定.

8. 正定矩阵

(1) 定义：设 $\boldsymbol{A}$ 是 n 阶实对称矩阵，若 $\boldsymbol{A}$ 的 n 个特征根皆为正数，则称 $\boldsymbol{A}$ 为

正定矩阵.

(2) 性质与判别方法：设 $\boldsymbol{A}$ 是 n 阶实对称矩阵，则下列条件等价：

1) $\boldsymbol{A}$ 是正定矩阵;

2) $\boldsymbol{A}$ 的正惯性指数等于 n；

3) $\boldsymbol{A} \simeq \boldsymbol{E}_n$；

4) 有可逆矩阵 $\boldsymbol{P}$，使得 $\boldsymbol{A}=\boldsymbol{P}^{\mathrm{T}}\boldsymbol{P}$；

5) $\boldsymbol{A}$ 的位于左上角的 n 个子式皆大于零.

9. 正定二次型

(1) 定义：对于二次型 $f(x_1,x_2,\cdots,x_n)=\boldsymbol{X}^{\mathrm{T}}\boldsymbol{A}\boldsymbol{X}$，若当 $a_1,a_2,\cdots,a_n$ 不全为 0 时，恒有

$$f(a_1,a_2,\cdots,a_n)=(a_1,a_2,\cdots,a_n)\boldsymbol{A}\begin{pmatrix}a_1\\a_2\\\vdots\\a_n\end{pmatrix}>0,$$

则称 $f(x_1,x_2,\cdots,x_n)=\boldsymbol{X}^{\mathrm{T}}\boldsymbol{A}\boldsymbol{X}$ **为正定二次型**.

(2) 判别法：$f(x_1,x_2,\cdots,x_n)=\boldsymbol{X}^{\mathrm{T}}\boldsymbol{A}\boldsymbol{X}$ 为正定二次型的充要条件是 $\boldsymbol{A}$ 为正定矩阵.

测　试　篇

单元自测一　行　列　式

专业____________班级____________ 姓名____________学号____________

一、填空题：

1. 设 $a_{1i}a_{23}a_{35}a_{44}a_{5j}$ 是五阶行列式中带有正号的项，则 $i=$____________，$j=$____________.

2. 在四阶行列式中同时含有元素 a_{13} 和 a_{31} 的项为____________.

3. 各行元素之和为零的 n 阶行列式的值等于____________.

4. 已知 $\begin{vmatrix} a_{11} & a_{12} & a_{13} \\ a_{21} & a_{22} & a_{23} \\ a_{31} & a_{32} & a_{33} \end{vmatrix}=2$，则 $\begin{vmatrix} a_{21} & a_{22} & a_{23} \\ a_{11} & a_{12} & a_{13} \\ a_{31}+3a_{11} & a_{32}+3a_{12} & a_{33}+3a_{13} \end{vmatrix}=$____________.

5. 设 $A_{i2}(i=1,2,3,4)$ 是行列式 $\begin{vmatrix} x & a_{12} & 3 & 7 \\ y & a_{22} & 8 & 9 \\ z & a_{32} & 2 & 3 \\ w & a_{42} & 9 & 6 \end{vmatrix}$ 中元素 a_{i2} 的代数余子式，则 $7A_{12}+9A_{22}+3A_{32}+6A_{42}=$____________.

二、选择题：

1. 已知 $f(x)=\begin{vmatrix} -x & 3 & 1 & 3 \\ x & 3 & 2x & 11 \\ -1 & x & 0 & 4 \\ 2 & 21 & 4 & x \end{vmatrix}$，则 $f(x)$ 中 x^4 的系数为（　　）.

(A) -1；　　(B) 1；

(C) -2；　　(D) 2.

2. $\begin{vmatrix} 1 & 1 & 1 \\ a & b & c \\ a^2 & b^2 & c^2 \end{vmatrix}=$（　　）.

(A) $a^2c+b^2a+c^2b$；　　(B) $(b-a)(c-a)(c-b)$；

(C) $-(a^2b+b^2c+c^2a)$；　　(D) $(a-1)(b-1)(c-1)$.

3. 已知$\begin{vmatrix} a & b & c \\ 1 & -2 & 3 \\ 4 & 1 & 0 \end{vmatrix} = k \neq 0$，则$\begin{vmatrix} 1 & a+2 & 4 \\ -2 & b+5 & 1 \\ 3 & c-6 & 0 \end{vmatrix} =$（　　）.

（A）0;　　（B）k;　　（C）$-k$;　　（D）$2k$.

4. 已知$\begin{vmatrix} 1 & \lambda & 2 \\ \lambda & 4 & -1 \\ 1 & -2 & 1 \end{vmatrix}=0$，则$\lambda=$（　　）.

（A）$\lambda=-3$;　　（B）$\lambda=-2$;　　（C）$\lambda=-3$或2;　　（D）$\lambda=-3$或-2.

三、计算题:

1. 计算$D=\begin{vmatrix} 1 & 3 & -2 & 4 \\ 3 & 2 & -5 & 11 \\ 2 & 1 & 1 & 3 \\ -2 & 1 & 3 & -6 \end{vmatrix}$.

2. 设$D=\begin{vmatrix} 1 & 5 & 7 & 8 \\ 1 & 1 & 1 & 1 \\ 2 & 0 & 3 & 6 \\ 1 & 2 & 3 & 4 \end{vmatrix}$，求$A_{41}+A_{42}+A_{43}+A_{44}$的值.

3. 计算$D=\begin{vmatrix} 2 & 3 & 4 & 5 \\ 2 & 3^2 & 4^2 & 5^2 \\ 2 & 3^3 & 4^3 & 5^3 \\ 2 & 3^4 & 4^4 & 5^4 \end{vmatrix}$.

4. 计算 $D_n=\begin{vmatrix} a & b & 0 & \cdots & 0 & 0 \\ 0 & a & b & \cdots & 0 & 0 \\ \vdots & \vdots & \vdots & & \vdots & \vdots \\ 0 & 0 & 0 & \cdots & a & b \\ b & 0 & 0 & \cdots & 0 & a \end{vmatrix}$.

5. 计算 $D_n=\begin{vmatrix} \lambda-2 & 1 & 1 & \cdots & 1 \\ 1 & \lambda-2 & 1 & \cdots & 1 \\ 1 & 1 & \lambda-2 & \cdots & 1 \\ \vdots & \vdots & \vdots & & \vdots \\ 1 & 1 & 1 & \cdots & \lambda-2 \end{vmatrix}$.

6. 设齐次线性方程组 $\begin{cases} x_1+(k^2+1)x_2+2x_3=0, \\ x_1+(2k+1)x_2+2x_3=0, \\ kx_1+kx_2+(2k+1)x_3=0 \end{cases}$ 有非零解，求 k 的值.

单元自测二　矩　　阵

专业____________班级____________ 姓名___________学号____________

一、填空题:

1. 设 $\boldsymbol{A}=\begin{pmatrix}1&2&2&1\\2&1&-2&-2\\1&-1&-4&-3\end{pmatrix}$, 则 $R(\boldsymbol{A})=$___________.

2. 设 $\boldsymbol{A}$ 是 3 阶可逆方阵, 且 $|\boldsymbol{A}|=m$, 则 $\left|-m\boldsymbol{A}^{-1}\right|=$___________.

3. $\begin{pmatrix}0&0&1\\0&1&0\\1&0&0\end{pmatrix}^{2010}\begin{pmatrix}1&2&1\\2&3&4\\4&3&5\end{pmatrix}\begin{pmatrix}0&1&0\\1&0&0\\0&0&1\end{pmatrix}^{2009}=$___________.

4. 设 $\boldsymbol{A}$ 为 3×3 矩阵, $|\boldsymbol{A}|=-2$, 把 $\boldsymbol{A}$ 按列分块为 $\boldsymbol{A}=(\boldsymbol{A}_1,\boldsymbol{A}_2,\boldsymbol{A}_3)$, 其中 $\boldsymbol{A}_j\,(j=1,2,3)$ 为 $\boldsymbol{A}$ 的第 j 列, 则 $|\boldsymbol{A}_3-2\boldsymbol{A}_1,3\boldsymbol{A}_2,\boldsymbol{A}_1|=$___________.

5. 设 $\boldsymbol{A}$ 为 3 阶方阵, 且 $|\boldsymbol{A}|=3$, $\boldsymbol{A}^*$ 为 $\boldsymbol{A}$ 的伴随矩阵, 则 $\left|3\boldsymbol{A}^{-1}\right|=$___________; $\left|\boldsymbol{A}^*\right|=$___________; $\left|3\boldsymbol{A}-7\boldsymbol{A}^{-1}\right|=$___________.

二、选择题:

1. 设 $\boldsymbol{A}$, $\boldsymbol{B}$ 为 n 阶方阵, 则下列命题中正确的是(　　).

(A) $\boldsymbol{AB}=\boldsymbol{0}\Rightarrow\boldsymbol{A}=\boldsymbol{0}$ 或 $\boldsymbol{B}=\boldsymbol{0}$;　　(B) $(\boldsymbol{AB})^{\mathrm{T}}=\boldsymbol{B}^{\mathrm{T}}\boldsymbol{A}^{\mathrm{T}}$;

(C) $|\boldsymbol{A}+\boldsymbol{B}|=|\boldsymbol{A}|+|\boldsymbol{B}|$;　　(D) $(\boldsymbol{A}+\boldsymbol{B})(\boldsymbol{A}-\boldsymbol{B})=\boldsymbol{A}^2-\boldsymbol{B}^2$.

2. 设 $\boldsymbol{A}$ 为 4×5 矩阵, 则 $\boldsymbol{A}$ 的秩最大为(　　).

(A) 2;　　(B) 3;　　(C) 4;　　(D) 5.

3. 设 $\boldsymbol{A},\boldsymbol{B},\boldsymbol{C}$ 是 n 阶矩阵, 且 $\boldsymbol{ABC}=\boldsymbol{E}$, 则必有(　　).

(A) $\boldsymbol{CBA}=\boldsymbol{E}$;　(B) $\boldsymbol{BCA}=\boldsymbol{E}$;　(C) $\boldsymbol{BAC}=\boldsymbol{E}$;　(D) $\boldsymbol{ACB}=\boldsymbol{E}$.

4. 当 $\boldsymbol{A}=$(　　)时,

$$\boldsymbol{A}\begin{pmatrix}a_{11}&a_{12}&a_{13}\\a_{21}&a_{22}&a_{23}\\a_{31}&a_{32}&a_{33}\end{pmatrix}=\begin{pmatrix}a_{11}-3a_{31}&a_{12}-3a_{32}&a_{13}-3a_{33}\\a_{21}&a_{22}&a_{23}\\a_{31}&a_{32}&a_{33}\end{pmatrix}.$$

(A) $\begin{pmatrix} 1 & 0 & 0 \\ 0 & 1 & 0 \\ -3 & 0 & 1 \end{pmatrix}$;　　(B) $\begin{pmatrix} 1 & 0 & -3 \\ 0 & 1 & 0 \\ 0 & 0 & 1 \end{pmatrix}$;

(C) $\begin{pmatrix} 0 & 0 & -3 \\ 0 & 1 & 0 \\ 1 & 0 & 1 \end{pmatrix}$;　　(D) $\begin{pmatrix} 1 & 0 & 0 \\ 0 & 1 & 0 \\ 0 & -3 & 1 \end{pmatrix}$.

5. 设 $\boldsymbol{A},\boldsymbol{B}$ 均为 n 阶方阵，且 $\boldsymbol{A}(\boldsymbol{B}-\boldsymbol{E})=\boldsymbol{O}$，则(　　).

(A) $\boldsymbol{A}=\boldsymbol{O}$ 或 $\boldsymbol{B}=\boldsymbol{E}$;

(B) $\boldsymbol{A}=\boldsymbol{B}\boldsymbol{A}$;

(C) $|\boldsymbol{A}|=0$ 且 $|\boldsymbol{B}|=1$;

(D) 两矩阵 $\boldsymbol{A}$ 与 $\boldsymbol{B}-\boldsymbol{E}$ 中，至少有一个是奇异矩阵.

三、计算题:

1. 设 $\boldsymbol{A}=\begin{pmatrix} -2 & 3 & 3 \\ 1 & -1 & 0 \\ -1 & 2 & 2 \end{pmatrix}$，求 $\boldsymbol{A}^{-1}$.

2. 已知

$\boldsymbol{A}=\begin{pmatrix} 2 & -1 & 1 \\ -1 & 1 & 0 \\ 1 & 2 & -1 \end{pmatrix},\boldsymbol{B}=\begin{pmatrix} 1 & 2 & 1 \\ 1 & 0 & -2 \\ 3 & 1 & 0 \end{pmatrix}$，计算 $(\boldsymbol{A}+\boldsymbol{B})^2-(\boldsymbol{A}-\boldsymbol{B})^2,\boldsymbol{A}^{\mathrm{T}}\boldsymbol{B}^{\mathrm{T}},(\boldsymbol{A}\boldsymbol{B})^{\mathrm{T}}$.

3. 设 $\boldsymbol{A}=\begin{pmatrix}3 & 2 & -1\\ -1 & 1 & 2\\ 2 & 3 & 0\end{pmatrix}$，且 $\boldsymbol{AX}=\boldsymbol{A}+2\boldsymbol{X}$，求 $\boldsymbol{X}$.

4. 已知矩阵 $\boldsymbol{A}=\begin{pmatrix}1 & 1 & 2 & a & 3\\ 2 & 2 & 3 & 1 & 4\\ 1 & 0 & 1 & 1 & 5\\ 2 & 3 & 5 & 5 & 4\end{pmatrix}$的秩为 3，求 a 的值.

四、证明题:

1. 设 $\boldsymbol{A}$ 为 n 阶方阵，且有 $\boldsymbol{A}^2-2\boldsymbol{A}-5\boldsymbol{E}=\boldsymbol{O}$，证明 $\boldsymbol{A}+\boldsymbol{E}$ 可逆，并求其逆.

2. 设 $\boldsymbol{A}$ 是 n 阶对称矩阵，$\boldsymbol{B}$ 是 n 阶反对称矩阵，证明 $\boldsymbol{AB}$ 为反对称矩阵的充分必要条件是 $\boldsymbol{AB}=\boldsymbol{BA}$.

单元自测三　向 量 空 间

专业____________班级_____________ 姓名____________学号_____________

一、填空题:

1. 已知 $\boldsymbol{\alpha}=\begin{pmatrix}2\\0\\4\\6\end{pmatrix},\boldsymbol{\beta}=\begin{pmatrix}-1\\0\\1\\2\end{pmatrix},\boldsymbol{\gamma}=\begin{pmatrix}1\\4\\7\\9\end{pmatrix}$,且向量 ξ 满足 $2\xi+\boldsymbol{\beta}-2\boldsymbol{\gamma}=\boldsymbol{\alpha}-\boldsymbol{\beta}$，则 $\xi=$____________.

2. 已知向量组 $\boldsymbol{\alpha}_1=(1,2,-1,1)^{\mathrm{T}},\boldsymbol{\alpha}_2=(0,4,5,2)^{\mathrm{T}},\boldsymbol{\alpha}_3=(2,0,t,0)^{\mathrm{T}}$ 的秩为 2，则 $t=$____________.

3. 若 $\boldsymbol{\alpha}_1=(1,1,1)^{\mathrm{T}}$，$\boldsymbol{\alpha}_2=(1,3,2)^{\mathrm{T}}$，$\boldsymbol{\alpha}_3=(a,0,b)^{\mathrm{T}}$ 线性相关，则 a,b 应满足关系式____________.

二、选择题:

1. 下列向量组中，线性无关的是(　　).

(A) $(1,2,3,4)^{\mathrm{T}}$，$(-1,0,2,5)^{\mathrm{T}}$，$(2,4,6,8)^{\mathrm{T}}$；

(B) $(-1,0,0)^{\mathrm{T}}$，$(2,1,0)^{\mathrm{T}}$，$(3,-2,4)^{\mathrm{T}}$；

(C) $(1,1,-1)^{\mathrm{T}}$，$(2,0,-2)^{\mathrm{T}}$，$(3,1,-3)^{\mathrm{T}}$；

(D) $(1,0,0)^{\mathrm{T}}$，$(0,1,0)^{\mathrm{T}}$，$(0,0,1)^{\mathrm{T}}$，$(1,0,1)^{\mathrm{T}}$.

2. 下列向量组中，线性相关的是(　　).

(A) $(a,b,1)^{\mathrm{T}}$，$(2a,2b,c+2)^{\mathrm{T}}$ $(c\neq 0)$；

(B) $(1,0,0,0)^{\mathrm{T}}$；

(C) $(1,0,0,0)^{\mathrm{T}}$，$(0,0,0,1)^{\mathrm{T}}$，$(0,1,0,0)^{\mathrm{T}}$；

(D) $(1,0,0)^{\mathrm{T}}$，$(0,1,0)^{\mathrm{T}}$，$(0,0,0)^{\mathrm{T}}$.

3. 设向量组 $\boldsymbol{\alpha}=\begin{pmatrix}1\\-1\\0\end{pmatrix},\boldsymbol{\beta}=\begin{pmatrix}-1\\2\\-1\end{pmatrix},\boldsymbol{\gamma}=\begin{pmatrix}1\\0\\t\end{pmatrix}$ 线性无关，则(　　).

(A) $t=-1$；　　(B) $t\neq-1$；　　(C) $t=1$；　　(D) $t\neq 1$.

4. 设$\boldsymbol{\alpha}_1,\boldsymbol{\alpha}_2,\cdots,\boldsymbol{\alpha}_m$均为$n$维向量，那么下列结论正确的是(　　).

(A)若$k_1\boldsymbol{\alpha}_1+k_2\boldsymbol{\alpha}_2+\cdots+k_m\boldsymbol{\alpha}_m=\mathbf{0}$($k_1,k_2,\cdots,k_m$为常数)，则$\boldsymbol{\alpha}_1,\boldsymbol{\alpha}_2,\cdots,\boldsymbol{\alpha}_m$线性相关;

(B)若对任意一组不全为零的数$k_1,k_2,\cdots,k_m$，都有$k_1\boldsymbol{\alpha}_1+k_2\boldsymbol{\alpha}_2+\cdots+k_m\boldsymbol{\alpha}_m\neq\mathbf{0}$，则$\boldsymbol{\alpha}_1,\boldsymbol{\alpha}_2,\cdots,\boldsymbol{\alpha}_m$线性无关;

(C)若$\boldsymbol{\alpha}_1,\boldsymbol{\alpha}_2,\cdots,\boldsymbol{\alpha}_m$线性相关，则对任意一组不全为零的数$k_1,k_2,\cdots,k_m$，都有$k_1\boldsymbol{\alpha}_1+k_2\boldsymbol{\alpha}_2+\cdots+k_m\boldsymbol{\alpha}_m=\mathbf{0}$;

(D)若有一组全为零的数$k_1,k_2,\cdots,k_m$，使得$k_1\boldsymbol{\alpha}_1+k_2\boldsymbol{\alpha}_2+\cdots+k_m\boldsymbol{\alpha}_m=\mathbf{0}$，则$\boldsymbol{\alpha}_1,\boldsymbol{\alpha}_2,\cdots,\boldsymbol{\alpha}_m$线性无关.

5. 设$\boldsymbol{A}$是n阶方阵，且$\boldsymbol{A}$的行列式$|\boldsymbol{A}|=0$，则$\boldsymbol{A}$中(　　).

(A)必有一列元素全为零;

(B)必有两列元素对应成比例;

(C)必有一列向量是其余列向量的线性组合;

(D)任一列向量是其余列向量的线性组合.

三、计算题:

1. 判断向量组$\boldsymbol{\alpha}_1=\begin{pmatrix}1\\-1\\2\\0\end{pmatrix},\boldsymbol{\alpha}_2=\begin{pmatrix}2\\-1\\6\\3\end{pmatrix},\boldsymbol{\alpha}_3=\begin{pmatrix}-1\\0\\1\\-2\end{pmatrix},\boldsymbol{\alpha}_4=\begin{pmatrix}4\\-2\\9\\0\end{pmatrix}$的线性相关性.

2. 求向量组$\boldsymbol{\alpha}_1=\begin{pmatrix}2\\-1\\0\\4\end{pmatrix},\boldsymbol{\alpha}_2=\begin{pmatrix}1\\0\\1\\-2\end{pmatrix},\boldsymbol{\alpha}_3=\begin{pmatrix}3\\0\\3\\-6\end{pmatrix},\boldsymbol{\alpha}_4=\begin{pmatrix}-1\\1\\-1\\2\end{pmatrix},\boldsymbol{\alpha}_5=\begin{pmatrix}-2\\-1\\0\\-4\end{pmatrix}$的秩和一个极大无关组，并把其余向量用该极大无关组线性表示出来.

3. 设向量组$\boldsymbol{\alpha}_1=\begin{pmatrix}1\\1\\2\\-2\end{pmatrix},\boldsymbol{\alpha}_2=\begin{pmatrix}1\\3\\-x\\-2x\end{pmatrix},\boldsymbol{\alpha}_3=\begin{pmatrix}1\\-1\\6\\0\end{pmatrix}$，若此向量组的秩为2，求$x$的值.

四、证明题：

1. 设$\boldsymbol{\alpha}_1,\boldsymbol{\alpha}_2,\boldsymbol{\alpha}_3$线性无关，证明：$\boldsymbol{\alpha}_1,\boldsymbol{\alpha}_1+2\boldsymbol{\alpha}_2,\boldsymbol{\alpha}_1+2\boldsymbol{\alpha}_2+3\boldsymbol{\alpha}_3$也线性无关.

2. 设$\boldsymbol{A}$是$m\times n$矩阵，$\boldsymbol{B}$是$n\times m$矩阵，其中$m\leqslant n$，且$\boldsymbol{AB}$为可逆矩阵，证明$\boldsymbol{B}$的列向量组是线性无关的向量组.

单元自测四　线性方程组

专业____________班级____________ 姓名___________学号____________

一、填空题:

1. 已知方程组$\begin{cases}2x_1-x_2+3x_3=0,\\3x_1-4x_2+7x_3=0,\\x_1-2x_2+ax_3=0\end{cases}$有非零解，则$a=$____________.

2. 已知方程组$\begin{pmatrix}1&2&1\\0&-1&-1\\3&4&1\end{pmatrix}\begin{pmatrix}x_1\\x_2\\x_3\end{pmatrix}=\begin{pmatrix}3\\b\\7\end{pmatrix}$有解，则$b=$____________.

3. 设$\boldsymbol{A}$为3阶方阵，$R(\boldsymbol{A})=2$，且向量$\begin{pmatrix}1\\2\\3\end{pmatrix}$和$\begin{pmatrix}2\\3\\3\end{pmatrix}$是$\boldsymbol{AX}=\boldsymbol{b}(\boldsymbol{b}\neq\boldsymbol{0})$的两个解向量，则$\boldsymbol{AX}=\boldsymbol{b}$的通解为____________.

4.设$\boldsymbol{\alpha}_1,\boldsymbol{\alpha}_2,\boldsymbol{\alpha}_3,\boldsymbol{\alpha}_4,\boldsymbol{\beta}$都是4维列向量，且$\boldsymbol{\alpha}_1,\boldsymbol{\alpha}_2,\boldsymbol{\alpha}_3$线性无关，若$\boldsymbol{\alpha}_1=\boldsymbol{\alpha}_2-\boldsymbol{\alpha}_4$，且$\boldsymbol{\beta}=\boldsymbol{\alpha}_1-3\boldsymbol{\alpha}_3+2\boldsymbol{\alpha}_4$，则非齐次线性方程组$\boldsymbol{A}x=\boldsymbol{\beta}$的通解为____________.

二、选择题:

1. 设$\boldsymbol{A}$为$m\times n$矩阵，齐次线性方程组$\boldsymbol{AX}=\boldsymbol{0}$只有零解的充分必要条件是系数矩阵的秩$R(\boldsymbol{A})$(　　).

(A)小于m;　　(B)小于n;　　(C)等于m;　　(D)等于n.

2. 设$\boldsymbol{A}$为$m\times n$矩阵，非齐次线性方程组$\boldsymbol{AX}=\boldsymbol{b}$所对应的齐次线性方程组为$\boldsymbol{AX}=\boldsymbol{0}$，如果$m<n$，则(　　).

(A) $\boldsymbol{AX}=\boldsymbol{b}$必有无穷多组解;　　(B) $\boldsymbol{AX}=\boldsymbol{b}$必有唯一解;

(C) $\boldsymbol{AX}=\boldsymbol{0}$必有非零解;　　(D) $\boldsymbol{AX}=\boldsymbol{0}$必有唯一解.

3. 设$\boldsymbol{A}=\begin{pmatrix}1&2&1&2\\0&1&t&t\\1&t&0&1\end{pmatrix}$，且方程组$\boldsymbol{AX}=\boldsymbol{0}$的基础解系含有两个线性无关的解向量，则$t=$(　　).

(A) 0;　　(B) 1;　　(C) 2;　　(D) 3.

三、计算题:

1. 求齐次线性方程组$\begin{cases} x_1+2x_2+2x_3+3x_4=0, \\ x_1+2x_2+3x_3-2x_4=0, \\ 2x_1+4x_2+5x_3+x_4=0 \end{cases}$的基础解系与通解.

2. 当λ取何值时，下列线性方程组有解？有解时，求出其全部解.

$$\begin{cases} x_1+x_3=1, \\ 4x_1+x_2+2x_3=\lambda, \\ 6x_1+x_2+4x_3=2. \end{cases}$$

3. 求线性方程组$\begin{cases} x_1-x_2-3x_3+x_4=1, \\ x_1-x_2+2x_3-x_4=3, \\ 4x_1-4x_2+3x_3-2x_4=10, \\ 2x_1-2x_2-11x_3+4x_4=0 \end{cases}$的通解.

4. 当λ取何值时，方程组$\begin{cases} x_1+x_2+(1+\lambda)x_3=1+\lambda^2, \\ x_1+(1+\lambda)x_2+x_3=1+\lambda, \\ (1+\lambda)x_1+x_2+x_3=1+\lambda \end{cases}$有唯一解，无解，有无穷多解？并在有无穷多解时求其通解.

单元自测五　方阵的特征值与特征向量

专业____________班级____________ 姓名___________学号____________

一、填空题:

1. 设方阵 $\boldsymbol{A}$ 的行列式 $|\boldsymbol{A}|=0$，则___________一定是 $\boldsymbol{A}$ 的特征值.

2. 设 $\boldsymbol{A}$ 为 3 阶方阵，$\boldsymbol{A}$ 的三个特征值为 1, 2, 3，则 $|\boldsymbol{A}^2-4\boldsymbol{A}|=$___________.

3. 设 $\boldsymbol{A}$ 的每行元素的和均为 6，则___________必为 $\boldsymbol{A}$ 的一个特征值，及____________为一个属于此特征值的特征向量.

4. 若方阵 $\boldsymbol{A}=\begin{pmatrix}1&-4&a\\0&5&2\\0&-6&-2\end{pmatrix}$ 可对角化，则 $a=$___________.

二、选择题:

1. 设3阶方阵 $\boldsymbol{A}$ 与 $\boldsymbol{B}$ 相似，且 $\boldsymbol{A}$ 的3个特征值为2, 3, 4.则 $\left|\frac{1}{6}\boldsymbol{E}+\boldsymbol{B}^{-1}\right|=($　　$)$.

(A) 12;　　(B) $\frac{5}{36}$;　　(C) $\frac{5}{6}$;　　(D) $\frac{5}{8}$.

2. 设 $\boldsymbol{A}$ 为 3 阶方阵，$\boldsymbol{A}$ 的三个特征值为 3, 2, 1，其对应的特征向量依次为 $\boldsymbol{\alpha}_1,\boldsymbol{\alpha}_2,\boldsymbol{\alpha}_3$，$\boldsymbol{P}=(\boldsymbol{\alpha}_1,\boldsymbol{\alpha}_2,\boldsymbol{\alpha}_3)$，则 $\boldsymbol{P}^{-1}\boldsymbol{A}\boldsymbol{P}=($　　$)$.

(A) $\begin{pmatrix}1&0&0\\0&3&0\\0&0&2\end{pmatrix}$;　(B) $\begin{pmatrix}2&0&0\\0&1&0\\0&0&3\end{pmatrix}$;　(C) $\begin{pmatrix}1&0&0\\0&2&0\\0&0&3\end{pmatrix}$;　(D) $\begin{pmatrix}3&0&0\\0&2&0\\0&0&1\end{pmatrix}$.

3. 设 $\boldsymbol{A}=(a_{ij})$ 是一个 3 阶方阵，且 $a_{11}+a_{22}+a_{33}=0$，又已知 $\boldsymbol{A}$ 的两个特征值为 $\lambda_1=1,\lambda_2=2$，则 $|\boldsymbol{A}+2\boldsymbol{E}|=($　　$)$.

(A) 3;　　(B) 2;

(C) 12;　　(D) -12.

4. 已知 $\boldsymbol{A}=\begin{pmatrix}1&2\\x&2\end{pmatrix},\boldsymbol{B}=\begin{pmatrix}1&0\\0&y\end{pmatrix}$，且 $\boldsymbol{A}$ 相似于 $\boldsymbol{B}$，则(　　).

(A) $x=0,y=0$;　　(B) $x=2,y=2$;

(C) $x=2,y=0$;　　(D) $x=0,y=2$.

三、计算题:

1. 求矩阵 $\boldsymbol{A}=\begin{pmatrix}3 & 2 & 2\\ 2 & 3 & 2\\ 2 & 2 & 3\end{pmatrix}$ 的特征值与特征向量.

2. 判断 $\boldsymbol{A}=\begin{pmatrix}3 & 2 & -2\\ 0 & -1 & 0\\ 4 & 2 & -3\end{pmatrix}$ 是否可对角化, 若可对角化, 则求出对角矩阵与相似变换矩阵.

四、证明题:

证明若 $\boldsymbol{A}=\begin{pmatrix}0 & 0 & 1\\ x & 1 & y\\ 1 & 0 & 0\end{pmatrix}$ 可对角化, 则必有 $x+y=0$.

单元自测六　实对称矩阵与二次型

专业____________班级____________ 姓名___________学号____________

一、填空题:

1. 二次型$f(x_1,x_2,x_3)=x_1^{\ 2}+3x_2^{\ 2}+5x_3^{\ 2}+2x_1x_2-4x_1x_3$的系数矩阵为__________.

2. 设实对称矩阵$\boldsymbol{A}$与其在正交变换下的标准形分别为

$$\boldsymbol{A}=\begin{pmatrix}2&0&0\\0&3&a\\0&a&3\end{pmatrix},\quad \boldsymbol{J}=\begin{pmatrix}1&0&0\\0&2&0\\0&0&5\end{pmatrix},$$

且$a>0$, 则$a=$___________.

3. 已知$\boldsymbol{A}$为3阶实对称矩阵, 且满足条件$\boldsymbol{A}^3-3\boldsymbol{A}^2+2\boldsymbol{A}-6\boldsymbol{E}=\boldsymbol{O}$. 则$|\boldsymbol{A}|=$___________; $\boldsymbol{A}$在正交变换下的标准形为___________.

4. 设$\begin{pmatrix}1&0&0\\0&4&a\\0&a&4\end{pmatrix}$为正定矩阵, 则$a$的取值范围是___________.

5. 二次型$f(x_1,x_2,x_3)=2x_1^{\ 2}+3x_2^{\ 2}+3x_3^{\ 2}+4x_2x_3$在正交变换下的标准形为___________; 秩数为___________; 正惯性指数为___________; 负惯性指数为___________.

二、选择题:

1. 设$\boldsymbol{A},\boldsymbol{B}$均为$n$阶正交矩阵, 则下列矩阵不一定为正交矩阵的是(　　).

(A) $\boldsymbol{AB}$;　　(B) $\boldsymbol{A}^{\mathrm{T}}$;　　(C) $\boldsymbol{A}^{-1}$;　　(D) $\boldsymbol{A}+\boldsymbol{B}$.

2. 已知二次型$f(x_1,x_2,x_3)=a\left(x_1^2+x_2^2+x_3^2\right)+4x_1x_2+4x_2x_3+4x_3x_1$在正交变换下的标准形为$f(y_1,y_2,y_3)=6y_1^2$, 则$a=$(　　).

(A) 4;　　(B) –4;　　(C) 2;　　(D) –2.

3. 设矩阵$\boldsymbol{A}=\begin{pmatrix}3&2&0\\2&4&-2\\0&-2&5\end{pmatrix}$正定, 则其在正交变换下的标准形为(　　).

(A) $\begin{pmatrix} 1 & 0 & 0 \\ 0 & 1 & 0 \\ 0 & 0 & 11 \end{pmatrix}$; (B) $\begin{pmatrix} 1 & 0 & 0 \\ 0 & 0 & 0 \\ 0 & 0 & 11 \end{pmatrix}$; (C) $\begin{pmatrix} 1 & 0 & 0 \\ 0 & 4 & 0 \\ 0 & 0 & 7 \end{pmatrix}$; (D) $\begin{pmatrix} -1 & 0 & 0 \\ 0 & 3 & 0 \\ 0 & 0 & 11 \end{pmatrix}$.

三、计算题:

1. 把下列线性无关的向量组进行Gram - Schmidt正交化.

$$\boldsymbol{\alpha}_1 = (1, 0, -1, 1)^{\mathrm{T}},\ \boldsymbol{\alpha}_2 = (1, -1, 0, 1)^{\mathrm{T}},\quad \boldsymbol{\alpha}_3 = (-1, 1, 1, 0)^{\mathrm{T}}.$$

2. 用正交变换把下列二次型化为标准形, 并求出所用的正交变换.

$$f(x_1, x_2, x_3) = 2{x_1}^2 + 3{x_2}^2 + 3{x_3}^2 + 4x_2x_3.$$

3. 判断下列二次型是否是正定二次型.

(1) $f(x_1, x_2, x_3) = 2x_1^2 + 6x_2^2 + 4x_3^2 - 2x_1x_2 - 2x_1x_3$;

(2) $f(x_1, x_2, x_3) = x_1^2 + 2x_2^2 + 5x_3^2 + 2x_1x_2 + 2x_1x_3 + 6x_2x_3$.

四、证明题：

1. 证明正交变换不变向量的内积与不变向量的长度. 即：设 $\boldsymbol{T}$ 为 n 阶正交矩阵，$\xi,\boldsymbol{\alpha},\boldsymbol{\beta}$ 是 n 维向量，证明

(1) $\boldsymbol{T\alpha}$ 与 $\boldsymbol{T\beta}$ 的内积等于 $\boldsymbol{\alpha}$ 与 $\boldsymbol{\beta}$ 的内积；

(2) $|\boldsymbol{T}\xi|=|\xi|$.

2. 设 $\boldsymbol{A}$ 是可逆的实对称矩阵，证明 $\boldsymbol{A}^2$ 为正定矩阵.

3. 设 $\boldsymbol{A}$ 是 n 阶正定矩阵，证明 $|\boldsymbol{A}+\boldsymbol{E}|>1$.

综合训练一

专业____________班级____________ 姓名___________学号____________

一、填空题:

1. 在四阶行列式中, 带正号且包含因子 a_{23} 和 a_{31} 的项为____________.

2. 设 $\boldsymbol{A}$ 是 3 阶方阵, 且 $|\boldsymbol{A}|=2$, 将 $\boldsymbol{A}$ 按列分块为 $\boldsymbol{A}=(\boldsymbol{A}_1, \boldsymbol{A}_2, \boldsymbol{A}_3)$, $\boldsymbol{B}=(\boldsymbol{A}_1-2\boldsymbol{A}_3, 2\boldsymbol{A}_2, \boldsymbol{A}_3)$. 则 $|\boldsymbol{B}^*|=$____________.

3. $\begin{pmatrix} 0 & 0 & 1 \\ 0 & 1 & 0 \\ 1 & 0 & 0 \end{pmatrix}^3 \begin{pmatrix} 1 & 2 & 1 \\ 2 & 3 & 4 \\ 4 & 3 & 5 \end{pmatrix}=$____________.

4. 已知向量组 $\boldsymbol{\alpha}_1=\begin{pmatrix} 1 \\ 1 \\ 1 \end{pmatrix}, \boldsymbol{\alpha}_2=\begin{pmatrix} 1 \\ k \\ 1 \end{pmatrix}, \boldsymbol{\alpha}_3=\begin{pmatrix} 1 \\ 1 \\ k \end{pmatrix}$ 的秩为 3, 则 k 满足条件__________.

5. 设方程组 $\begin{cases} x_1+2x_2+x_3=0, \\ x_2+bx_3=0, \\ 3x_1+4x_2+ax_3=0 \end{cases}$ 有非零解, 则 a,b 满足关系式____________.

二、选择题:

1. 设 $\boldsymbol{A},\boldsymbol{B}$ 都是 n 阶对称矩阵, 则下列矩阵中(　　)不一定是对称矩阵.

(A) $\boldsymbol{A}^{\mathrm{T}}$;　　(B) $\boldsymbol{AB}$;　　(C) $k\boldsymbol{A}$ (k 为常数);　　(D) $\boldsymbol{A}+\boldsymbol{B}$.

2. 设 $\boldsymbol{A}$ 是 4×3 矩阵, $\boldsymbol{B}$ 是 3×4 矩阵, 则下列说法正确的是(　　).

(A) $\boldsymbol{AB}$ 的列向量组线性相关;　　(B) $\boldsymbol{AB}$ 的列向量组线性无关;

(C) $\boldsymbol{AB}$ 的列向量组线性相关与否不能确定;　　(D) $\boldsymbol{AB}$ 有可能可逆.

3. 设 $\boldsymbol{A}$ 是 n 阶方阵, 且 $\boldsymbol{A}$ 的行列式 $|\boldsymbol{A}|=0$, 则 $\boldsymbol{A}$ 中(　　).

(A) 必有一列元素全为零;　　(B) 必有两列元素对应成比例;

(C) 至少有一列向量是其余列向量的线性组合;

(D) 任一列向量是其余列向量的线性组合.

4. 设 $\boldsymbol{A}=(a_{ij})$ 是 3 阶方阵, 且 $a_{11}+a_{22}+a_{33}=6$, 已知 $\boldsymbol{A}$ 的两个特征根 $\lambda_1=1, \lambda_2=2$. 则 $|\boldsymbol{A}^2-4\boldsymbol{A}|=$(　　).

(A) -36;　　(B) 6;　　(C) 12;　　(D) 36.

5. 设 $\boldsymbol{A}$ 为 n 阶方阵，$R(\boldsymbol{A})=n-1$，且 $\boldsymbol{\alpha}_1,\boldsymbol{\alpha}_2$ 是 $\boldsymbol{AX}=\boldsymbol{b}(\boldsymbol{b}\neq\boldsymbol{0})$ 的两个不同的解向量，则方程组 $\boldsymbol{AX}=\boldsymbol{0}$ 的通解为（　　）.

(A) $k\boldsymbol{\alpha}_1$;　　(B) $k\boldsymbol{\alpha}_2$;　　(C) $k(\boldsymbol{\alpha}_1-\boldsymbol{\alpha}_2)$;　　(D) $k(\boldsymbol{\alpha}_1+\boldsymbol{\alpha}_2)$.

三、计算题：

1. 计算 $D_n=\begin{vmatrix} \lambda-2 & 1 & 1 & \cdots & 1 \\ 1 & \lambda-2 & 1 & \cdots & 1 \\ 1 & 1 & \lambda-2 & \cdots & 1 \\ \vdots & \vdots & \vdots & & \vdots \\ 1 & 1 & 1 & \cdots & \lambda-2 \end{vmatrix}$.

2. 设 $\boldsymbol{A}=\begin{pmatrix} 1 & -1 & 0 \\ 2 & 2 & 3 \\ -1 & 2 & 1 \end{pmatrix}$，求 $\boldsymbol{A}^{-1}$.

3. 设向量组 $\boldsymbol{\alpha}_1=\begin{pmatrix}1\\0\\2\\3\end{pmatrix}$，$\boldsymbol{\alpha}_2=\begin{pmatrix}1\\1\\3\\4\end{pmatrix}$，$\boldsymbol{\alpha}_3=\begin{pmatrix}2\\-1\\3\\5\end{pmatrix}$，$\boldsymbol{\alpha}_4=\begin{pmatrix}0\\3\\4\\3\end{pmatrix}$，$\boldsymbol{\alpha}_5=\begin{pmatrix}-1\\2\\-1\\-1\end{pmatrix}$，求此向量组的一个极大无关组和秩，并将其余向量表示成所求极大无关组的线性组合.

4. 求方程组$\begin{cases} x_1+2x_2+2x_3+3x_4=1, \\ x_1+2x_2+3x_3-2x_4=3, \\ 2x_1+4x_2+5x_3+x_4=4 \end{cases}$的全部解.

5. 已知$\boldsymbol{A}=\begin{pmatrix} 1 & -1 & 2 \\ 0 & 2 & 0 \\ 2 & 2 & -2 \end{pmatrix}$可相似对角化，试求可逆矩阵$\boldsymbol{P}$与对角矩阵$\boldsymbol{\Lambda}$，使得$\boldsymbol{P}^{-1}\boldsymbol{A}\boldsymbol{P}=\boldsymbol{\Lambda}$.

四、证明题：

设$\boldsymbol{A}$是 3 阶方阵，且有三个互异的特征值$\lambda_1,\lambda_2,\lambda_3$，对应的特征向量依次为$\boldsymbol{\alpha}_1,\boldsymbol{\alpha}_2,\boldsymbol{\alpha}_3$，令$\boldsymbol{\beta}=\boldsymbol{\alpha}_1+\boldsymbol{\alpha}_2+\boldsymbol{\alpha}_3$，证明：$\boldsymbol{\beta},\boldsymbol{A}\boldsymbol{\beta},\boldsymbol{A}^2\boldsymbol{\beta}$线性无关.

综合训练二

专业____________班级____________ 姓名___________学号____________

一、填空题:

1. 设$D=\begin{vmatrix}1&0&0&0\\1&1&0&0\\1&1&1&0\\1&2&3&4\end{vmatrix}$，则$A_{41}+A_{42}+A_{43}+A_{44}=$______，其中$A_{41},A_{42},A_{43},A_{44}$依次是第4行各元素的代数余子式.

2. 设$\boldsymbol{A}$是3阶方阵，且$|\boldsymbol{A}|=-1$，将$\boldsymbol{A}$按列分块为$\boldsymbol{A}=(\boldsymbol{A}_1,\boldsymbol{A}_2,\boldsymbol{A}_3)$，$\boldsymbol{B}=(2\boldsymbol{A}_1,\boldsymbol{A}_2,2\boldsymbol{A}_3)$. 则$|\boldsymbol{B}^*|=$__________.

3. $\begin{pmatrix}\quad&\quad&\quad\\ \quad&\quad&\quad\\ \quad&\quad&\quad\end{pmatrix}\begin{pmatrix}a_1&a_2&a_3\\b_1&b_2&b_3\\c_1&c_2&c_3\end{pmatrix}=\begin{pmatrix}a_1&a_2&a_3\\b_1+2a_1&b_2+2a_2&b_3+2a_3\\c_1&c_2&c_3\end{pmatrix}$.

4. 设$\boldsymbol{A}=\begin{pmatrix}1&2&3&1\\-2&-2&-6&-2\\-1&0&-3&-1\end{pmatrix}$，则$R(\boldsymbol{A})=$____________.

5. $\begin{pmatrix}1&1&0\\2&3&-2\\0&-2&5\end{pmatrix}^{-1}=$________.

二、选择题:

1. 设$\boldsymbol{A},\boldsymbol{B},\boldsymbol{C}$都是$n$阶矩阵，且$\boldsymbol{ABC}=\boldsymbol{E}$，则必有(　　).

(A) $\boldsymbol{CBA}=\boldsymbol{E}$;　(B) $\boldsymbol{BCA}=\boldsymbol{E}$;　(C) $\boldsymbol{BAC}=\boldsymbol{E}$;　(D) $\boldsymbol{ACB}=\boldsymbol{E}$.

2. 下列结论中不正确的是(　　).

(A)初等矩阵的转置也是初等矩阵;　(B)初等矩阵必为可逆矩阵;

(C)初等矩阵的逆矩阵也是初等矩阵;(D)初等矩阵的伴随矩阵也是初等矩阵.

3. 设$\boldsymbol{A}$是n阶可逆方阵，则下列结论不正确的是(　　).

(A) $|\boldsymbol{A}|\neq 0$;　(B) $\boldsymbol{A}$的n个列向量线性相关;

(C) $\boldsymbol{A}$的特征根均不为零;　(D) $R(\boldsymbol{A})=n$.

4. 设向量组 $\boldsymbol{\alpha}=\begin{pmatrix}1\\-1\\0\end{pmatrix}$, $\boldsymbol{\beta}=\begin{pmatrix}-1\\2\\-1\end{pmatrix}$, $\gamma=\begin{pmatrix}1\\0\\t\end{pmatrix}$ 线性无关, 则(　　).

(A) $t=1$;　　(B) $t\neq 1$;　　(C) $t=-1$;　　(D) $t\neq -1$.

5. 设 $\boldsymbol{A}$ 是 3 阶方阵, $R(\boldsymbol{A})=2$, 且 $\begin{pmatrix}1\\2\\3\end{pmatrix}$ 与 $\begin{pmatrix}2\\3\\3\end{pmatrix}$ 是 $\boldsymbol{AX}=\boldsymbol{b}(\boldsymbol{b}\neq\boldsymbol{0})$ 的两个解向量, 则 $\boldsymbol{AX}=\boldsymbol{b}$ 的通解为(　　), 其中 k 是任意常数.

(A) $k\begin{pmatrix}1\\2\\3\end{pmatrix}+\begin{pmatrix}2\\3\\3\end{pmatrix}$;　(B) $k\begin{pmatrix}2\\3\\3\end{pmatrix}+\begin{pmatrix}1\\2\\3\end{pmatrix}$;　(C) $k\begin{pmatrix}1\\1\\0\end{pmatrix}+\begin{pmatrix}1\\2\\3\end{pmatrix}$;　(D) $k\begin{pmatrix}1\\2\\3\end{pmatrix}+\begin{pmatrix}1\\1\\0\end{pmatrix}$.

三、计算题:

1. 设 $\boldsymbol{A}=\begin{pmatrix}1&1&k\\1&k&1\\k&k&1\end{pmatrix}$, 且 $R(\boldsymbol{A})=2$, 求 k.

2. 设向量组 $\boldsymbol{\alpha}_1=\begin{pmatrix}1\\1\\2\\0\end{pmatrix}$, $\boldsymbol{\alpha}_2=\begin{pmatrix}0\\1\\1\\-1\end{pmatrix}$, $\boldsymbol{\alpha}_3=\begin{pmatrix}2\\-1\\1\\3\end{pmatrix}$, $\boldsymbol{\alpha}_4=\begin{pmatrix}-1\\2\\1\\-3\end{pmatrix}$, $\boldsymbol{\alpha}_5=\begin{pmatrix}-2\\-3\\-5\\1\end{pmatrix}$, 求此向量组的一个极大无关组和秩, 并将其余向量表示成所求极大无关组的线性组合.

3. 设 $\boldsymbol{A}=(a_{ij})$ 是 3 阶方阵, 且 $a_{11}+a_{22}+a_{33}=0$, 又知 $\boldsymbol{A}$ 的两个特征根 $\lambda_1=1,\lambda_2=2$. 求 $|\boldsymbol{A}+2\boldsymbol{E}|$ 的值.

4. 求方程组$\begin{cases} x_1+x_2-x_3+2x_4=0, \\ x_1+2x_2+2x_3-4x_4=0, \\ 2x_1+3x_2+x_3-2x_4=0 \end{cases}$的一个基础解系.

5. 已知$\boldsymbol{A}=\begin{pmatrix} 1 & 1 & 0 \\ 0 & 2 & 0 \\ 1 & -1 & 2 \end{pmatrix}$可相似对角化，试求可逆矩阵$\boldsymbol{P}$与对角矩阵$\boldsymbol{\Lambda}$，使得$\boldsymbol{P}^{-1}\boldsymbol{A}\boldsymbol{P}=\boldsymbol{\Lambda}$.

四、证明题：

设$\boldsymbol{A}$是 3 阶方阵，且$R(\boldsymbol{A})=1$，$\boldsymbol{A}\begin{pmatrix} 1 \\ 1 \\ 1 \end{pmatrix}=\begin{pmatrix} 3 \\ 3 \\ 3 \end{pmatrix}$. 证明：$\boldsymbol{A}$必相似于对角矩阵，并写出该对角矩阵.